彩图1　柘荣鹅掌楸

彩图2　叙永鹅掌楸

彩图3　金平鹅掌楸

彩图4　武夷山（江西境内）鹅掌楸

彩图5-1　鹅掌楸种质资源育苗之一

彩图5-2　鹅掌楸种质资源育苗之二

彩图6　庐山鹅掌楸

彩图7　授粉

彩图8-1　铜鼓杂交鹅掌楸山地造林

彩图8-2　铜鼓10年生杂交鹅掌楸

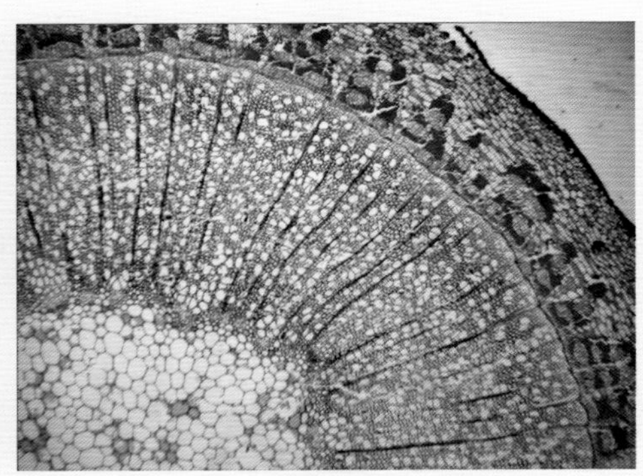

彩图10　杂交鹅掌楸插穗解剖结构

彩图9　原南昌市林业科学研究所院内杂交鹅掌楸

彩图11　采穗圃留萌

彩图12　杂交鹅掌楸扦插苗

彩图13　高生根率无性系良种

彩图14　北美鹅掌楸淹水试验

彩图15　北美鹅掌楸耐涝家系淹水32d后植株

彩图16　北美鹅掌楸淹水植株皮孔变化

彩图17　杂交鹅掌楸根系分布

彩图18　清华大学校园内杂交鹅掌楸

彩图19　南京林业大学校园杂交鹅掌楸秋景

彩图20　余江岗地10年生杂交鹅掌楸林

彩图21-1　黎川杂交鹅掌楸之一

彩图21-2　黎川杂交鹅掌楸之二

彩图22　浮梁8年生3m × 4m杂交鹅掌楸林

鹅掌楸属种质资源及其创新利用

The Germpalsm Resources and Innovative Utilization of Liriodendron

余发新 / 等著

中国林业出版社

本书著者（按拼音排列）

高　柱　李彦强　刘淑娟　孙小艳　王小玲
杨爱红　余发新　周　华　钟永达

图书在版编目（CIP）数据

鹅掌楸属种质资源及其创新利用 / 余发新等著. -- 北京：
中国林业出版社，2016.3
ISBN 978-7-5038-8437-5
Ⅰ.①鹅…　Ⅱ.①余…　Ⅲ.①鹅掌楸属-种质资源-资源利用
Ⅳ.①S792.210.4
中国版本图书馆CIP数据核字（2016）第042072号

出版　中国林业出版社（100009　北京西城区德内大街刘海胡同 7 号）
http://lycb.forestry.gov.cn　电话：（010）83143575
E-mail：lmbj@163.com
发行　中国林业出版社
印刷　北京卡乐富印刷有限公司
版次　2016 年 3 月第 1 版
印次　2016 年 3 月第 1 次
开本　787mm × 960mm　1/16
印张　15
彩插　8 面
字数　220 千字
定价　69.00 元

序一 | FOREWORD Ⅰ

种质资源（germpalsm resources）又称遗传资源（genetic resources）或基因资源（gene resources），乃“一切育种工作的基础”（T.Dobzhansky）。数十年来，我国林木种质资源的收集、保存与利用取得了长足发展，尤其是主要造林、经济林和观赏树种，如杨属、桉属、松属、核桃属、栗属、山茶属等，其种质资源在选择育种和杂交育种中发挥了重要作用。然而，还有大多数树种的种质资源未能得到有效的开发利用，其分类学、生物学性状、经济性状以及抗逆性和适应性等研究还相对滞后，尤其是包括鹅掌楸属树种在内的许多珍稀濒危树种的研发更是如此。这些还有待科技工作者的不懈努力，任重而道远。

鹅掌楸属（*Liriodendron*）树种长期以来未得到人们的足够重视，盖因其速生性不如桉树、泡桐等，材质又远逊于楠木、黄檀之类，也缺乏红豆杉、银杏等药用保健之功效。近年的兴起应该源自20世纪90年代后期人们对阔叶树认识的回归。鹅掌楸属树种，尤其是其种间杂种，乃极少数集速生性、优质性、适应性等优良性状于一身的树种之一，数十年的栽培试验证实了其多方面明显的杂种优势。二十多年来，鹅掌楸属研究取得了许多重要成果，先后出版了《鹅掌楸属树种杂交育种与利用》（王章荣等）等有影响力的著作和论文。近十余年来，更多的学者加入了鹅掌楸属树种的研究队伍，取得了许多新的进展和突破。但实践中诸多亟需解决的技术问题还没有引起大家的重视，如生根、抗逆等特异性良种的选育，高效定向培育技术，遗传转化体系的构建以及如何借助分子生物学技术加速其研发进程等。

可喜的是作者所在的年轻研究团队，在前辈研究的基础上提出了许多新的研究思路，完成了多项创新性成果，包括种质资源收集评价、高生根率无

性系良种选育、生根和抗逆基因研究等。作者在对这些成果加以总结的基础上，借鉴并引用国内外学者的一些最新研究成果，编写出版此书。

全书系统介绍了鹅掌楸属种质资源、无性繁殖与无性系选育、杂交育种及其杂种优势、造林技术与推广应用以及分子生物学研究等方面的理论、技术和方法，提出了今后研究中需要加强的环节，还分析了鹅掌楸属树种的推广应用前景。

该书的出版对鹅掌楸属树种资源的保护和创新利用具有重要参考价值，期待能够促进鹅掌楸事业迈上新台阶。

有感于此，是为序。

中国工程院院士、南京林业大学校长 曹福亮

2016年3月

序二 | FOREWORD Ⅱ

此书修改完稿之际，恰逢猴年春节来临，甚为高兴。作者盛情邀请写序，慨然应允。鹅掌楸属树种为古老的孑遗植物，在新生代有10余种，到第四纪冰川期大部分灭绝，当今残存下来的仅有中国的马褂木和北美洲的北美鹅掌楸两个洲际姊妹种。1963年，我国著名林木育种学家、南京林业大学已故的叶培忠教授，首次利用引种在我国南京明孝陵的北美鹅掌楸与中国马褂木进行人工杂交，育成了新树种——杂交马褂木［*Liriodendron chinense*（Hemsl.）Sarg. × *L. tulipifera* L.］。因该杂交种有其独特的形态学特征和生物学特性，是一个独立的物种，根据《国际植物命名法规》对杂种名称的命名规则，现将该杂交树种命名为亚美马褂木（*Liriodendron sino-americanum* P.C.Yieh ex Shang et Z. R. Wang）。

亚美马褂木在20世纪70年代和80年代引种到我国北方的北京、陕西西安、辽宁大连和山东、河南及长江流域各省市，现已长成大树。90年代后又在湖南、湖北、浙江、福建、安徽、广西等省（自治区）开展了山地造林示范试验。以上试验结果表明，该树种生长表现良好，与亲本树种相比具有明显的生长优势和适应性优势。江西气候温和，雨量充沛，山地资源丰富，发展亚美马褂木造林的潜力巨大。20世纪80年代开始，江西省有少数单位试种亚美马褂木，例如江西省林业科学研究院试种的27年生亚美马褂木胸径达55cm，树高达23.6m。江西省景德镇市枫树山林场和黎川县等地都先后成片试种亚美马褂木也表现生长良好。由此可见，江西省发展该树种造林具有广泛前景。

余发新研究员及其团队十余年如一日，长期坚持鹅掌楸属树种的研究，从种质资源收集、无性系选育入手，以系统开展扦插繁殖和造林栽培为突破口，借助分子生物学等手段，选育出高生根率的无性系良种，制定了扦插繁殖技术标准和造林技术规程，取得了多项创新性成果。作者在总结分析鹅掌楸属育种进展的基础上，调查了江西省马褂木资源的分布状况，分析了杂交马褂木在江西省开发利用的良好前景。本书就是这些成果汇成的结晶。本书理论与实践相结合，特色鲜明，系统性强，是鹅掌楸属研究与应用方面的重要参考文献。本书的出版必将对江西省亚美马褂木的推广利用和林业生产的发展起到巨大推动作用。同时，对整个鹅掌楸属的育种工作也是极大地推动。

2016年1月30日

前 言 | PREFACE

鹅掌楸属（*Liriodendron*）属于被子植物门（Magnoliophyta）双子叶植物纲（Magnoliopsida）木兰科（Magnoliaceae）鹅掌楸亚科（Liriodendroideae）。鹅掌楸亚科只有1个属，即鹅掌楸属。该属在新生代有十余种，到第四纪冰期末期大部分物种灭绝，现存两个种及其种间杂种，即主要分布在我国的鹅掌楸［*Liriodendron chinense*（Hemsl.）Sargent.］（又名马褂木）和分布在北美的北美鹅掌楸（*Liriodendron tulipifera* Linn.）以及杂交鹅掌楸（*Liriodendron chinense*×*L. tulipifera*）。鹅掌楸在我国零星分布，呈濒危状态，被列为国家二级珍稀濒危保护树种；北美鹅掌楸则广泛分布于北美东南部，为主要用材树种。杂交鹅掌楸由南京林业大学已故树木遗传育种学家叶培忠教授于1963年首次种间杂交育成，在全国多省市试种成功，表现出明显的杂种优势，是工业优质用材和绿化优良树种。因此，鹅掌楸属树种在树木系统进化研究和杂交育种方面具有重要的科研和应用价值。

鹅掌楸属树种的研究大致有三个阶段：第一阶段为20世纪60年代，以叶培忠教授为主，主要开展种间杂交可配性和初步区域试验；第二阶段为20世纪90年代至21世纪初，以王章荣教授课题组为主，开展了交配系统、杂种优势机理与杂交胚胎学以及杂种优良家系和无性系的初步选育与推广等工作，取得了较为丰硕的研究成果，并于2005年初出版了首部有关鹅掌楸属树种的专著《鹅掌楸属树种杂交育种与利用》，对杂交鹅掌楸的发展起到了有力的推动作用；第三阶段为21世纪初至今，包括本课题组在内的更多学者加入了鹅掌楸属的研究队伍，将传统育种技术和现代分子生物学技术相结合，较系统地开展了种质资源、杂交育种、加工利用以及分子生物学等多方面的研究。本课题组的研究着重于种质资源、无性繁殖与无性系选育以及功能基因的发掘等，经过十余年的研究，在鹅掌楸种质资源遗传多样性及其分布格局、杂交鹅掌楸扦插生根、良种选育及生根、耐涝基因克隆等方面取得了重要突破和创新性成果。本书主要对这些技术成果以及国内外同行最新研究进展进行总结，同时考虑到研究和知识点的系统性，也包括了鹅掌楸属的一些基本信息和此前的主要研究成果，以期在前辈们的基础上为鹅掌楸研究事业的进一步发展贡献绵薄之力。

本书共十章，全部由本课题组从事该项研究的中青年骨干撰写：第一章由王小玲、杨爱红、钟永达撰写；第二章由杨爱红撰写；第三章由刘淑娟撰写；第四章由孙小艳撰写；第五章由高柱和余发新撰写；第六章由周华撰写；第七章由余发新和高柱撰写；第八章由李彦强和钟永达撰写；第九章由钟永达撰写；第十章由余发新撰写。全书系统介绍了鹅掌楸属种质资源、无性繁殖与无性系选育、杂交育种及其杂种优势、造林技术与生长表现，以及分子生物学研究等方面的理论、技术和方法，并对今后的研究重点和在江西的推广应用前景作了分析。全书由余发新统一编辑定稿，钟永达协助校稿，彩图均由本课题组提供。

全书以本课题组多年从事鹅掌楸属研究的成果为主，同时也参阅了大量的国内外相关文献资料，尤其是王章荣老师的专著资料，在此对所有作者表示感谢。本书涉及的本课题组的研究成果得到了科技部国际科技合作、国家自然基金以及江西省主要学术带头人计划等项目的支持；王章荣老师对本书的编写提出了宝贵的指导意见；实地数据调查得到了试验示范林所属单位和当地林业部门的大力支持与协助，在此一并致谢！

由于著者水平所限，本书难免有不妥之处，敬请读者批评指正。

江西省科学院 余发新

2015年11月于艾溪湖畔

目 录 | CONTENTS

第一章 鹅掌楸属概述

本章提要

鹅掌楸属现存鹅掌楸和北美鹅掌楸两个种及其种间杂种，为古老树种，具有重要的科研价值和经济价值。种质资源的多样性及其分布格局和杂交育种是鹅掌楸属研究的两大内容。了解鹅掌楸属树种的基本特性和当前的研究概况有助于对鹅掌楸属树种的初步认识。

鹅掌楸属（*Liriodendron*）为木兰科（Magnoliaceae）树种。木兰科树种为古老树种，推测起源时间不迟于早白奎世Aptian–Albian期，该科中木兰属（*Magnolia*）起源较鹅掌楸属早。经过第四纪冰川气候后，鹅掌楸属大部分物种灭绝，现仅存两种，即鹅掌楸［*Liriodendron chinense*（Hemsl.）Sargent.］和北美鹅掌楸（*Liriodendron tulipifera* Linn.），对研究树木进化有重要作用。鹅掌楸主要分布于中国（越南北部有少量分布），被列为国家二级珍稀濒危保护树种。北美鹅掌楸产于美国东南部，和鹅掌楸在形态上极其相似，地理上呈东亚—北美东部的洲际间断分布格局，有重要的科学研究价值。杂交鹅掌楸（*Liriodendron chinense*×*L. tulipifera*）（又称杂交马褂木、亚美马褂木）是由南京林业大学已故著名树木遗传育种学家叶培忠教授于1963年首次利用鹅掌楸和北美鹅掌楸为亲本人工杂交后选育而成，具杂交优势，抗逆性与生长特性均明显优于亲本。

第一节 | 鹅掌楸属分类及特性

一、鹅掌楸属在木兰科中的独特位置

鹅掌楸属隶属于木兰科木兰目（Magnoliales）。木兰目与樟目（Laurales）、胡椒目（Piperales）以及白桂皮目（Canellales）共同组成的木兰类植物（magnoliids）属于被子植物基部类群“basal angiosperms”（Angiosperm Phylogeny Group，2009）。在单子叶植物（monocots）和真双子叶植物（eudicots）分开演化之前，木兰类植物和金粟兰目（Chloranthales）就已经和它们分道扬镳，形成姐妹分支类群（Jansen *et al*，2007）。

尽管对木兰科的分属问题现在还存在较多争议，但普遍认为木兰科可以分为两大分支，木兰亚科（Magnoliiodeae）和鹅掌楸亚科（Lirodendroideae）（徐凤霞等，2000），鹅掌楸亚科仅包括鹅掌楸属1个属，从植物形态上明显区别于木兰科其他属。从形态上看，鹅掌楸属为落叶乔木，叶形独特分裂，顶端截平或微凹，幼叶在芽中下垂，花药外向，成熟心皮不开裂，翅果，种皮与果皮愈合等特征都与木兰亚科截然不同，是较进化的特征。在叶解剖方面，木兰亚科的气孔均为平列型，而鹅掌楸属既有平列型，又有不规则型。在木材解剖上，鹅掌楸属导管间具对列式纹孔，与木兰亚科不同。在孢粉形态方面，鹅掌楸属花粉外壁具穴—网状或皱疣状雕纹，而且明显地分化出覆盖层、柱状层和基层（韦仲新和吴征镒，1993）。Praglowski（1974）认为这是在木兰亚科原始的无结构类型或颗粒状柱状层结构的基础上演化而来的，代表木兰科中较为进化的类型。Qiu等（1993）对美洲木兰科5属8种的叶绿体基因进行了序列分析，发现鹅掌楸属与其他类群有较大差异，而这些类群彼此间的差异很难分辨，可见鹅掌楸属在木兰科中处于一个较为孤立的地位。鹅掌楸属种子合点区形态为孔型，表明它与木兰科其他成员之间的自然联系，但它很早就从木兰亚科中分离出来，沿着独立的路线发展，成为特化的类群。

二、系统分类

在植物界中，按照恩格勒系统分类法，鹅掌楸属（*Liriodendron*）属于植物界（Plantae）被子植物门（Magnoliophyta）双子叶植物纲（Magnoliopsida）木兰分支（Magnoliids）木兰目（Magnoliales）木兰科（Magnoliaceae）鹅掌楸亚科（Liriodendroideae）。鹅掌楸属现存两个种，1种产于我国亚热带地区，名为鹅掌楸；1种产于北美，名为北美鹅掌楸。杂交鹅掌楸则是1963年中国已故林木育种学家叶培忠教授首次利用庐山种源的鹅掌楸，与20世纪30年代引种在南京明孝陵的1株北美鹅掌楸杂交获得。

鹅掌楸和北美鹅掌楸是鹅掌楸属仅存的两个自然物种，在《中国植物志》里可通过以下方式进行检索辨识。

检索表

1．小枝灰色或灰褐色；叶近基部每边具1侧裂片，老叶下面被乳头状的白粉点，花被片长3～4cm，绿色，具黄色纵纹，花丝长5～6mm；雌蕊群超出花被之上；翅状小坚果顶端钝或钝尖 ……………………………………1．鹅掌楸 *L. chinense*（Hemsl.）Sargent.

1．小枝褐色或紫褐色；叶近基部每边具2侧裂片，叶下面无白粉点；花被片长4～6cm，两面近基部具不规则的橙黄色带，花丝长10～15mm；雌蕊群不超出花被之上；翅状小坚果顶端急尖 ……………………………………2．北美鹅掌楸 *L. tulipifera* Linn.

三、鹅掌楸属生物学特性

鹅掌楸属植物为落叶乔木，树皮灰色或褐色，浅纵裂；叶互生，具长柄，叶片3～5裂。花两性无香气，单生枝顶，绿色或黄绿色，花期4～5月。聚合果纺锤状，由数十颗带翅小坚果组成，小坚果9～10月成熟后散落，具种子1～2颗。自然授粉不良，种子发芽率较低，且变异大。鹅掌楸属植物一般与其他树种混生，少数纯林，喜温暖湿润环境。速生性好，材质优良，为重要用材树种，同时叶形奇特，落叶前变为淡暗黄色，树姿挺拔，又为优良园林绿化树种。

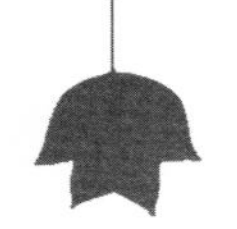

四、鹅掌楸属植物科研与保护价值

鹅掌楸属植物为第三纪孑遗物种，此属植物在中生代白垩纪中期到第三纪早—中期分布于北半球纬度较高的北欧、格陵兰和阿拉斯加等地。到新生代第三纪中期，广泛分布在欧亚大陆和北美洲。但到第四纪冰期时出现大规模绝灭，现仅在中国的南方和北美的东南部有分布，成为孑遗植物，是典型的东亚—北美间断分布“种对”（Vicariad Species Pairs）。

北美鹅掌楸广泛分布于美国东部与加拿大东南部的阔叶林中，为常见树种，呈连续分布形式，而鹅掌楸星散间断分布在我国长江流域以南的亚热带中、低山区，常混生于常绿或落叶阔叶林中，天然更新不良，在自然群落中多为偶见种，国务院于1999年8月4日批准列入国家二级珍稀濒危保护植物名录。

鹅掌楸属作为地球上残存并处于濒危的双种属，被认为是被子植物中的原始类群，除了用于杂交育种外，还对研究有花植物的起源、分布和系统发育有重要价值；洲际间断分布的特点，成为植物群体遗传学和分子系统发育地理学的理想材料，对研究东亚植物区系和北美植物区系的关系，探讨北半球地质和气候的变迁，具有重要价值。

第二节 | 鹅掌楸属树种概述

一、鹅掌楸

（一）形态特征

落叶乔木，树高达40m，胸径1m以上，小枝灰色或灰褐色。叶片马褂状，长4～18cm，宽5～19cm。近基部每边具1侧裂片，先端具2浅裂，下面苍白色，叶柄长4～16cm。花杯状，花被片9，外轮3片绿色，萼片状，向外弯垂，内两轮6片、直立，花瓣状、倒卵形，长3～4cm，绿色，具黄色纵条

图1-1　鹅掌楸形态特征（引自《中国植物志》，邓盈丰绘）

1. 花枝；2. 外轮花被片；3. 中轮花被片；4. 内轮花被片；5. 花去花被片及部分雄蕊，示雄蕊群及雌蕊群；6. 雄蕊腹面；7. 雄蕊背面；8. 雄蕊横切面；9. 聚合果

纹，花药长10～16mm，花丝长5～6mm，花期时雌蕊群超出花被之上，心皮黄绿色。聚合果长7～9cm，具翅的小坚果长约6mm，顶端钝或钝尖，具种子1～2颗。花期4～5月，果期9～10月。其形态特征见图1-1。

（二）地理分布

鹅掌楸分布区东起浙江省青天县，向西直至云南省金平县（约东经103°15′），北界为陕西省紫阳县（约北纬32°38′），向南也至云南省金平县（约北纬22°37′），再向南一直可延伸到越南北部。大多在海拔600～1500m之间的低山地零星生长。据郝日明等（1995）的调查，中国11个省、自治区中

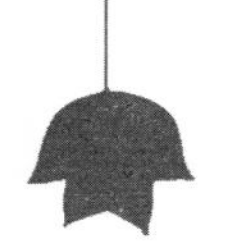

84个县发现有鹅掌楸自然分布，包括陕西（镇巴）、安徽（歙县、休宁、舒城、岳西、潜山、霍山）、浙江（龙泉、遂昌、松阳）、江西（庐山、武夷山）、福建（武夷山）、湖北（房县、巴东、建始、利川）、湖南（桑植、新宁）、广西（融水、临桂、龙胜、兴安、资源、灌阳、华江）、四川（万源、万县、秀山、南川、叙永、古蔺、锡连）、贵州（绥阳、息峰、黎平）、云南（彝良、大关、富宁、金平、麻栗坡）等地，但一般东部、中南部较分散，而西部相对较集中。而且从84个县点的分布形式看，鹅掌楸依照自然地理区域可划分为"一带五岛"的分布形式，其分布区可分为东、西两个亚区。西部亚区从北由大巴山，经武陵山、大娄山，伸向云贵高原东部。形成一条东北—西南走向分布带；东部亚区在我国东部和中南部，有5个各自以中、低山为中心，被平原相间隔的"岛"状分布。本课题组利用生态位模拟分析法的研究结果表明，鹅掌楸最适分布区与其目前的地理分布格局基本一致，几乎整个亚热带地区均适合鹅掌楸的生存。

（三）鹅掌楸生物学、生态学特性

鹅掌楸性喜温暖、湿润气候，年平均气温12～18℃，有一定的耐寒性。相对湿度80%以上。喜深厚肥沃、适湿而排水良好的酸性或微酸性土壤（pH 4.5～6.5）。通常生于海拔900～1000m的山地林中，或生长在砂岩、砂页岩或花岗岩发育的酸性土壤上，在干旱土地上生长不良，忌低湿水涝。对空气中的SO_2气体有中等的抗性。鹅掌楸为虫媒花植物，花色单调，花瓣为绿色，缺乏对多数昆虫的招引力，花期一般多在4～5月，正值长江流域多雨季节，气温变化较大，偶遇低温，妨碍了昆虫正常活动，影响花粉的传播和受精，降低了天然的结实率。在自然条件下，种子饱满率一般不到15%，而种子发芽率一般在3%。鹅掌楸树干端直，树姿雄伟，叶形奇特、古雅，花大而美丽，秋季叶色金黄，似一个个黄马褂，是珍贵的行道树和庭院观赏树种，栽种后能很快成荫。因其花形酷似郁金香，故被称为"中国的郁金香树"。木材淡红褐色、纹理直、结构细、质轻软、易加工、少变形、干燥后少开裂、无虫蛀，是建筑及制作家具的上好木材。

二、北美鹅掌楸

（一）形态特征

落叶乔木，原产地高可达60m，胸径3.5m，南京栽植高达20m，胸径50cm，树皮深纵裂，小枝褐色或紫褐色，常带白粉。叶片长7～12cm，近基部每边具2侧裂片，先端2浅裂，幼叶背被白色细毛，后脱落无毛，叶柄长5～10cm。花杯状，花被片9，外轮3片绿色，萼片状，向外弯垂，内两轮6片，灰绿色，直立，花瓣状、卵形，长4～6cm，近基部有一不规则的黄色带；花药长15～25mm，花丝长10～15mm，雌蕊群黄绿色，花期时不超出花被片之上。聚合果长约7cm，具翅的小坚果淡褐色，长约5mm，顶端急尖、下部的小坚果常宿存过冬。花期4～5月，果期9～10月（图1–2）。

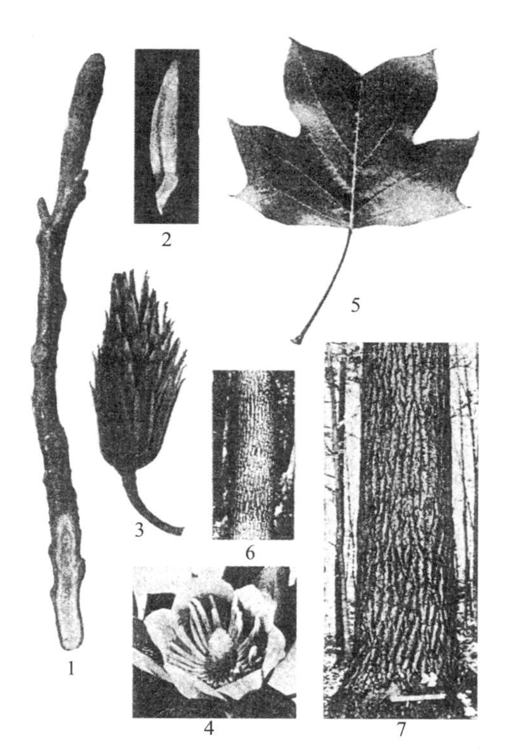

图1–2　北美鹅掌楸形态特征（引自王章荣，2005）

1. 小枝；2. 翅状小坚果；3. 聚合果；4. 花；5. 叶；6. 幼龄树皮；7. 老龄树皮

（二）地理分布

北美鹅掌楸天然广泛分布于美国东部和加拿大东南部（北纬27°～42°，西经73°～94°）地区，主要在海拔300m以下各地和沿海平原排水良好的立地上。地跨佛罗里达、佐治亚、亚拉巴马、密西西北、路易斯安那、阿肯色、田纳西、南卡罗来纳、北卡罗来纳、弗吉尼亚、肯塔基、伊里诺斯、印第安纳、俄亥俄、密歇根、宾夕法尼亚、马里兰、特拉华、新泽西、纽约、康涅狄格、罗德艾兰、马萨诸塞等23个州。在南部沿海及佛罗里达北部海水经常入侵和沼泽地带也有零星分布。

（三）北美鹅掌楸生物学、生态学特性

北美鹅掌楸适宜生长于深厚、肥沃、排水良好的酸性和微酸性土壤中，喜温暖湿润和阳光充足的环境。耐寒、耐半阴，不耐干旱和水湿，生长适温15～25℃，冬季能耐-17℃低温。地理分布广泛，因此其生态环境也比较复杂。在分布区内，冬季1月平均气温最低的南新英格兰和纽约为-7.2℃，而最高的佛罗里达为16.1℃；夏季，7月平均气温，其分布区的北部为20.6℃，南部为27.2℃。而降雨量从760～2030mm变化。无霜期平均天数由北向南从150～310d变化。北美鹅掌楸有着多种不同的生态型，包括耐涝、耐盐碱等，对有害气体的抗性较强，是工矿区绿化的优良树种之一。材质优良，淡黄褐色，纹理密致美观，切削性光滑，易施工，为船舱、火车内部装修及室内高级家具用材，为美国重要用材树种之一。树姿挺拔，叶形奇特，花大而美丽，为世界珍贵树种之一。17世纪从北美引种到英国，其黄色花朵形似杯状的郁金香，故欧洲人称之为“郁金香树”，是城市中极佳的行道树、庭荫树种，无论从植、列植或片植于草坪、公园入口处，均有独特的景观效果。

三、杂交鹅掌楸

（一）形态特征

落叶大乔木，树体高可达40m，主干树皮褐色、深纵裂，倾向于北美鹅

掌楸性状。小枝为紫褐色或紫色。叶具长柄，叶片每边2～3裂，先端一裂片较长，叶较亲本叶片大，整个叶片好似马褂。花两性，较大，鹅黄色，杯状，花被片9，外轮绿色，内轮6片橘红色或橙黄色，花朵艳丽，含蜜腺。花期4～5月，持续时间较长，较亲本开放早，结束晚。聚合果纺锤形，先端钝或尖，形状和大小介于父母本之间。果实成熟期为9～10月。

（二）地理分布

杂交鹅掌楸适合在长江、淮河、黄河中下游地区广泛种植，北至北京、南到海南广大地区（沈植国，2002）。目前已在福建、浙江、江苏、湖南、湖北、河南、山东、陕西、北京等地试种，表现出广泛的适应性和明显生长优势。

（三）杂交鹅掌楸生物学、生态学特性

杂交鹅掌楸适应性强，喜光，适凉爽、湿润气候，耐寒，在休眠期能耐−20℃低温；耐干旱，喜深厚肥沃和排水良好的沙质酸性土壤，不耐水渍。4～5月开花，单生枝顶。9～10月果熟，聚合果纺锤形。可用播种、扦插和嫁接繁殖。扦插繁殖有硬枝和嫩枝扦插两种，嫩枝在6～8月采用全光喷雾扦插，成活率可达30%～70%。杂交鹅掌楸也可通过体细胞胚胎，实现大规模生产。具有杂交优势，生长迅速，在江西庭院绿化胸径年生长量可达2.5cm以上，山地大面积造林胸径年生长量可达2.0cm以上。在抗寒、抗病虫害等方面优于鹅掌楸。其树姿雄伟，树干挺拔，树冠开阔，枝叶浓密，春天花大而美丽，入秋后叶色变黄，宜作庭园树和行道树，或栽植于草坪及建筑物前，是难得的赏花乔木。同时也是制浆造纸、胶合板和其他工业用材的优良用材树种。

（四）杂交鹅掌楸与亲本树种的区别

杂交鹅掌楸是鹅掌楸和北美鹅掌楸的杂交种，其形态介于两个亲本之间，最为明显易辨的特征是在同一株树上，叶片两侧的裂片有1对的，也有2

对的。杂交鹅掌楸与亲本树种的一般形态特征、不同年龄阶段形态特征及叶片解剖学特征的区别详见表1-1、表1-2和表1-3（王章荣等，2005）。

表1-1　杂交鹅掌楸、鹅掌楸和北美鹅掌楸的形态区别

树种	小枝	树皮	叶片	花	种实
鹅掌楸	小枝灰色或灰褐色	树皮灰色，色泽浅，裂缝不明显	马褂形，一般为3裂，基部1对侧裂片，前端1裂片特长	花被片倒卵形，绿色，有黄色纵条纹，长约2～4cm	聚合果纺锤状，较尖长。翅状小坚果先端钝或钝尖
北美鹅掌楸	小枝紫红色或紫褐色	树皮棕褐色，纵裂纹较深而明显	鹅掌形，一般为5裂，基部2对侧裂片，前端1裂片较短	花被片卵形，绿黄色，基部内面有橙黄色蜜腺，长4～6cm	聚合果纺锤状，中部较粗。翅状小坚果先端尖
杂交鹅掌楸	小枝紫色或紫褐色	树皮基本类同于北美鹅掌楸，但较为细腻	基本形为马褂形，3～5裂，为父母本中间性状，但株内叶形变异较大	花被片大部或全部为橙黄色或橘红色，花色艳丽，蜜腺发达，长约3.5～5.5cm	聚合果形状介于父母本之间，翅状小坚果先端钝或尖

表1-2　杂交鹅掌楸、鹅掌楸和北美鹅掌楸不同年龄阶段的形态特征区别

树种	苗期	幼树	成年树
鹅掌楸	叶片为马褂形，3裂，基部1对侧裂，前端1裂片特长。苗茎、枝条灰色、浅灰色或青绿色。但西部种源内也可能有极少数植株树皮为赤褐色，而色泽较杂交种浅	枝条色泽同于苗期。树皮为灰色、浅灰色或青褐色，皮孔较大，突起明显	叶片为马褂形，3裂。树皮灰色，色泽较浅；西部种源树皮色泽较深。花朵绿色，相对较小。小翅果先端钝尖
北美鹅掌楸	叶片3～5裂，前端1裂片较短而宽，5裂片者成鹅掌形。苗茎、枝条为紫褐色或红褐色	枝条色泽同于苗期。树皮紫褐色，有纵裂纹	叶片为鹅掌形，5裂。树皮褐色，深纵裂。小翅果先端钝尖
杂交鹅掌楸	叶片基本为马褂形，但有的叶片基部形成不明显的2侧裂，前端裂片较鹅掌楸的短，比北美鹅掌楸的长。苗茎、枝条为紫褐色	叶片、枝条同于苗期。枝条和树皮紫褐色，树皮较细腻	叶形倾向于母本，但株内变异大，也有4裂或5裂者。前端1裂片较母本的短。树皮基本同于北美鹅掌楸。花朵橙黄色或橘红色，蜜腺发达，花色艳丽。种子性状介于父母本之间

表1-3 杂交鹅掌楸、鹅掌楸和北美鹅掌楸的叶片解剖学区别

树种	叶片下表皮细胞	气孔密度与开口大小	中脉横切面形状	维管组织
鹅掌楸	乳状突起明显	密度低，开口小	倒丘形	维管束三角状，成环形排列
北美鹅掌楸	平坦，乳状突起不明显	比鹅掌楸大1.5倍左右	角状突起	维管束成圆形排列
杂交鹅掌楸	平坦，乳状突起不明显	比父母本都大，约为鹅掌楸的3倍	介于父母本之间，但倾向父本	维管组织较父母本发达

第三节 | 主要研究进展

自1963年叶培忠教授首次实现鹅掌楸属树种种间杂交成功以来，人们开始重视对该属树种的研究利用，特别是自20世纪90年代起，南京林业大学率先重点加强了鹅掌楸属的研究，尤其是杂交育种的研究，并在国内学术界和苗木市场上掀起了一股杂交鹅掌楸热潮。经过诸多学者20余年的研究，完成了从种质资源到育种、栽培和加工利用以及分子生物学等系列研究，并在许多关键技术上取得了突破，取得了不少创新性成果，为该属树种的保护、利用和进一步研究奠定了重要基础。

种质资源方面的研究主要集中在鹅掌楸属的分布、生境、群落结构的调查，种源试验，分布区范围内的居群遗传多样性、系统进化的研究，以及鹅掌楸属树种的利用。已有的调查研究表明，鹅掌楸零散分布于我国亚热带地区及越南北部地区，居群通常呈现衰退状况（郝日明等，1995；贺善安和郝日明，1999）；北美鹅掌楸的分布区相对连续，分布区范围内气候、土壤特征差异很大，广泛分布于美国东部地区及加拿大南部（Little，1971），是当地重要的落叶阔叶树种。对鹅掌楸的种源试验表明，在表型水平上，鹅掌楸的种实性状、叶形、花器官均存在显著的群体变异（惠利省，2010），生长性状在种源间存在显著差异，种源与地点间存在明显的互作（李斌等，2001），根据植株的生长量与地理、气候因子的相关性，可划分为浙、赣、

川黔和湘鄂4个种子区（李火根等，2005）；北美鹅掌楸也存在明显的表型变异，尤其是佛罗里达半岛北部地区个体的叶片裂片形状、叶片颜色、茎基部膨大等性状与阿巴拉契亚山脉地区种源差异很大，具有明显适应高酸、水饱和的沿海平原富含有机质的土壤特性（Schultz & Kormanik，1975；Parks *et al*，1994），而且沿海地区与山麓地区的种源只有在相似的生境下表现才更为良好（Kellison *et al*，1967）。对鹅掌楸属的系统发育及遗传多样性的研究表明，两姊妹种曾通过白令海峡进行基因交流（Parks & Wendel，1990），大约在1400万年前分化（Nie *et al*，2006）。两个物种当前的分布格局及遗传多样性情况均受到历史冰期的重要影响，其中鹅掌楸在其分布区内存在多个冰期避难地（惠利省，2010；李康琴，2013；杨爱红，2014），北美鹅掌楸也至少存在南北两个不同的冰期避难地（Parks *et al*，1994；Sewell *et al*，1996；Fetter，2014）。由于鹅掌楸属较长的进化历史，两物种均具有较高的遗传多样性水平（Parks *et al*，1994；朱晓琴等，1995；李康琴，2013；杨爱红，2014），而且两个物种在当前的分布区范围内可能均出现了适应性分化，例如，鹅掌楸的西部边缘，特别是西南边缘居群与其他地区居群已经产生了明显的遗传分化（杨爱红，2014；Li *et al*，2014）；而北美鹅掌楸在佛罗里达地区的种源在基因组水平及表型特征等方面也与北部的山地居群产生了明显的分化，很可能已经进化成了一个新的变种（Parks *et al*，1994；Weakley，2006；Fetter，2014）。丰富的种质资源和遗传变异为鹅掌楸属的利用提供了前提，而且两物种杂交产生的杂交鹅掌楸具有明显的杂种优势，鹅掌楸属物种在园林绿化、木材以及药用等方面具有重要的应用价值（刘洪谔等，1991；王章荣，2005），因此，基于当前已有的研究成果并继续加强鹅掌楸属种质资源的研究与利用具有重要的意义。

在杂交育种方面，已经完成了交配系统、良种选育和杂种优势的机理等研究。李周岐（2000）通过研究发明了去雄不套袋的简便实用杂交技术，证实了正交、反交、回交及F_1个体之间相互杂交4种交配系统都是可以采用的，但正交和回交产生较强杂种优势的家系或个体的希望最大。考虑到现有杂种遗传基础较窄，正在进行广泛的杂交组合试验，其区域试验正在进行之中，有望选育出更多优良杂交品种（李火根等，2009）。本课题组开展了杂交鹅掌楸高生根率无性系选育，并获批3个良种（杂交鹅掌楸优无1、2、3号），其扦插生根率在80%以上，山地造林胸径年均生长量达2.3cm。对杂种优势形成机理的研究表明，杂种的生长期较长、叶面积较大、茎顶端赤霉素等生长激素含量较高等因素是形成杂种生长优势的主要原因，同时杂种叶片的气孔特点，水分胁迫条件下RNase酶系统活力提高幅度较小等性能与杂种适应能力较强有关。此外，基因的差异表达可能与鹅掌楸属植物甚至林木杂种优势的形成相关，单亲表达一致型与杂交鹅掌楸的叶片杂种优势呈显著正相关，单亲表达沉默型与杂交鹅掌楸的地径和株高都呈显著负相关。杂种优势的基因网络假说认为，亲缘关系太远则导致遗传体制不相容增加，难以产生杂种优势，若亲缘关系太近则不具有互补性，无法彼此促进和调整，也不会存在杂种优势（刘乐承等，2007）。利用酶活性、激素含量和基因差异表达的变化等预测其杂种优势的研究也有报道，但还没有一致的结果。

无性繁殖技术是杂交鹅掌楸研究的重点之一。本课题组在总结前人经验的基础上，系统地从采穗圃、扦插时间、扦插基质、药剂处理及插后管理等方面完成了杂交鹅掌楸扦插繁殖技术成果，平均生根率可达70%左右。但扦插受外界环境影响大，稳定性还不理想，提高品种自身的生根能力才是从根本上解决扦插生根难题的有效途径。体胚技术已获得了重大突破，陈金慧和陈志等（陈金慧等，2003；陈志等，2007）建立了一个稳定性、同步性和可重复性好且细胞活力旺盛的胚性细胞悬浮体系，成功诱导了鹅掌楸体细胞胚胎发生，建立了杂交鹅掌楸体细胞胚胎发生技术和快速成苗体系，并成功进入工厂化生产育苗。组织培养技术有了一定进展，但还没有完全突破，诱导芽生长缓慢，增殖、生根培养都还有待改善。

分子生物学技术近年来开始广泛应用于鹅掌楸属的研究，如分子标记、转录组、基因克隆和遗传转化体系等已经在鹅掌楸属的研究中取得了一批成果。利用EST-SSR、SRAP和RAPD等多种标记，构建了简单的遗传图谱和指纹图谱，利用SSR、核基因组ITS和叶绿体基因组*psb*A-*trn*H、*trn*T-*trn*L等序列变异信息，对鹅掌楸属树种的遗传多样性和谱系地理学进行了系统的研

究（惠利省，2010；李建民等，2002；李康琴，2013；石晓蒙，2013；赵亚琦等，2014；Sewell *et al*，1996）。利用SSR、RAPD等标记还研究鹅掌楸属树种交配方式等生殖生物学以及遗传距离与杂种优势的关系。国际花卉基因组计划于2005年首次构建了北美鹅掌楸cDNA文库（Albert *et al*，2005），对鹅掌楸属树种的转录组进行了研究。随后，Liang等人对北美鹅掌楸花芽、果实、顶芽、叶、形成层、木质部、根、种子等组织器官的EST序列进行了研究，获得了大量的unigenes（Liang *et al*，2008，2011）。随着高通量测序技术的出现和测序成本的降低，国内学者利用RNA-Seq技术也对鹅掌楸属树种花、叶和根的转录组不同发育阶段的miRNA进行了测序（Li *et al*，2012；Yang *et al*，2014；Wang *et al*，2012），并通过RACE等技术，获得了一些鹅掌楸属树种的全长基因序列，如木质素相关基因*LtuCAD1*、*Ltlacc2.2*（Hoopes *et al*，2004；Xu *et al*，2013）、体细胞胚胎发生标记基因*LhSERK1*、*LhSERK2*、*LhUBI1-5*、*LhEXP1*（魏丕伟，2009）；不定根相关基因*FB1*，*Chs1*、*Chs2*及*Adh*等（余发新，2011；罗群凤，2013），然而，由于高效稳定的鹅掌楸属遗传转化体系的缺失，大部分基因的功能仍待验证。最近Li等（2014）对鹅掌楸授粉过程中的雌蕊进行了蛋白组学分析，Zhen等（2015）对杂交鹅掌楸胚性愈伤组织和非胚性愈伤组织的蛋白组进行了比较分析，这为从蛋白组学途径开展鹅掌楸属研究提供了启示。

第二章

鹅掌楸属种质资源

本章提要

鹅掌楸属植物为古老孑遗树种，目前仅存鹅掌楸和北美鹅掌楸，呈现典型的东亚—北美间断分布。鹅掌楸主要分布于我国亚热带地区，受第四纪冰期的影响，存在多个零散的冰期避难地，居群遗传异质性高，遗传多样性丰富，但目前处于濒危状况。北美鹅掌楸为美国东部地区林分的重要组成部分，表型及遗传变异丰富，而且在佛罗里达地区已经分化出地方适应性特征。因此，充分利用丰富的鹅掌楸属种质资源，才能更好地开展鹅掌楸属的育种工作。

植物种质资源是利用和改良植物的物质基础，更是进行育种工作的重要保障。鹅掌楸属（*Liriodendron*）隶属于木兰科（Magnoliaceae），是被子植物的基本类群。研究表明鹅掌楸属大约在晚白垩纪（Late Cretaceous，~93.5Mya）时期从木兰科中分化出来（Nie *et al*，2008）。鹅掌楸属植物化石最早出现于中生代白垩纪（Harlow & Harrar，1941），见于美国东部、加拿大、欧洲、格陵兰地区。到新生代第三纪时期，鹅掌楸属植物已广泛分布于北半球的温带地区，共包含10多个物种（Latham & Ricklefs，1993），这一时期的化石广布于北美大陆、格陵兰、冰岛、西欧至中欧的英格兰、法国、荷兰、德国、波兰、奥地利、瑞士、意大利、日本、韩国等，我国著名的山东临朐山旺组植物中也发现了中新世时期的鹅掌楸属物种*Liriodendron*

cf. *laramiense*的化石（Zhang，2001）。据化石资料及古气候资料推断，在第三纪的中新世以前，全球气候处于一个温暖时期，鹅掌楸属在北半球广泛连续分布，并与木兰属和枫香属植物混生，组成暖性的中生代群落。随着第三纪末期即中新世中期（mid–Miocene，13～18Mya）开始的寒冷气候、冰河侵袭及剧烈地质变化，鹅掌楸属被迫南迁，连接东亚和北美地区的鹅掌楸的白令陆桥也被针叶林覆盖、北美与欧洲大陆之间的基因交流也被大西洋所隔断，自此，亚洲、北美、欧洲的温带落叶林之间的基因交流不复存在，各地区间鹅掌楸属植物独立进化。直至上新世（Pliocene）时，欧洲仍有大量的鹅掌楸属植物存在，但是到更新世（Pleistocene）时期，鹅掌楸在欧洲逐渐灭亡（Parks & Wendel，1990）。这在一定程度上是由于欧洲的山脉多为东西走向，横贯欧洲东西部的阿尔卑斯山脉在更新世时是欧洲最大的山地冰川中心，山区为厚达1km的冰盖所覆盖。多数物种难以在冰期到来之时成功地向温暖的南部地区迁移，最终造成鹅掌楸等许多温带落叶树种灭亡。鹅掌楸属植物最终仅存两个种：北美鹅掌楸（*L. tulipifera*）和鹅掌楸（*L. chinense*），分化时间大约1400万年前左右（Nie *et al*，2006），呈现典型的东亚—北美间断分布模式（Parks & Wendel，1990）。北美鹅掌楸是一个先锋速生树种，广泛分布于美国东部阿巴拉契亚山区的阔叶林中，然而鹅掌楸却仅零星分布于我国中亚热带山地以及越南北部地区，呈现“一带五岛”的分布模式（北纬22.6°～32.6°，东经103.3°～120.3°，郝日明等，1995）。鹅掌楸是我国的二级珍稀濒危保护植物（傅立国，1992）及越南当地的珍稀濒危树种（Nghia，2003）。

第一节 | 鹅掌楸种质资源

一、分布区及分布区特点

（一）鹅掌楸分布区概述

在全球范围内，鹅掌楸属呈现典型的东亚—北美间断分布模式。在中国，呈现东亚—北美间断分布格局的属有130个，隶属于木兰科、红豆杉科、猕猴桃科、岩梅科、忍冬科等。吴征镒等（2011）将中国的植物区系分为4个区、7个亚区、24个地区以及49个亚地区。鹅掌楸分布于III东亚植物区的III D中国—日本森林植物亚区（包括III D9华东地区、III D10华中地区、III D11岭南山地地区、III d12滇黔桂地区）以及III E中国—喜马拉雅植物亚区的III E13云贵高原（主要包括III E13b滇东亚地区）。

鹅掌楸在大格局范围内呈聚集分布，分布于东亚亚热带地区的山地中，分布范围为北纬22°37′～32°38′，东经103°15′～120°17′之间，主要分布区在我国的亚热带地区，少量延伸到越南北部地区（图2−1）。杨爱红（2014）通过查询鹅掌楸的国内数字标本馆标本记录（http://www.cvh.org.cn/cms/）和全球生物多样性信息GBIF数据库（http://www.gbif.org/），结合文献资料、地方植物志和实地考察，去除重复及可疑数据记录，共得到148个鹅掌楸分布点（中国145个，越南3个；图2−1）。鹅掌楸的分布呈现东、西部两个不同

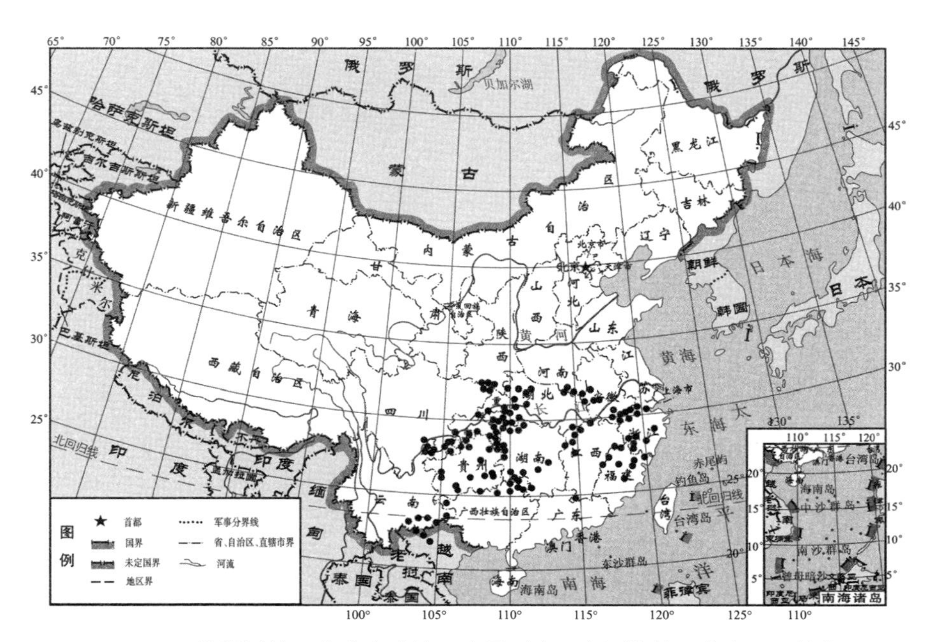

图2−1　鹅掌楸的现代分布（地理底图引自国家测绘地理信息局网站）

“•”代表分布地点（县）

的亚区。其中，西部亚区的鹅掌楸居群分布较为集中，连成一片，包含云贵高原、武陵山、巫山、大巴山等山脉地区，鹅掌楸在东部亚区主要零散分布于大别山、庐山、九岭山、罗霄山脉、武夷山及黄山、天目山、浙闽丘陵地带。

（二）分布区生境特点

鹅掌楸主要分布于我国的亚热带地区，喜光及温和湿润气候，有一定的耐寒性，喜深厚肥沃、湿润而排水良好的酸性或微酸性土壤（pH 4.5～6.5），在干旱土地上生长不良，也忌低湿水涝。通常生于海拔450～1800m的山地林中或林缘，呈星散分布，也有组成小片纯林。

（三）鹅掌楸最适分布区预测

生态位是一个物种所处的环境以及其本身生活习性的总称，每个物种都有自己独特的生态位，借以与其他物种区别。生态位模拟分析（Ecological Niche Modeling，ENM）利用物种当前已知的分布数据和分布区内的生境特点构建物种适宜生存的环境图层，通过特定算法计算物种分布区的生态因子，从而可根据物种当前的气候特征推测当前物种潜在分布区及分布区内生境的适合度，并可以根据基于特定的气候因素模拟可能的分布区（Elith *et al*，2011；Peterson，2011）。这一方法被广泛应用于入侵生物学、保护生物学等方面，预测物种潜在的分布区（朱耿平等，2013）。

为了预测鹅掌楸当前潜在的最适分布区，杨爱红（2014）利用MAXENT软件（version 3.3.3k）（Phillips *et al*，2006）的最大熵值法（maximum entropy approach）对鹅掌楸的整个分布区进行生态位模拟分析。鹅掌楸分布点数据见图2-1。环境因子数据从WorldClim数据库中获得（网址：http://www.worldclim.org/，Hijmans *et al*，2005），气候数据为1970—2000年的平均值，分辨率为30arc-second（约1km^2）。由于气候因子之间的线性相关性，我们选取了7个相关性较低（r<0.75）的气候数据（Bio1，Bio2，Bio7，Bio8，Bio12，Bio17，Bio18）。通过进行10次重复运算，最终

的平均预测结果用ARCGIS 9.3（ESRI，Redlands，CA，USA）显示。

预测到的鹅掌楸的分布模型显著优于随机预测。ENM预测结果表明，鹅掌楸当前的最适分布区与其目前的地理分布格局基本一致，而且比鹅掌楸当前的分布区范围更广，几乎整个亚热带地区均适合鹅掌楸的生存（图2-2）。在越南北部以及我国的贵州省、湖南省、重庆市大部、湖北省西部、四川省东部、云南省的东北和东南部均是鹅掌楸的适宜分布区，我国的浙江省、福建省、江西省及安徽省南部的大部分地区均适合鹅掌楸的生存。另外，广西壮族自治区及广东省的北部、台湾省中部山脉，以及安徽省、山东省沿海地区均适合鹅掌楸的生存，可以进行鹅掌楸优良品种的栽培及推广。此外，由于历史气候及地理生境等原因的影响，当前鹅掌楸的野生分布区仅局限于亚热带地区，但其为温带落叶树种，在第四纪冰期以前曾在北半球广泛分布，其姊妹种——北美鹅掌楸当前的自然分布区更偏北，因此，我们推测，鹅掌楸的适生分布区范围比当前预测的范围应该更广。

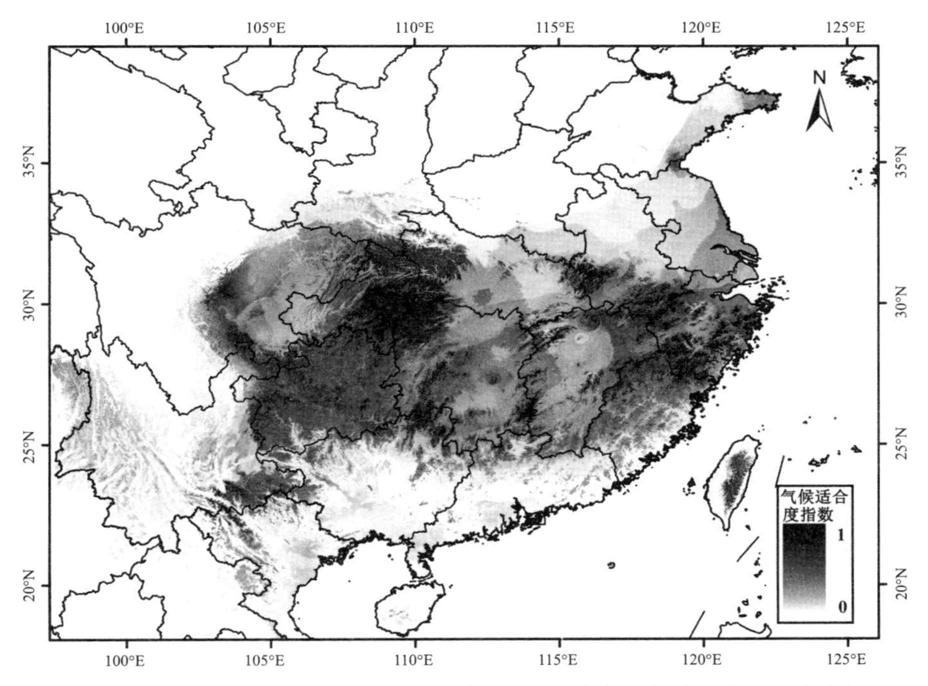

图2-2　鹅掌楸生态位模拟图（地理底图引自国家地理信息公共服务平台）

二、资源状况及种源变异

（一）群落特征

鹅掌楸一般不组成单优群落，而是与其他常绿或落叶阔叶树种混生。例如，九龙山耐阴坑的鹅掌楸居群的伴生种主要有多脉青冈（*Cyclobalanopsis multinervis*）、中华槭（*Acer sinense*）、连蕊茶（*Camellia fraterna*）、常绿叶荚蒾（*Viburnum sempervirens*）（方炎明等，1996）。位于二仙岩的湖北省最大的鹅掌楸群落群丛主要有3种：鹅掌楸–锥栗＋野漆树–四照花＋水竹–三褶脉紫菀群丛，鹅掌楸–四照花–日本金星蕨＋三褶脉紫菀草群丛，鹅掌楸–杉木–南川卫矛–三褶脉紫菀群丛（吴展波等，2007）；都匀市螺蛳壳保护区鹅掌楸种群分布乔灌上层的伴生种常见的有响叶杨（*Populus adenopoda*）、盐肤木（*Rhus chinensis*）、西南绣球（*Hydrangea davidii*）、马尾松（*Pinus massoniana*）、贵州鹅耳枥（*Carpinus kweichowensis*）、枫香（*Liquidambar formosana*）、毛竹（*Phyllostachys heterocycla* ‘Pubescens’）和野樱（*Cerasus* sp.）等（郭治友等，2008）。鹅掌楸偶尔会形成单优群落，例如在贵州省松桃县的鹅掌楸单优群落达1700株/hm^2，主要伴生种为油茶（方炎明，1994）。

（二）种源现状

不同地区鹅掌楸种群的生存状态相差较大。经实地考察发现，在福建省柘荣县有1棵树龄800年以上、胸径达276cm的鹅掌楸古树（彩图1），但此地区其他的鹅掌楸植株均较小，树龄在20年以下；在浙江庆元百山祖自然保护区腹地的一个北坡，沿山地溪流边有3株百年以上的鹅掌楸大树，树高达35m，胸径55cm以上；尤其是在四川省叙永县丹山风景区内，鹅掌楸的自然群落超过1万株，长势通直挺拔（彩图2）；云南金平、麻栗坡种源一般高生长优势明显（彩图3）。轻微的人为扰动可能有助于鹅掌楸的更新。贺善安和郝日明（1999）对7个较大的鹅掌楸种群进行了年龄组成结构分析，结果发现地处交通不便地区的种群（湖南石门、广西资源、江西铜鼓、浙江庆元百山祖）呈衰退趋势，而受人为轻微扰动的种群（云南麻栗坡、湖南龙山可立村和贵州松桃）呈现一定的增长趋势。

总体来讲，鹅掌楸的种群规模普遍较小，个体数在10株以上的居群仅占鹅掌楸总居群数的30%左右（郝日明等，1995；贺善安和郝日明，1999）。小种群往往会造成近交，导致物种退化。即使是较大种群，在没有人为扰动的生境中，种群年龄组成结构不连续，树龄老化，呈衰退种群特征（贺善安和郝日明，1999）。东部亚区除浙江省安吉县、庆元县及武夷山种群较大外，其余种群规模均非常小，且零星稀少。较大的种群多分布在西部亚区，而且在此地区，以武陵山和大娄山地区鹅掌楸分布较为集中，可以看成是鹅掌楸的现代分布中心（郝日明等，1995；贺善安等，1996）。

（三）种源变异

鹅掌楸的种实性状、叶形、花器官均存在显著的群体变异：聚合果宽度随海拔的升高有变窄的趋势；叶形及花器官大小呈现出显著的径向地理变异规律，东部群体叶片侧裂凹陷及前裂凹陷程度均比西部群体明显，东部群体花朵明显小于西部群体，而且西部群体花粉类型相对较为原始，东部群体则较为进化，东西部群体之间存在渐变进化类型（惠利省，2010）。在江苏省镇江市句容县境内12个鹅掌楸种源的12年生植株的生长量有从南至北逐渐增加的趋势，呈现出渐变群的地理变异模式，可以初步将鹅掌楸划分为浙、赣、川黔和湘鄂4个种子区（李火根等，2005）。中国林业科学研究院的李斌等（2001）在鹅掌楸全分布区内收集了四川、贵州、湖南、湖北、江西、浙江等地15个种源的鹅掌楸材料，于长江中下游5省（四川、湖北、湖南、江西、福建）按统一试验设计营造种源试验林。7年生时全面测定其树高、胸径、冠幅等主要生长性状。结果表明：鹅掌楸生长性状在种源间存在显著的遗传差异。地点间差异极显著，种源对环境反应灵敏，种源与地点间存在明显的互作。

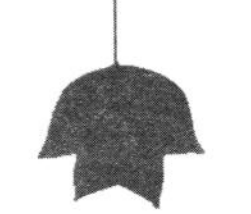

三、遗传多样性及遗传结构

（一）鹅掌楸谱系地理格局

物种的分布及遗传多样性格局受到了历史气候因素，特别是第三纪末期至第四纪冰期气候动荡的重要影响（Hewitt，2000；Milne & Abbott，2002）。虽然对历史及当前因素在决定物种遗传多样性分布中的相对贡献的研究还没有一致结论（Provan *et al*，2012），但历史因素如第四纪冰期及冰后期的物种扩散对物种遗传多样性分布格局的影响远大于当前因素造成的影响（Taberlet *et al*，1998；Hampe *et al*，2005）。当冰期来临时，冰川覆盖下的大部分物种灭绝，而少部分物种退缩到生态环境相对稳定的冰期避难地，保留了物种的部分遗传资源（Bennett & Provan，2008；Keppel *et al*，2012）。而当气候改善时，物种会从冰期避难地向外扩散（Taberlet *et al*，1998），从而形成特定的遗传多样性分布格局。鹅掌楸当前的分布格局受历史气候的重要影响，因此，探究鹅掌楸的谱系地理格局成为揭示当前鹅掌楸遗传资源来源及各种源地亲缘关系的重要内容。

笔者对鹅掌楸分布范围内的29个居群的693个个体，用GPS对居群的地理位置进行定位（表2-1）。在大格局范围内对鹅掌楸的谱系地理格局、遗传多样性及居群遗传结构进行了详细研究（杨爱红，2014），采样范围覆盖了鹅掌楸的整个分布区，仅越南北部的小部分地区未进行采样，但在中越边境采集了云南金平居群及云南麻栗坡居群，以尽量全面覆盖鹅掌楸的分布区。此外，选取27个北美鹅掌楸个体作为外类群。

表2-1　鹅掌楸29个采样点的居群信息

代号	居群位置	山脉地区	海拔（m）	纬度（N，°）	经度（E，°）
西部地区					
JP	云南金平	云贵高原	1595	22.81	103.26
MLP	云南麻栗坡	云贵高原	1683	23.14	104.76
WM	贵州望谟	云贵高原	1295	25.41	106.13

（续）

代号	居群位置	山脉地区	海拔（m）	纬度（N，°）	经度（E，°）
LB	贵州荔波	云贵高原	849	25.23	107.89
DY	贵州都匀	云贵高原	1368	26.27	107.36
JH	贵州剑河	云贵高原	1000～1300	26.50	108.69
XF	贵州息烽	云贵高原	1470	27.12	106.62
PA	贵州普安	云贵高原	1614	26.10	105.02
YJ	云南盐津	云贵高原	783	28.07	104.14
XY	四川叙永	云贵高原	1278	28.20	105.49
TZ	贵州桐梓	大娄山	1579	28.50	107.04
NC	重庆南川	大娄山	1241	29.05	107.20
SW	重庆城口	大巴山	1404	32.03	108.63
SNJ	湖北神农架	大巴山	1400	31.40	110.41
JS	湖北建始	巫山	1787	30.71	109.68
YY	重庆酉阳	武陵山	1329	28.97	108.66
K	湖南龙山	武陵山	1200	29.07	109.07
ST	贵州松桃	武陵山	882	28.16	109.32
ZY	广西资源	南岭	1181	25.85	110.36
东部地区					
HGS	江西铅山	武夷山	1200～1800	27.84	117.77
JLS	浙江遂昌	武夷山	600～952	28.36	118.86
BSZ	浙江庆元	武夷山	1480	27.79	119.20
ZR	福建柘荣	武夷山	438	27.20	120.00
SRQ	浙江安吉	天目山	931	30.41	119.43
DWD	安徽绩溪	天目山	1180	30.11	118.84
WFS	安徽舒城	大别山	810	31.06	116.55
JGS	湖北通山	罗霄山脉	900～1100	29.38	114.60
LS	江西庐山	罗霄山脉	1000～1200	29.55	115.99
SY	江西铜鼓	罗霄山脉	230	28.48	114.41

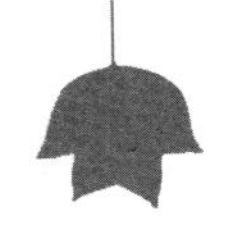

选取多态性高、扩增最好的10对cpSSR引物（Lcp5，Lcp15，Lcp19，Lcp21，Lcp24，Lcp26，Lcp33，Lcp39，Lcp48和Lcp49，Yang *et al*，2011）对693个个体进行基因分型。结果发现，10对引物共获得64个等位基因，在鹅掌楸中组合形成49种单倍型。对这49种单倍型构建单倍型网络（Network）和邻接树（NJ tree）发现，49种单倍型共形成5个主要分枝（*A*、*B*、*C*、*D*、*E*），27个北美鹅掌楸外类群形成的13种单倍型组成另外一个独立的分枝*F*。每个分枝内的单倍型均分布在特定的地理区域，分布格局见图2-3。

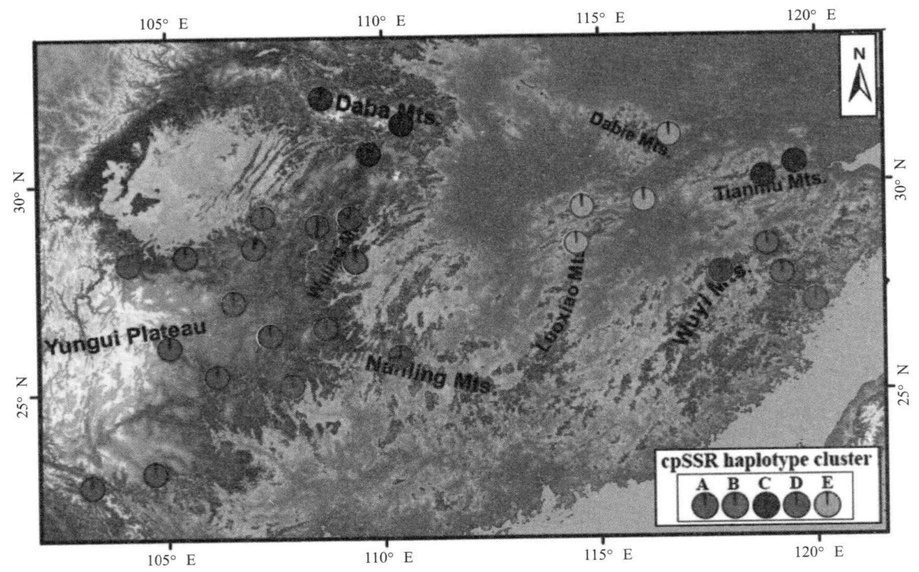

图2-3　基于叶绿体微卫星的鹅掌楸单倍型主要分枝内的单倍型的分布情况（杨爱红，2014）

在华中地区，即大别山地区及南部的罗霄山脉北部地区（庐山、幕阜山、九岭峰）鹅掌楸的单倍型形成独立的分枝*E*，表现出明显的遗传异质性。这一地区的居群与其他地区个体无遗传资源的混合，且分化明显，表明他们之间长期隔离，形成独特的种质资源。云贵高原地区以及东部山脉地区的居群所包含的单倍型较多，且分布范围较广，组成分枝*A*。从地形上说，云贵高原从我国的贵州云南地区向南延伸至越南北部地区，形成一个连续的生境地区，不存在明显的生境屏障且相对稳定，是鹅掌楸及红豆杉（*Taxus* *wallichiana*）等物种（Gao *et al*，2007）的重要冰期避难地。值得注意的是，鹅掌楸分布区西北部（大巴山地区）居群的单倍型组成分枝*C*的一个小分支，且在单倍型网络树中与北美鹅掌楸的单倍型直接相连，暗示这一地区可能是鹅掌楸最古老的起源中心或是种质资源中心。武陵山地区和南岭地区的鹅掌楸居群却同时包含有来自分枝*D*和分枝*A*的单倍型，此地区可能是一个重要的冰期避难地资源的交汇带，这一地区同时保存有来自不同冰期避难地的资源，具有重要价值。

结合生态位模拟分析、中性检验以及单倍型数据，得出结论：在鹅掌楸分布区内至少存在6个孤立的潜在冰期避难地，分布于广义大巴山地区、云贵高原、大别山及罗霄山脉北部、南岭和武夷山脉北部及东部的浙闽丘陵地区，呈现出“refugia within refugia”的谱系地理格局。这些地区是也是许多物种的主要冰期避难地，例如银杏（*Ginkgo biloba*，Gong *et al*，2008），伞花木（*Eurycorymbus cavaleriei*，Wang *et al*，2009）以及红豆杉（*Taxus wallichiana*，Gao *et al*，2007）等，是我国重要的物种孑遗地和生物多样性热点地区。

第四纪冰期对鹅掌楸的地理分布及居群遗传结构起了决定性作用。分布区范围内的多个孤立零散的冰期避难地（存在于不同的山脉地区）提供了鹅掌楸当前遗传多样性的遗传来源，形成较高的物种遗传多样性和较大的居群间遗传分化。对鹅掌楸谱系地理格局的研究为鹅掌楸的种质资源收集提供了有力的指导，这些来自不同冰期避难地的资源成为鹅掌楸种质资源收集的重点地区，涵盖了鹅掌楸在较长历史进化过程中产生的大部分的遗传变异，为以后鹅掌楸属杂交育种提供了遗传基础。

（二）鹅掌楸遗传多样性

居群遗传结构是基因和基因型在时间和空间上的一种非随机分布，它是一系列复杂进化因素相互作用的结果。不同地区存在表型差异，因此亲缘关系及遗传多样性是生命适应环境和进化的物质基础，是一个物种对环境变化进行成功反应的决定因素，因此，遗传多样性水平的高低是物种适应性进化

潜力大小的重要标志。种内遗传多样性或变异越丰富，物种对环境变化的适应能力就越强，其进化的潜力也就越大，或者说遗传多样性为物种的进化提供了潜在的原料储备（Templeton，1996）。由于鹅掌楸具有较长的进化历史，加上分布区复杂的地形结构和气候特征，虽然面临濒危状况，鹅掌楸这一古老孑遗物种的遗传多样性水平仍较高（朱晓琴等，1995；Li *et al*，2014）。

为了进一步了解鹅掌楸不同居群的遗传多样性水平，充分评价鹅掌楸在各个地区的进化潜力，笔者在对鹅掌楸进行了大范围取样的基础上，选取8对核基因组SSR标记（LC027、LC097、LC120、LC269，Yao *et al*，2007；LT013、LT015、LT026，Xu *et al*，2006；LT058，Yang *et al*，2012）对29个鹅掌楸居群进行遗传多样性研究。结果表明：遗传多样性水平较高的居群分布在鹅掌楸分布区的中部地区且靠近当前分布区的北部边缘，而南部边缘地区的遗传多样性非常低。鹅掌楸的等位基因丰富度最高的居群出现在西部亚区的大巴山余脉—巫山地区的建始居群（A_R=5.19，表2–2），预期杂合度最高的居群同样出现在西部亚区南岭西段的广西资源居群（ZY：H_E=0.72），而最低的地区出现在云贵高原的PA居群（H_E=0.26）。在鹅掌楸的分布区内存在两个遗传多样性热点地区，一个沿巫山—武陵山—南岭西部地区，这一地区也是鹅掌楸的集中分布区，另外一个在东部亚区的天目山以及武夷山的东北部地区。虽然东部亚区鹅掌楸的居群较小且分布零散，但东部亚区鹅掌楸居群的遗传多样性水平与西部亚区差异不显著（P>0.05，表2–2）（杨爱红，2014）。因此，鹅掌楸东部亚区也是鹅掌楸的重要种质资源库，积累了丰富的遗传变异。

表2–2　基于nSSR的29个鹅掌楸居群的遗传多样性（杨爱红，2014）

居群代号	所处亚区	N_A	N_E	A_R	H_O	H_E
JP	西	3.13	1.71	2.33	0.18	0.34
MLP	西	2.30	1.50	1.84	0.22	0.27
WM	西	4.00	2.66	3.16	0.53	0.54
LB	西	3.25	2.05	2.59	0.47	0.45

（续）

居群代号	所处亚区	N_A	N_E	A_R	H_O	H_E
DY	西	3.63	2.39	3.05	0.53	0.51
JH	西	4.75	3.01	3.49	0.51	0.61
XF	西	2.88	1.99	2.65	0.38	0.43
PA	西	2.50	1.52	1.84	0.30	0.26
YJ	西	5.00	3.11	3.69	0.45	0.54
XY	西	3.13	2.17	2.59	0.39	0.44
TZ	西	4.75	3.19	3.91	0.52	0.64
NC	西	5.25	2.82	3.68	0.37	0.57
SW	西	2.75	1.82	2.12	0.48	0.41
SNJ	西	3.38	2.12	2.69	0.56	0.51
JS	西	8.00	4.75	5.19	0.51	0.70
YY	西	7.00	4.13	4.69	0.62	0.70
K	西	7.25	3.90	4.50	0.63	0.65
ST	西	4.25	3.10	3.53	0.57	0.62
ZY	西	5.87	3.79	4.23	0.62	0.72
HGS	东	6.00	3.01	4.75	0.56	0.57
JLS	东	7.13	4.76	5.00	0.67	0.71
BSZ	东	7.00	3.78	4.62	0.62	0.63
ZR	东	1.63	1.58	1.63	0.31	0.30
SRQ	东	5.63	3.58	4.08	0.55	0.63
DWD	东	7.25	4.79	4.87	0.66	0.71
WFS	东	4.63	3.22	3.65	0.51	0.53
JGS	东	4.25	2.49	3.20	0.62	0.55
LS	东	5.50	3.40	3.96	0.57	0.61
SY	东	3.00	2.04	2.41	0.39	0.46
平均值	西	4.37	2.72	3.25	0.47	0.52
	东	5.20	3.26	3.82	0.54	0.57
P		0.23	0.17	0.17	0.12	0.35

（三）鹅掌楸居群遗传结构

遗传多样性不仅包括遗传变异的大小，也包括遗传变异的分布格局，即居群的遗传结构。居群遗传结构上的差异是遗传多样性的一种重要体现，一个物种的进化潜力和抵御不良环境的能力既取决于种内遗传变异的大小，也有赖于居群结构的遗传变异（Millar & Libby，1991）。

对鹅掌楸遗传变异分配情况（分子方差变异分析，AMOVA）的研究表明，同大多数广布且长寿命的异交树种一样（Hamrick *et al*，1992；Nybom，2004），鹅掌楸核基因组的遗传变异大部分存在于居群内（69.17%），东西部地区间的遗传变异仅为2.02%。而在叶绿体基因组中，居群间的遗传变异达64.79%，居群内部遗传变异仅占9.50%，不同地区间的遗传变异占总变异的25.86%。分别对东西部地区居群进行AMOVA分析也得到类似的结果，即叶绿体基因组的遗传变异主要存在于居群间（85.91%和89.60%），而核基因组的遗传变异却主要存在于居群内（67.31%和76.73%）。

利用STRUCTURE软件采用混合模型根据每个鹅掌楸个体核基因组的遗传背景进行遗传分组，得到最佳分组数为2，在鹅掌楸分布区的西部边缘地区的居群出现了较大的遗传异质性，这些居群被分到第一组，包括分布区西南部的云南省金平和麻栗坡居群、贵州省的望谟和普安居群、四川省的叙永居群以及分布区西北部的重庆城口，其余23个居群被分到第二组。为了更好地了解第二组居群的结构，利用相同的方法，对两组内的鹅掌楸个体进行再次分组，同样得到两个最佳分组（IIa和IIb）。分配到IIa组的个体几乎全部位于西部分布区，而分配到IIb的个体主要在东部分布区，这表明东西部地区居群之间存在明显的遗传资源的差异性及一定的基因隔离（杨爱红，2014）。

南京林业大学的惠利省（2010）、李康琴（2013）对鹅掌楸的研究结果也表明，鹅掌楸至少存在东西两个不同的冰期避难地资源，而且鹅掌楸分布区西南边缘的云南金平与麻栗坡居群与其他鹅掌楸居群相比具有很大的遗传分化（Li *et al*，2014），提出可以将云南地区的这两个居群划分为鹅掌楸的一个新变种。由此可见，在漫长的进化过程中，可能是由于环境的差异，在鹅掌楸的西部边缘地区的居群逐渐产生了地方适应性，从而在表型和遗传组分上逐渐呈现出与其他居群的差异性，这些特异性的种质资源为以后鹅掌楸属多方面的杂交育种提供了保障。

四、濒危原因及资源保护

（一）致危原因

1999年8月4日，经国务院正式批准公布的《国家重点保护野生植物名录（第一批）》将鹅掌楸列为国家二级珍稀濒危保护植物。鹅掌楸现有的珍稀濒危状况，既有其自身的生物学特性的原因，也有人类活动和生境破坏的原因。

鹅掌楸为被子植物的原始类群，虽然为虫媒花植物，但花的特化程度较低，花瓣为绿色，花色单调，缺乏对多数昆虫的吸引力，而且花期又一般多在 4 ～ 5 月份，正值长江流域多雨季节，气温变化较大，偶遇低温，妨碍了昆虫正常活动，因而也常影响花粉的传播和受精，降低了天然的结实率。鹅掌楸为雌雄同株同花，雌蕊早熟于花瓣展开之前，而这时雄蕊尚未成熟，存在自花授粉隔离机制，而且传粉昆虫主要为蝇类和甲虫类，缺乏有效传粉昆虫，导致柱头的花粉密度较低（黄双全和郭友好，1998，2000；黄双全等，1999）；花瓣展开后，柱头又很快变褐，可授期极短，雌雄配子败育现象普遍存在，且存在花粉管生长受阻，胚和胚乳发育不协调等现象（樊汝文等，1992）。胚胎学研究表明鹅掌楸结籽率低主要是由于自交不亲和（黄坚钦，1998），故生殖生物学障碍是导致鹅掌楸结实率低而濒危的主要原因（樊汝文等，1992）。

另外，鹅掌楸的种群规模普遍较小，种群年龄组成结构不连续，树龄老化，呈衰退种群特征。小种群往往会造成近交，长期近交导致有害等位基因的积累，从而导致物种退化（贺善安和郝日明，1999）。

（二）生境片断化对鹅掌楸的影响

生境片断化已成为威胁居群生存的重要因素（Young *et al*，1996）。生

境片断化是指大而连续的生境变成空间隔离的小生境的现象。由于生境片断化过程中的取样效应及遗传漂变、近交等因素的影响，生境片断化不但会导致居群变小、遗传多样性水平降低，同时也会对物种的遗传结构产生较大的影响，进而影响小居群的适合度和居群更新（Young *et al*，1996），还会阻碍基因交流，形成更强的空间遗传结构（De-Lucas *et al*，2009；Wang *et al*,2011）。生境片断化通常会导致居群遗传多样性的降低（Aguilar *et al*，2008）。另外，片断化后导致的近交衰退对异交物种的影响最为明显，稀有物种也更容易受到影响（Aguilar *et al*，2008；Heinken & Weber，2013）。

杨爱红等（2014）以位于贵州省都匀市摆忙乡烂木山寨的鹅掌楸的一个孤立的片断化居群为研究对象，利用13对微卫星分子标记探讨生境片断化对鹅掌楸小格局的遗传多样性及遗传结构的影响。研究发现，生境片断化对鹅掌楸的遗传结构产生了很大的影响。虽然在烂木山居群内不存在遗传多样性的明显降低，但居群内存在显著的近交及明显的亚居群结构，这表明生境片断化的遗传效应正逐渐显现。生境片断化也会对居群带来有益的影响，它会导致虫媒传粉植物具有更长的花粉传播距离，增加的花粉流在一定程度上减弱了居群空间遗传结构，促进斑块间基因交流（White *et al*，2002；Wang *et al*，2012）。虽然鹅掌楸为虫媒传粉植物，但是鹅掌楸的传粉昆虫主要为甲虫、蝇类等，缺乏有效的传粉者（黄双全和郭友好，2000），传播距离有限，例如鹅掌楸花粉的传播距离在35m左右，最大为70m（孙亚光和李火根，2008），因此难以形成强的花粉流来弥补生境片断化造成的影响。

（三）鹅掌楸的保护生物学意义

当前的全球气候变暖引起了国内外学者的高度重视，据估测，以目前的气候变暖速度，到2050年底，大约有15%～37%的陆地物种面临灭绝的风险（Thomas *et al*，2004）。除全球气候变化外，人类活动及其对土地的利用所导致的物种原生境的片断化已成为造成生物多样性丧失的首要原因（Sala *et al*，2000）。当前，鹅掌楸在其分布区域内呈现片断化状态，加剧了鹅掌楸灭绝的风险。

鹅掌楸现存野生资源仅有部分是保存于人迹罕至的原始野生林，其他资源均受到了人类活动的影响（Tang *et al*，2013）。例如，在贵州都匀市烂木山寨，当地人会把村寨周边的鹅掌楸植株用作木材和薪柴，但寨内有3棵胸径可达86cm的古树以坟山树的形式被完整地保存下来（郭治友，2003；杨爱红等，2014）。因此加强当地人的保护意识无疑是保护烂木山寨鹅掌楸的一个重要举措。另外，鉴于居群内不同斑块间的遗传异质性和基因流障碍，就地保护应该要注意保持生境连续性，促进不同斑块之间的基因交流。迁地保护的过程中，不但要注意不同生境种质资源的收集，而且取样个体间距尽量在20m以外，以获得更多的遗传多样性（杨爱红等，2014）。随着人类活动的频繁，许多难以到达的鹅掌楸野生林区也越来越多地遭到破坏，收集并保存不同地区的鹅掌楸种质资源成为鹅掌楸保护利用的一个重要方面。

第二节 | 北美鹅掌楸种质资源

一、分布区及分布区特点

（一）分布区概述

北美鹅掌楸的现代地理分布区位于美国东部，北到加拿大南部，南抵佛罗里达州中部，东至大西洋海岸，西部延伸至密西西比河河谷（Mississippi valley）。大约位于北纬27°～43°，西经73°～91°，地跨23个州（Little，1971；图2-4），与分布于东亚地区的鹅掌楸相比，北美鹅掌楸的分布区相对连续，且纬度偏高8°。

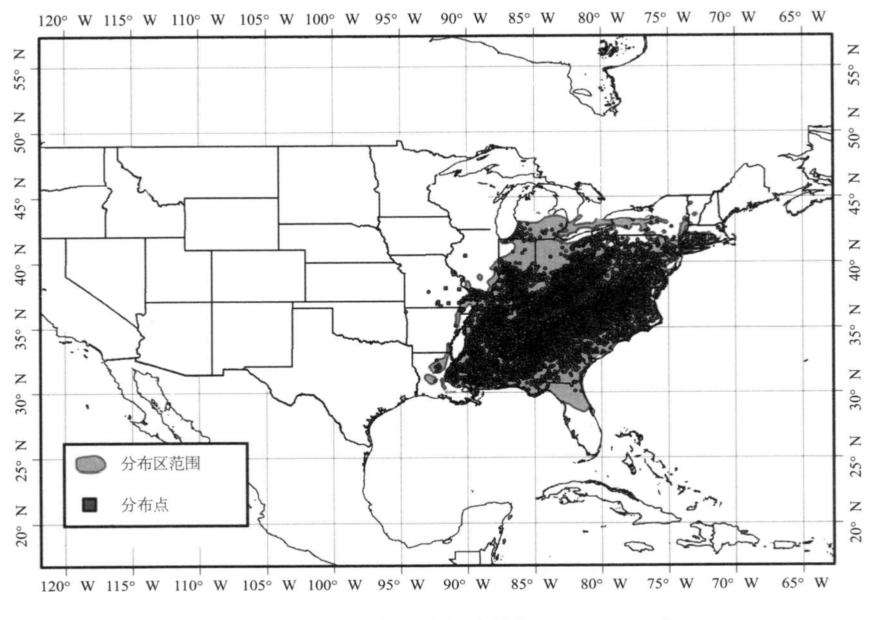

图2-4　北美鹅掌楸分布（数据源于USDA）

（二）分布区环境特点

北美鹅掌楸的分布范围很广，南北跨越10多个纬度，地形也较为复杂，分布区的气候差异也较大。在北美鹅掌楸分布区，1月的平均气温最低为新英格兰南部和纽约北部地区的−7.2℃。而在佛罗里达州中部，几乎不会出现霜冻，而且1月平均气温达到了16.1℃。夏季7月平均气温20.6～27.2℃。降水量最小为760mm，最多的地区出现在阿巴拉契亚山南部，多达2030mm以上。整个分布区的平均无霜期从150d到310d以上。

北美鹅掌楸分布区的海拔也差异较大。在其分布区的北部边缘，北美鹅掌楸主要分布在海拔低于300m的山谷及溪流的底部。在阿巴拉契亚山脉南部，它在多种生境中均有存在，包括溪流底部，海湾以及高达约1370m的潮湿的山坡。此外，高温和土壤湿度可能是限制其南部边缘扩张的因素，在南部地区，该树种一般局限于湿润但排水良好的溪流底部。北美鹅掌楸在湿润、排水较好的疏松土质中生长较好，在过湿或过干的环礁中长势较差。因此，北美鹅掌楸在河流边界的冲积土壤、山谷地带壤土地区、悬崖及峭壁下的斜坡，以及水资源充足的多砾石土壤上生长较好。而且，生长季中充足的降水有利于北美鹅掌楸的生长。

（三）森林覆盖类型

北美鹅掌楸为当地先锋树种，在森林遭受火灾或在废弃的农田中，北美鹅掌楸通常能在前40年迅速占据上层林冠，随后，美国水青冈（*Fagus grandifolia*）、加拿大铁杉（*Tsuga canadensis*）及糖槭（*Acer saccharum*）等树种慢慢加入，其主导地位也慢慢被糖槭（*Acer saccharum*）取代（Clebsch & Busing，1989）。因此，北美鹅掌楸既可以形成纯林亦可能与其他树种混生。以北美鹅掌楸占主要成分的林分中，主要呈现以下四种森林覆盖类型：北美鹅掌楸纯林；北美鹅掌楸—加拿大铁杉；北美鹅掌楸—白栎木—红橡木；以及美国枫香—北美鹅掌楸（Eyre，1980）。在低海拔及排水较好的沿海平原地带，北美鹅掌楸的伴生种主要有山茱萸类（*Nyssa* spp.）、落羽杉（*Taxodium distichum*）、红枫（*Acer rubrum*）、北美枫香（*Liquidambar styraciflua*）、火炬松（*Pinus taeda*）等。在山麓地带，伴生种包括橡树（oaks）、北美枫香、多花蓝果树（*Nyssa sylvatica*）、红枫等。在阿巴拉契亚山区的低海拔地区，北美鹅掌楸与刺槐（*Robinia pseudoacacia*）、白松（*Pinus strobus*）、加拿大铁杉（*Tsuga canadensis*）、山核桃属（*Hickories*）、白橡木（*Quercus alba*）等混生。

二、资源状况及多样性格局

（一）资源状况

北美鹅掌楸是美国东部地区阔叶林的重要的组成部分，物种资源丰富，已被列为北美重点研究的阔叶树种，详细资料参考网址：http://www.hardwoodgenomics.org/organism/Liriodendron/tulipifera。其中，北美鹅掌楸分布区的核心区域也就是分布最为丰富的地区位于俄亥俄河（Ohio River）

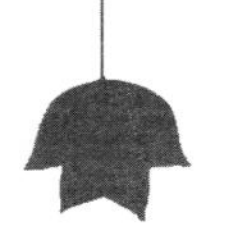

流域及北卡罗来纳州（North Carolina）、田纳西州（Tennessee）、肯塔基州（Kentucky）以及西弗吉尼亚州（West Virginia）的山坡上。据记载，1974年，阿巴拉契亚山脉及其周边从宾夕法尼亚州到乔治亚州山麓地带的北美鹅掌楸占到了北美鹅掌楸总量的75%，而且，在阿巴拉契亚山岳地带及欧扎克山脉地区（Ozark Mountains），北美鹅掌楸贡献了20%～30%的森林郁闭度（Delcourt *et al*，2000）。但是，在分布区的边缘地区，北美鹅掌楸的丰富度逐渐降低，尤其是在南部的三分之一分布区，即东南沿海平原和佛罗里达半岛地区，北美鹅掌楸种群数量较少且呈现零星分布的状态（Delcourt *et al*，1984）。

（二）表型变异

北美鹅掌楸存在明显的表型变异。在其分布区范围内，叶片形状表现出明显差异：阿巴拉契亚山脉地区和佛罗里达半岛北部地区，个体的凹缺深度（sinus depth）和裂片形状（lobe shape）差异很大，而沿海平原地区的个体则呈现出中间表型（Parks *et al*，1994），见图2-5。

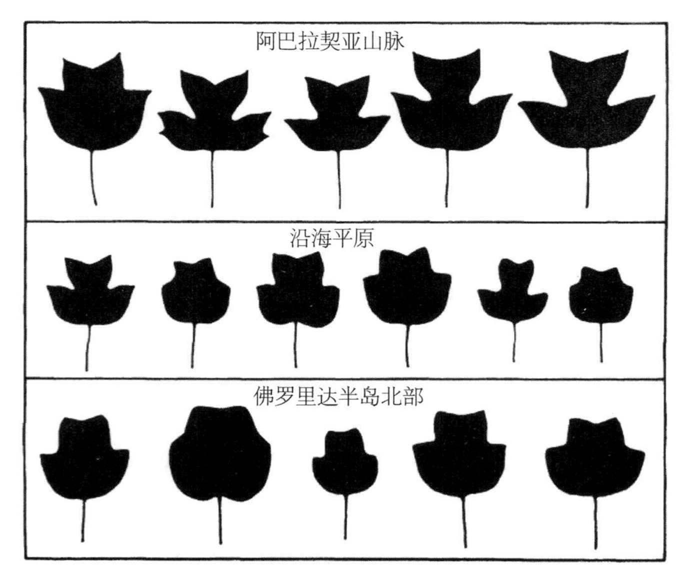

图2-5　北美鹅掌楸嫩叶叶片性状变异（引自Parks *et al*，1994）

沿海地带及佛罗里达州的北美鹅掌楸的叶片往往具有彩色—圆形裂片以及红色铜质光泽。这明显是适应于高酸、水饱和的沿海平原富含有机质的土壤，并且能够忍受周期性的洪水泛滥，而且根茎部存在膨大现象，这与池沼、湿地环境下植物的表现类似（Schultz *et al*，1975）。相互移植的种源试验表明，来自北卡罗莱纳州沿海地区的种源在山麓地区的生长情况较差，却在富含有机质的酸性土壤（pH值很少超过4.0）的沿海平原地区远比来自山地地区的种源表现好（Kellison，1967）。因此，在北美鹅掌楸中至少存在两个不同的生态型。

（三）北美鹅掌楸遗传变异

叶绿体基因组信息与核基因组信息均支持北美鹅掌楸分为两个主要类群。Sewell等（1996）通过分析64个北美鹅掌楸居群个体的叶绿体基因（cpDNA）限制酶切位点发现，北美鹅掌楸在遗传组分上分为“南部型”和“北部型”。“南部型”指分布于佛罗里达州的北美鹅掌楸居群，而“北部型”则包含山地居群与沿海居群。Fetter（2014）利用3个cpDNA片段序列（*psb*A−*trn*H，*trn*L intron−*trn*F，*trn*K5’−*mat*K）对来自于北美鹅掌楸全分布区的55个居群137个个体进行叶绿体片段测序的结果也表明，来自佛罗里达州的北美鹅掌楸个体拥有的单倍型组成一个独立的分枝，而来自沿海平原地区个体的单倍型形成一个小分枝并与内陆居群的单倍型共同组成另外一个独立的分枝（图2−6）。孢粉学证据表明鹅掌楸属等其他阿巴拉契亚山区物种在末次大冰期时期被迫向南迁移至南部的沿海平原地区（Davis，1983），而在冰后期又出现了从东南沿海平原冰期避难地向现在分布区的东北及中北部扩散的现象（Fetter，2014）。

同样，基于23个核基因组等位酶位点的研究结果（Parks *et al*，1994）也表明，来自于佛罗里达半岛的居群具有最明显的遗传特异性，形成一个独立的分枝，而来自于高山地带与沿海平原地区的居群个体聚在一起，形成另外一个分枝，但来自于这两个地区的居群因遗传组分的特异性，形成两个独立的亚分枝（图2−7）。

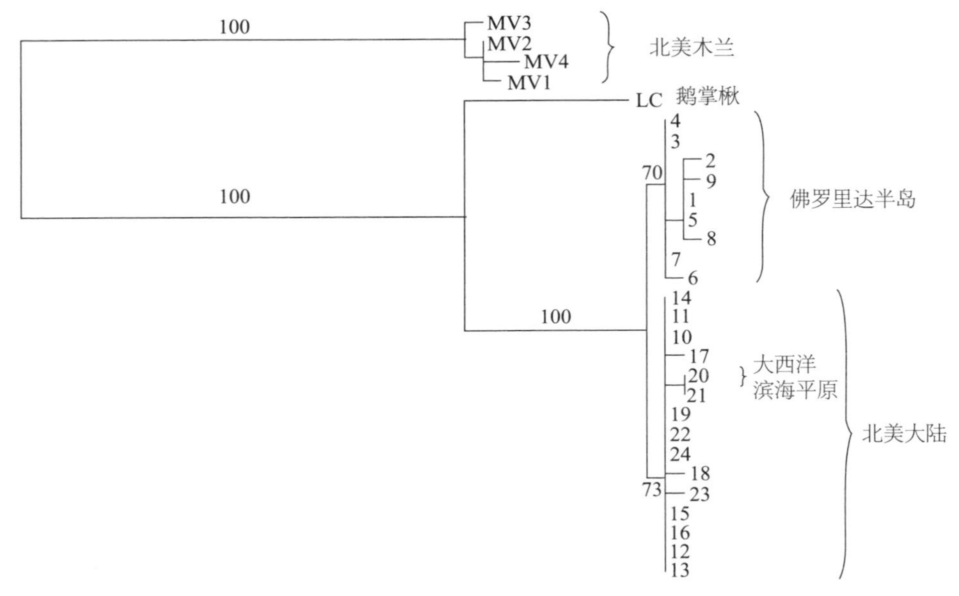

图2-6　北美鹅掌楸单倍型ML聚类树（整理自Fetter，2014）

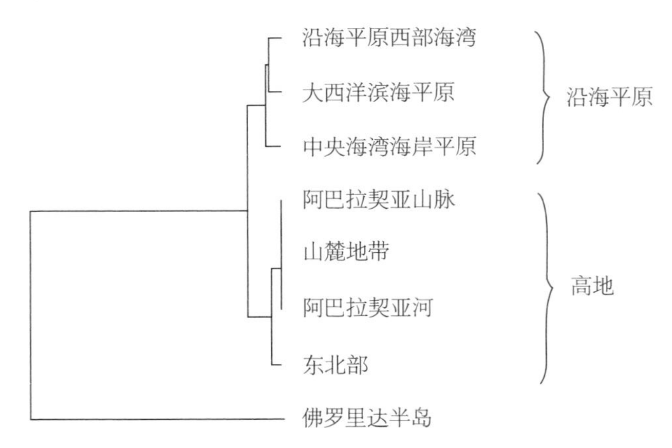

图2-7　基于Parks *et al*（1994）等位酶数据的聚类图（整理自Fetter，2014）

佛罗里达半岛地区的北美鹅掌楸在表型、生态特性和基因型上与大陆地区的居群的明显差异表明，长期地理环境的差异可能导致佛罗里达半岛地区的北美鹅掌楸已经进化成了一个新的变种（Parks *et al*，1994；Weakley，2008；Fetter，2014），而且还保持了较高的遗传多样性水平（Parks *et al*，

1994）。因此，独特的遗传资源和对潮湿生境的适应性使其成为培养耐涝等优良品种或是杂交鹅掌楸候选亲本的重要种质资源。

据Parks等（1994）对50个北美鹅掌楸居群的遗传多样性研究表明，北美鹅掌楸的种内遗传变异非常丰富，平均每个居群的多态位点百分数（P）为61.03。在阿巴拉契亚山脉及其周边的山地，也就是北美鹅掌楸的核心分布区，居群遗传多样性最为丰富（H_E=0.23），而且居群间遗传分化很小（G_{ST}=0.09），基因流大；而在佛罗里达半岛地区，北美鹅掌楸居群间遗传分化很大（G_{ST}=0.22），居群的遗传多样性水平较低（H_E=0.15），这与此地区鹅掌楸呈现孤立零散分布的状况有关，居群间基因流较少，但是，这一地区的鹅掌楸具有较高的总的遗传多样性水平（H_T=0.36），保存了北美鹅掌楸重要的遗传变异，成为鹅掌楸属遗传育种的重要种质资源。

三、国内引种栽培情况

早在20世纪30年代就有北美鹅掌楸引种栽植在我国的南京、昆明、青岛、庐山、杭州、上海等地，但数量极少。1991年，鹅掌楸作为世界银行贷款国家造林项目阔叶树课题的主要树种，为丰富鹅掌楸属育种资源，中国林业科学研究院的李斌、顾万春研究员等引进了5个北美鹅掌楸种源，并联合四川、湖北、湖南、江西、福建等省份的相关单位在我国南方地区进行了鹅掌楸属的地理种源试验（李斌等，2001）。其中，种植于南京林业大学下蜀林场种源试验林的5个北美鹅掌楸种源的生长量不及鹅掌楸，但北美鹅掌楸生态适应性较稳定，保存率在28.13%（佐治亚）到38.67%（北卡罗来纳）之间，种源间生长量排序为北卡罗来纳＞密苏里＞佐治亚＞路易斯安娜＞南卡罗来纳（李火根等，2005）。但在福建邵武试验点试验结果显示，北美鹅掌楸种源生长较缓、根系不发达，人工造林成活率和保存率都不高，而来自较内陆的密苏里种源表现较好（李建民等，2001）。

随着国际交流合作及城乡园林绿化的发展，最近几年北美鹅掌楸都有引种，2002年引进种子2000kg以上（王章荣等，2005）。本课题组2005年通

过国际科技合作项目（2005DFA30460），从密西西比河流域引进8个种源79个家系的北美鹅掌楸种子，进行了种子性状的测定，育苗后进行淹水胁迫试验，筛选出Louis种源中两个耐涝家系Louis-1和Louis-2，在淹水胁迫32d后存活率保持75%（李彦强等，2011）。目前，引种的北美鹅掌楸主要进行种源评价，并作为候选亲本丰富种间杂交育种资源，选育优良的杂交鹅掌楸品种。由于北美鹅掌楸种质资源遗传及表型变异极其丰富，在以后的引种工作中，应该特别注意引种不同地区北美鹅掌楸种质资源，包括佛罗里达州等地的特殊北美鹅掌楸种质资源，进一步扩大鹅掌楸属杂交育种的基础。

第三节　鹅掌楸属种质资源利用

鹅掌楸属树种为速生落叶乔木，树干通直、材质优良、花叶俱美、少病虫害、抗污染能力强、具有较高的材用价值和观赏价值。种间杂交后代——杂交鹅掌楸（*L. chinense* × *L. tulipifera*）则具有更强的生长性能和抗逆性，已被我国的许多地区确定为主要园林绿化树种和用材造林树种，具有极强的开发利用前景（刘洪谔等，1991；王章荣，2005）。

一、材用、观赏与药用

鹅掌楸属树种为高大乔木，材淡红褐色、轻软适中、纹理清晰、结构细致、轻而强韧、硬度适中、属中密度长纤维木材，是胶合板和纤维板的理想原料，可用于造船、家具、玩具、音乐器材、造纸等（季孔庶等，2005）。南京林业大学已经试制出杂交鹅掌楸材用产品的样品，乳白色表面镶嵌着浅褐色纹理，甚为美观。同时，鹅掌楸属植物具有重要的观赏价值，在园林绿化中起到重要作用。特别是杂交鹅掌楸和北美鹅掌楸，其叶片变异丰富，北美鹅掌楸目前已经培育出多个具有极高观叶价值的新品种。例如，小叶、紧凑型矮化品种‘Ardis’，叶片具有金边的‘Aureo marginatum’，具有金心叶片的彩叶栽培种‘Mediopictum’，叶片全部金黄色的‘Glen Gold’，以及开花较早、裂片圆润的速生品种‘Florida strai’。中国也很早就开始引入这些品种用于园林绿化。1999年，上海市园林科学研究所从荷兰、比利时成功地引进了金边北美鹅掌楸品种‘Aureo marginatum’，在园林绿化上具有较高观赏价值。而杂交鹅掌楸的花色更为艳丽，秋叶金黄，片植观赏更佳。鹅掌楸属树种还对土壤中镉、铅等重金属和空气中SO_2等有害气体有一定的抗性，在土壤修复方面有开发潜力。

此外，鹅掌楸属植物富含生物碱类化合物（Alkaloids）、倍半萜类（Sesquiterpenes），此属植物的茎、叶片和种子中含苯丙素类化合物（Phenylpropanoid），在北美鹅掌楸中还含有甾体类（Steroids）和一种黄酮类化合物（Flavonoids），从中提取的生物活性物质能够抗菌、抗疟疾、抗肿瘤，具有安眠、消炎等功效（杨东婷等，2014）。

二、用于杂交亲本

种质资源是一切育种工作的基础，杂交育种正是鹅掌楸属种质资源的重要利用途径。1963年，中国已故著名育种学家叶培忠教授利用20世纪30年代从北美引种在南京明孝陵的一株北美鹅掌楸与中国本地的鹅掌楸进行人工控制授粉育成第一代杂交鹅掌楸（*L. chinense* × *L. tulipifera*）。这一组合的杂种后代有明显的杂种优势，长势比父、母本都要旺盛，在9月中旬的南京地区，其父母本已开始大量落叶，全树1/5 ~ 1/3的树叶已变黄，但杂种植株此时无落叶现象，全部树叶均为翠绿色。1966—1969年，杂种植株树高生长比鹅掌楸增长42%，根茎生长增长13.7%（南京林产工业学院林学系育种组，1973）。第一代杂交鹅掌楸在北京、江西、湖南、湖北、浙江、贵州等多个省市试种，至今还有不少保存，皆成为巨树。1972年，美国的Santamour教授也成功进行了鹅掌楸属树种的杂交，获得了杂种后代并进行了验证（Santamour，1972）。

此后的数十年特别是20世纪90年代后期至今的20余年，鹅掌楸属的杂交育

种得到广泛开展，进一步证实了正交、反交、回交及F_1个体之间相互杂交4种交配系统都是可行的，并利用多个种源材料进行了大量杂交组合试验，以扩大现有杂种的遗传基础，区域造林正在进行之中，有望获得多个速生优良杂交品种。本课题组以庐山种源的鹅掌楸为母本，杂交选育出具有扦插生根优势的杂交鹅掌楸，并获批3个良种，即杂交鹅掌楸优无1、2、3号，具有良好的生根能力和速生性状。随着种质资源工作的不断完善，鹅掌楸属杂交育种将有更广阔的研究空间，不断会有更多更好的杂交种选育成功，以满足造林、绿化的需要。

三、用于被子植物进化研究

鹅掌楸属植物对古植物学、植物系统学和植物地理学研究具有极高的科学价值（Parks *et al*，1990；Wen，1999；Cai *et al*，2006）。鹅掌楸属隶属于木兰科（Magnoliaceae）木兰目（Magnoliales）木兰类植物（magnoliids），属于被子植物基部类群“basal angiosperms”（Angiosperm Phylogeny Group，2009）。在单子叶植物（monocots）和真双子叶植物（eudicots）分开演化之前，木兰类植物就已经和它们分道扬镳，形成姐妹分支类群（Jansen *et al*，2007）。

通常情况下，被子植物的花被呈涡旋状（whorls），而鹅掌楸属植物的雌雄群与雄蕊群盘旋（spirals）排列在一个圆锥形的花托上，这样的排列方式多见于早期的被子植物化石中，这种螺旋状的排列方式被认为是被子植物的原始特征（DeCraene *et al*，2003）。另外，鹅掌楸的花朵外轮3瓣，内轮6瓣，而不像其他被子植物花被分化为萼片与花瓣，因此，鹅掌楸属植物是研究被子植物花器官起源和进化的良好材料（Liang *et al*，2008）。利用扫描电镜和透射电镜对鹅掌楸属花粉及花粉壁进行深入的超微结构研究发现，鹅掌楸属植物花粉外壁可明显区分为覆盖层和柱状层，而木兰科其他类群的花粉外壁尚无明显结构分化。根据花粉壁的演化过程是从无结构向有结构层分化这一规律来看，鹅掌楸属是木兰科中较为进化的类群（韦仲新和吴征镒，1993）。鹅掌楸属的花粉粒为单一缝隙（aperture）的船型（boat-shaped）结构，这一结构是一种适应性的特征，有助于花粉的存活，在被子植物基部类群中较为常见，在部分裸子植物和真双子叶植物中也存在（Lu *et al*，2015）。

另外，北美鹅掌楸在美国东部林区为当地先锋树种，生存力强，而鹅掌楸零散分布于我国亚热带地区，被列为二级珍稀濒危植物（傅立国，1991）。而且，两物种在花部资源配置（黄双全和郭友好，2000）及繁殖成效（冯源恒等，2010）等方面均有明显差别。因此，鉴于鹅掌楸属两姊妹种在东亚与北美地区截然不同的生存状态，鹅掌楸属植物成为进行物种生态适应性进化研究的重要材料。

第四节 | 江西省鹅掌楸属种质资源

一、鹅掌楸种质资源状况

江西省是鹅掌楸的重要分布区之一，据报道（郝日明等，1995；贺善安等，1996），鹅掌楸在江西境内的庐山、武夷山、铜鼓等地都有天然分布，但我们实地调查和多方了解的情况与此略有出入。一是现存可知的鹅掌楸天然种群只有武夷山（江西境内）和庐山，铜鼓并未发现（可能被破坏了）；二是推测江西鹅掌楸天然种群应该不仅仅分布于庐山和武夷山的黄岗山两地，罗霄山脉、九岭山脉、怀玉山脉等人迹罕至的山区应也有分布（理由之一是江西多地早有人工种植鹅掌楸的习惯，其他理由有待分析，这里不详述）；三是庐山现存鹅掌楸大多为20世纪30年代人工造林及其天然更新林（江西森林编委会，1986），天然起源的极少。

武夷山（江西境内）的鹅掌楸天然种群较大，数量超过1000株，主要分布在黄岗山猪母坑一带，散生于其他针阔叶林中，最老的植株超过100年，最大胸径超过60cm（彩图4）。庐山的鹅掌楸主要散生于庐山植物园一带，包括现在的草花区、杜鹃园和乡土灌木园等地，最大植株位于国际友谊杜鹃园，胸径67.5cm，树高超过30m（彩图5）。

本课题组2014年完成了国内31个鹅掌楸种源材料的采集，进行了种子性状测定和分析，以及苗期生长变异的初步观测。种子的大小、千粒重、饱满度和发芽率等种源、家系间变异很大，其中家系发芽率最低不足1%，最高达到16%，而苗高在种源、家系间都存在明显的差异，生长快的苗高超过1.5m，慢的不足40cm（彩图6-1、彩图6-2），且种源间冬季落叶时间差异大，至12月中旬还有很多种源叶片才刚开始变黄。

二、鹅掌楸属树种引种栽培

20世纪80年代中国林业科学研究院顾万春研究员组织实施了鹅掌楸和北美鹅掌楸多点种源试验，中心实验区设在中国林业科学研究院亚热带林业实验中心（江西省分宜县年株林场）。共收集了四川叙永、重庆酉阳、云南勐腊、湖北鹤峰、贵州松桃、贵州黎平、湖南浏阳、湖南桑植、湖南绥宁、江西庐山、江西武夷山、安徽舒城、安徽黄山、浙江富阳、浙江松阳等15个中国鹅掌楸种源和北卡罗来纳、南卡罗来纳、佐治亚、路易斯安娜、密苏里5个北美鹅掌楸种源。这两个种源试验林至今保存基本完好，尤其是鹅掌楸种源林，从生长上看，鹅掌楸优于北美鹅掌楸。至2015年，鹅掌楸林胸径大致在15～30cm，平均约24cm，树高12～20m，平均约16m；北美鹅掌楸试验林保存植株数量不多，5个种源中佐治亚种源仅保存1株，且长势不好，树高、胸径分别约为5m和10cm，但其他4个种源保存的植株生长较好，密苏里种源平均胸径34.5cm，路易斯安娜种源平均26.6cm，北卡罗来纳种源平均35.7cm，南卡罗来纳种源平均35.1cm。总体上北美鹅掌楸在江西有较好的适应性，但试验林植株由于密度和管理方面的因素，其生长不及散生植株，现存的散生植株最大单株胸径超过40cm。

第三章
鹅掌楸生殖特性

本章提要

林木的传粉可能是其生活史中最重要也是最薄弱的一环，鹅掌楸是虫媒传粉树种，但由于花部特征分化不明显，导致其传粉者种类不专一，且不同地点和年份传粉者的种类和访花频率及效率存在差异。鹅掌楸开花期雨水较多并伴随低温，影响昆虫的传粉活动。此外，雌、雄配子发育及受精过程存在败育现象，花粉管极少进入珠孔是结籽率低的胚胎学主要原因，也是导致鹅掌楸濒危的重要原因之一。

繁殖是进化过程的核心，也是研究任何生物进化问题的关键（冯源恒等，2010）。繁殖是物种产生新个体的过程，它既是生物体的三大基本功能之一，也是生活史中最关键的环节之一，植物种群的更新、个体生活史的完成依赖于植物的繁殖过程。描述一种植物的繁育系统至少需要包括以下三个方面的内容：种群是无性繁殖的还是有性繁殖的？如果是有性繁殖的，花的性别特征（性系统）是什么？影响植物自交和异交的花部性状有哪些（Silvertown & Charlesworth，2001；张大勇，2004）？

无性繁殖在植物界中较为普遍，它不依赖传粉媒介，而有性繁殖则是通过配子体的有性融合产生后代。有性繁殖两个最重要的特征是：①它通过配子体的有性融合、染色体分离、等位基因重组等产生了遗传变异；②它允许基因迁移，从而使得成功的突变能在世代之间、种群之间以及种群内部运动、扩散。有性繁殖是几乎所有真核生物都具有的、较为原始的繁殖方式。

鹅掌楸花两性，两性花是植物繁殖系统的主要性别形式，占被子植物的72%（黄双全和郭友好，2000）。同一花中既有雄性又有雌性生殖器官这种性别分配方式的主要优点是可以节约资源，使资源更多的分配给吸引传粉者和提高传粉机会，以及作为当交配对象和传粉者缺少时的生殖保障（Charlesworth & Charlesworth，1987；Fenster & Marten-Rodriguez，2007）。然而，这种优势的发挥是以自花授粉和近交衰退的巨大生殖代价为前提的（Charlesworth & Charlesworth，1987）。

第一节 | 鹅掌楸的生活史

生殖与存活是植物生命活动的两个重要方面，生殖分配是指一株植物一年中所同化的资源用于生殖的比例（Silvertown，1987；方炎明等，2004）。通过生殖分配，植物体可以协调生殖与生存的关系。植物的生活史是指植物从出生到死亡可能经历的各个阶段（Willson，1983），包括植物在一生中所经历的细胞分裂、细胞增殖、细胞分化，并最终产生与亲代基本相同的子代的生殖、生长和发育的循环过程。了解鹅掌楸的生活史有助于解释其濒危的原因。生活史对策是指物种的生长、分化、生殖、休眠和迁移等各个过程的整体格局。不同的植物具有不同的生活史特征，如对于草本植物来说是一年生还是二年生，或是多年生的；一年中只生殖一次的和多次的等。而植物的生活史变量组合（Silvertown，1982）也是植物面临交替变化环境的反应（Gross，1991）。植物的生活史变量组合主要表现在一组彼此相关的生殖特征组合，包括开花年龄、结实率、结实量、种子大小、生殖分配等。自然选择的结果是只有最佳的生活史形式才能留存，而那些不适应当前地方环境的生活史形式，要么迁移到新环境中，要么就地灭绝。因此，植物必须通过生活史变异来面对留存、迁移和绝灭现实（方炎明等，2004）。

一、生殖分配与适合度

方炎明等（2004）结合生殖分配动态，推论出鹅掌楸的营养系统和生殖系统之间呈现一种平衡的、重叠的关系。具体表现在资源位和利用资源的时间位的重叠，即营养系统和生殖系统对等分配资源，并可能同时利用一个资源库中的资源（Goldman *et al*，1986）。鹅掌楸的营养系统和生殖系统的关系不同于木兰科其他植物，如白玉兰。白玉兰中资源位和利用资源的时间位为不平衡、不重叠的关系，具体表现在资源的不等分配和利用资源的时间位分离（方炎明等，2004）。鹅掌楸营养系统和生殖系统的资源位及时间位的重叠，意味着两者在营养上的竞争，功能上的不和谐，也就意味着这可能是一种低效的生殖分配模式。鹅掌楸的生殖只消耗50%左右的资源用于生殖系统，这一数值高于其他植物。如农作物的生殖分配为40%，多年生、多次结实植物为0～20%（Silvertown，1987；方炎明等，2004）。在生殖分配与植物适合度的关系中，分配给植物生殖生长的营养越多，其生育力越强，因此可以认为生殖分配直接影响植物的适合度。而在鹅掌楸中不存在这种内在关系，即鹅掌楸的生育力不直接受营养限制，但生殖分配与适合度之间可能存在间接的关系，即生殖系统所利用的资源用于塑造花被、雌雄蕊群、花轴与果轴、果皮和种子，真正有生活力种子所消耗的资源极少，而更多的资源消耗在繁育系统和果皮生长上，用以提高其传粉和种子散布能力。因此，鹅掌楸的生殖分配与适合度之间可能存在间接的关系（方炎明等，2004）。

二、鹅掌楸生活史特点

对南京地区生长的鹅掌楸进行观察发现，其一般在3月下旬开始展叶，4月下旬至5月中旬为开花期，这也正是叶片扩张和节伸长期；直至5月中旬，叶片形态面积停止生长，并维持该大小至10月末到11月初第一次寒潮袭击时，叶落，整个生长期约210d。与同科不同属的白玉兰相比，白玉兰的整个生长期约225d。且白玉兰的叶片系统生长发育与开花过程在时间上不重叠，其开花期一般在3月10～15日，花期末开始展叶（约20～25d），与鹅掌楸同

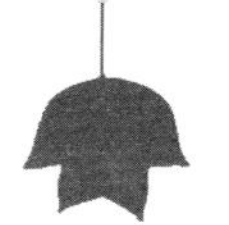

一时期落叶，生长期约225d。与白玉兰的物候动态相比，鹅掌楸具有以下特点：①先展叶后开花，不同于白玉兰的先花后叶；②生长期比白玉兰少15d；③叶片系统的成长发育与开花过程在时间上重叠，并且持续时间长，白玉兰则表现出叶片发育和开花过程在时间位上分离，并且持续时间短。

综合鹅掌楸生长与生殖的关系，鹅掌楸的生活史具有以下特点：①生育年龄较长，第一次结实一般在10年以上，但栽培类型可提早到6～7年；②生殖系统和营养系统的资源位平衡且重叠，生殖分配一般在50%左右，两系统同时消耗资源；③多次结实，自第一次结实开始，可连年不断开花结果，一直延续到衰老期；④翅果产量高，但有生活力种子少，并有大小年现象；⑤种子重量居中；⑥寿命长，一般能存活50～100年，有的甚至能存活近千年；⑦有性生殖过程很长，从混合芽发生、花芽分化、开花传粉受精、胚胎发育，到种子成熟，历经2.5年（方炎明等，2004）。

三、生活史对策

生活史特征之间往往存在相关性。如在有限的资源条件下，种子产量与种子重量往往呈显著的负相关；又如结实次数与种子产量之间也存在一定的负相关；存在大小年结实规律的植物，大年结实量大，小年可能不结实，使结实次数减少；对于无大小年结实现象的植物，可能在生育期年年结实，结实次数相对多。最密切的相关变量是花序数、果实数和种子数之间的相关性。植物生殖生态学中将其称为trade-offs（Goldman *et al*，1986）。权衡关系是生活史进化理论的最基本假设（Roff，1992；Bazzaz *et al*，2000；Roff，2002；张大勇，2004）。生活史变量越多，可能的变量组合也越多，从而导致了物种的多样性，也为自然选择提供了更多的选择机会，且只有那些最佳生活史的组合会被选择，因为在特定的生态条件下存活后代最多，自然选择则偏爱最佳生活史组合。例如，自然界中1年生1次结实植物相当普遍，是因为1次结实和1年寿命组合起来是一种最佳生活史组合形式（方炎明等，2004）。

一般认为，在植物与环境的长期相互作用中，存在两类选择：在不稳定环境中进行r–选择；在稳定环境中进行k–选择（MacArthur & Wilson，1967；Pianka，1970；张大勇，2004）。两类选择的结果是分别导致所谓r–对策者和k–对策者的演化。r–对策者和k–对策者具不同的居群增长策略。r–对策者在居群密度很小的情况下，居群增长率高，居群能迅速扩大；当居群扩大到环境容纳量极限时，居群停止增长，而必须通过散布体进行迁移。k–对策者在居群密度很小的情况下，居群增长缓慢；一旦居群增长到环境容纳量极限时，就要保持相对稳定的个体数，种群难以迁移。两类对策者的居群增长机制不同，决定了它们具有不同的生活史特征。r–对策者生长发育迅速，生育早，1次结实，种子小，种子数目多，寿命短；k–对策者生长发育迟缓，生育晚，多次结实，种子大，种子数目少，寿命长。

鹅掌楸的生活史特征与两种对策者的典型生活史特征相比，更接近于r–对策者，但有些特征也同k–对策者类似。这说明鹅掌楸的生活史特征组合并不是一种最佳组合。虽然它有适合风力散布的散布体，但它与具冠毛的1年生菊科植物相比，其散布机制更原始；同一些松属植物相比，在寿命、结实规律和种子散布等方面可以类比，但后者更能适应不稳定的干旱环境；而同某些槭树科植物相比，同样具翅果，但后者的翅果形态上更复杂，也更能适应稳定的中生环境。因此认为，鹅掌楸的生活史对策接近于r–对策者，但其生活史特征组合不是最佳组合（方炎明等，2004）。

第二节 | 鹅掌楸的生殖特性

一、开花特性

（一）开花基本特性

鹅掌楸为落叶乔木，树高可达40m，胸径也可达到1m以上。鹅掌楸的花直径5～6cm；花被片外面绿色，内面黄色，花瓣长3～4cm；雄蕊和心皮多数，覆瓦状排列；花丝长5mm。聚合果长7～9cm，由多数具翅的小坚果组成。花期4～5月，果期9～10月。

对花及其结构的认识只有与传粉生态学联系在一起，即把花作为一个适应于传粉的功能单位，而不仅仅是一种生殖上的结构单位来看待，才能获得客观而全面的了解（Faegri & van der，1979；黄双全等，1999）。花部结构及特征对访问者行为和花粉传递机制的影响，反过来又作用于植物作为雌性（花粉受体）和雄性（花粉供体）亲本的繁殖成功率。在花与传粉者之间维持这种关系的往往是蜜腺、花粉、气味以及花色等被称之为“诱物”的花部综合特征（floral syndrome）。传粉过程与生境有着密切的联系，广布的有花植物生长在不同的群落中，受不同传粉者的服务，很可能表现出“传粉生态型”（pollination ecotype）（Baker，1983）。濒危植物鹅掌楸结实率相对较低，被认为是授粉不易，无特异的结构吸引传粉者（Fan *et al*，1995）。

（二）花部综合特征

黄双全等（1999）通过对鹅掌楸野外居群性表达（sex expression）等花部综合特征的观察及其与传粉媒介的关系研究，了解了鹅掌楸的传粉策略；并通过在不同时间、不同地点对传粉者访花行为的观察，探讨了鹅掌楸昆虫访花及花粉散布的规律。鹅掌楸花单生枝顶，花被片一般为9枚，其花雌雄异熟，雌蕊先熟。单花从开放到花粉释放完毕持续3～4d。花蕾期花苞绿色呈纺锤形，花蕾常常在下午开放。随着花被片张开，外部3片呈勺状开展，中间两轮6片覆瓦状排列为杯状。雄蕊群包在花被之内，雌蕊群上部突出花被0.5～1cm，内二轮花被片上常有滞留的花粉粒和花粉团块及分泌的蜜汁。单花期依形态特征可人为划分出4个时期：Ⅰ期，第一天（下午）花纺锤形，花开一小口，绿色，花药未开裂；Ⅱ期，第二天花药开裂，释放花粉，柱头颜色转黄，花呈杯状，外轮3枚花被片平展；Ⅲ期，第三天花粉释放基本完毕，柱头颜色变褐，花被片变黄，外轮3枚花被片下垂；Ⅳ期，第四天花药开始萎蔫，花被片自外而内开始脱落。雄蕊数29～63枚不定，多为40枚以上。雄蕊按长短和排列位置大致可分3轮。内轮雄蕊最长、中轮次之、外轮最短。在花托着生位置上内一轮比外一轮高约1mm。花药与花丝之比为1∶1.5～1.8。花药外向纵裂，花粉粒极面观为椭圆形，具一远极沟，表面具网状纹饰（黄双全等，1999）。

二、传粉特性

花粉是自然条件下种子植物遗传信息交流的工具，花粉和花粉生物学是有关植物繁育研究的基础。花粉作为遗传信息的载体，它的特性、传播方式和行为不仅会对种子的产生有作用，也会对植物种群的形成与分化产生一定的影响。除了花芽分化外，林木的传粉可能是其生活史中最重要和最薄弱的一环（Owens *et al*，1985；周坚和樊汝汶，1999）。

（一）昆虫访花行为的观察

昆虫在花上的行为与其自身的活动习性和花的结构特征有关。鹅掌楸不同种类的访花昆虫各有其特点。据观察，甲虫类由于飞行能力差，常常在花内缓缓爬行，常可见数只在单花Ⅱ期访花，有的在花基部，有的在雌蕊群上，虫体表面粘满花粉，此类甲虫是取食花粉和花蜜的，由于该昆虫在雌蕊群上取食花蜜和花粉，可能对花内花粉的转运起作用或对落置柱头上的花粉有梳理作用，并起到传粉的作用，是有效的传粉者。蜜蜂和熊蜂虫体密被体毛，易附着花粉，尤其是足部的采粉器可附着大量花粉，且虫体较大，更容易接触到鹅掌楸的雌蕊和花药，也是有效且是高效的传粉者。在捕捉的蜜蜂标本上，足部附着的一大团花粉至少有万粒以上。熊蜂用足部在花药上迅速地捞取花粉，通常对一株鹅掌楸上的10朵左右盛期的花访问后即离去。黄蜂（胡蜂和木蜂等）虽携带花粉的能力不及蜜蜂和熊蜂，但观察发现，此二者常常是鹅掌楸的最先访问者，花刚开或将要开放时，二者就试图奋力挤开花被片钻入花内，促进了花的及时开放；且飞行能力也很强，可较远距离飞行。蝇类偏爱取食花蜜，喜访Ⅰ期花，去雄试验的花也可见蝇类访问，常常在一朵Ⅰ期花内长时间不飞走，有时甚至在花外取食花蜜，且回访率高。如

厕蝇有时从花内钻出，在叶上休整10s左右（见其用足部刷试喙部），又一次钻入刚访问过的花内取食。蝇类多为背部接触花药，可携带花粉，也是有效的传粉者。

（二）昆虫访问频率的变化

与果实的发育和成熟有一定关系的两个因素是传粉密度（花粉在柱头表面的数量）和果实中种子数量（Doust *et al*，1988）。在自然传粉的条件下，尽管在多数柱头上都有花粉（高达89%），但鹅掌楸柱头上的花粉密度平均数仅为8左右，并且83%的柱头上花粉的密度低于15个（周坚和樊汝汶，1990）。

不同昆虫平均访花频率随花期明显变化，在单花的Ⅰ、Ⅱ期，昆虫的访问频率最频繁，到Ⅲ、Ⅳ期昆虫访问迅速减少。这与花在Ⅰ、Ⅱ期提供较多的报酬相关。从单花4个时期柱头上的落置花粉量也可以看出，单花Ⅱ期和Ⅲ期柱头上的花粉量达到最高。单花Ⅳ期由于柱头萎蔫，部分花粉会从柱头上脱落，统计结果显示柱头上的花粉量也较少。而单花Ⅰ期和去雄处理（emasculation）的花，柱头上落置的花粉量也有较高的比例，说明此二种情况柱头上的花粉是来自异花的（黄双全等，1998）。黄双全等（1999）3年的定点观察发现鹅掌楸有多样的访问者，且访问频率也不低，在晴天平均每15min至少有1次访问。尤其是花开一小口（Ⅰ期花）即有昆虫前来访问，虽然Ⅰ期花被片为绿色，与叶片色泽相近，去雄和去瓣试验表明，切除花瓣比去雄更明显地影响到传粉的成功。此外，去雄处理的结实率明显比去瓣处理的高，也显示出花瓣比花粉对传粉者更有吸引力。因此，对花瓣分泌物的较大能量投资，可能起到了提高对传粉者吸引的作用。

在不同的生境中，传粉者种类和访花频率以及传粉有效性存在差异。在群落水平上，花部形态、温度、光和季节被认为是影响昆虫访问频率最重要的因子。湿度、风速以及一天内的时间等因素的作用次之（McCall & Primack，1992）。温度对昆虫活动有明显影响；晴天（光、温有利）比阴雨天访问频率明显高得多。鹅掌楸的花药药室纤维层不均匀增厚，需要脱水后逐步开裂。阴雨天较大的湿度会推迟花药的开裂。野外观察到，花开放后遇到连续2天的小雨，到第三天花药仍未开裂，而通常晴天第二天花药就开裂。套袋的花（蜜汁未被取食，花内湿度较大）花药也推迟开裂。因此，不利的天气一方面减少了访问者，另一方面推迟了花药的开裂，使柱头不能及时地接受到花粉，从而可能阻碍了受精的正常进行。鹅掌楸拥有多样的传粉者，但传粉者缺乏专一性，且不同地点和年度传粉者的种类和访花频率及效率存在差异。

传粉期对所接受花粉量的影响也很大。接收花粉量大的花主要是在盛花期开放的花，如5月11～16日，而在5月11日之前和16日之后开放的花中，花粉量都明显减少（周坚和樊汝汶，1999）。表明在整个花期中，不同时期开放的花接收到的花粉量是不一致的，在花期中期开放的花朵接收的花粉量较多。此外，同一花中柱头所处的位置不同，其花粉落置量也有差异，在多数情况下，花的下部位柱头接收了较多的花粉，中部位的柱头次之，而上部位接收的花粉较少（周坚和樊汝汶，1999）。

三、生殖特性

鹅掌楸自然传粉的结实率较低，在10%左右。其原因被认为是授粉率低、异花授粉不易，或在花柱中存在着花粉管阻碍区（樊汝汶等，1992；周坚和樊汝汶，1994；Fan *et al*，1995）等。在以往的研究中，造成鹅掌楸自然条件下结实率低的因素存在两种观点，即“花粉限制”（pollen limitation）与“资源限制”（resource limitation）假说。方炎明等（1994）通过对鹅掌楸天然群体与人工群体的生育力研究发现饱满翅果数与总翅果数之间不存在负相关，认为鹅掌楸生育力低可能是受花粉限制。采用人工授粉可以明显提高结实率的事实也为这一观点提供了有力的支持，但该观点并未进行关于雌配子体败育对结实率影响的讨论。黄双全等（1998）发现自然传粉的单果结实率也可高达67.4%，对雌性较高的资源投资有利于结实，且鹅掌楸聚合果中存在着种子选择性败育现象，并结合秦慧贞等（1996）关于鹅掌楸胚囊发育率较高的居群其结实率也较高的结论，提出鹅掌楸结实率低的“资源限制”假说（黄双全等，1998）。冯源恒等（2011）通过开展鹅掌楸属树种交配亲和性及其遗传基础研究，获得了鹅掌楸繁殖主要受母本遗传控制这一结论，为“胚珠限制”假说提供了有力支持，同时也说明通过选择繁殖性能强的母本可提高鹅掌楸结实率。

直接统计柱头上的花粉量，看出其授粉率并不低，授粉率是结实率的6～8倍。周坚等（1994）和秦慧贞等（1996）也提到大多数柱头上都落置了花粉。从3年的观察结果来看，落置柱头的花粉能成功地萌发，并穿过花柱道到达胚珠。表明其花粉传递过程及花粉管在花柱中进一步生长是顺利的。而有研究也发现授粉率和落置柱头的平均花粉量与结实率呈正相关，表明结实率受此二者的影响，提高传粉效率增加了结实的机会。鹅掌楸的人工授粉实验表明辅助授粉有利于结实率的提高，单果结实率达39%（方炎明等，1994）。从这一结果看，似乎结实率受花粉限制。Huang和Guo（2002）也通过直接统计柱头上的花粉落置量发现花粉限制是导致鹅掌楸低结实率的一个重要因素。但自然传粉的单果结实率也高达67.4%，花粉产量相对较高的居群结实率却相对较低，花粉管竞争潜在影响着后代质量，鹅掌楸的不同来源的花粉、花粉管在花柱中的生长速率观察未看出明显差异。花粉落置柱头后，萌发至胚珠的过程也未观察到花柱中存在着障碍区。周坚和樊汝汶（1994）观察到花柱中存在障碍区这一现象可能与取材来自栽培材料有关。在自然传粉的柱头上花粉几乎均能萌发，其中少数花粉管穿过花柱，大多数花粉管后期停止生长，这是一种适应现象，因为滞后生长的花粉管失去了实现生殖成功的意义。

（一）花粉萌发和花粉管的生长

在胚胎学研究的基础上，对鹅掌楸雌配子体发育过程中败育情况、双受精过程花粉管生长情况以及种子形成胚胎的发育情况调查得出，鹅掌楸结籽率低的胚胎学原因主要是自交不亲合性；自交不亲合的主要原因是花粉管进入花柱受阻（黄坚钦，1998）。人工去雄后落置柱头上的花粉与自然传粉相比，有较高异花花粉的比例，其结实率接近自然传粉的结实率，证实了导致结实的花粉大多来自异花。鹅掌楸居群间的遗传变异程度较高（朱晓琴等，1995），也支持了其具有异交的繁育系统（黄双全等，1998）。

授粉前雌蕊柱头及花柱向外伸展并反卷，表面丛生大量表皮毛细胞，传粉时被大量晶莹透明的分泌物覆盖，类似裸子植物中的传粉滴，表明柱头进入可授期。花粉落在柱头上后，在柱头上吸胀、萌发，此时柱头毛细胞萎蔫，花柱沟细胞染色深呈现分泌细胞的典型特征（王章荣，2005）。黄坚钦（1998）对鹅掌楸授粉后的跟踪研究发现，授粉6h后柱头变褐色，柱头上的花粉达到萌发高峰（樊汝汶等，1992），72h后花粉管陆续到达胚珠，进入珠孔。数据统计显示大量花粉萌发进入柱头沟是在授粉后4～8h内，萌发形成的花粉管普遍地进入花柱沟是在16～30h内。柱头上花粉萌发可持续30h以上。这与柱头在开花后两天内变褐的形态学观察基本一致（樊汝汶等，1990，1992）。从荧光及扫描电镜观察看，64%的柱头具萌发的花粉（周坚和樊汝汶，1994），而花粉管进入到子房腔，到达胚珠的仅占12%～18%，进入珠孔的则更少，仅2.4%～3.1%。花粉管在花柱沟内没有扭曲、顶端膨大和胼胝质积累现象。到达胚珠后，存在不定向生长及花粉管盘绕、扭曲现象（受精后，受精卵及受精极核进一步发育，胚珠发育成种子）（黄坚钦等，1995；樊汝汶等，1990）。

（二）胚和胚乳的发育

胚在授粉后1周，珠心开始解体，珠心冠原和承珠盆尚存。授粉后2周，珠心进一步解体，仅在贴近珠被内侧处尚存数层珠心细胞，但除珠心表皮外，细胞均已液泡化。珠孔端出现几个或十几个一串的胚乳细胞，或1列或3～4列，似游离在胚囊中，前人将之称为原始细胞型胚乳。授粉后3～4周，胚乳细胞延伸到合点端。第六周，胚乳细胞几乎充满整个胚囊腔，伴随着珠心的解体殆尽。第八周，胚乳细胞中充满淀粉粒。至22周成熟时，胚乳占据了种子的大量体积，胚乳细胞仍然充满淀粉粒，只有胚周围的3～4层细胞呈空泡状（樊汝汶等，1992）。

胚在受精前夕，蓼型胚囊（樊汝汶等，1990）的卵器成“品”字形，卵

细胞和助细胞有极性，但不典型，花粉管穿过一个助细胞进入胚囊。受精后，合子休眠。授粉后7～8周，在珠孔端形成球形胚或心形胚。第14～15周，鱼雷形胚形成，这时胚轴、胚根已经分化，甚至胚根的原分生组织已明显分成4层（中柱原的、皮层原的、表皮原的和根冠原的原始细胞）。第15～16周，胚形成子叶，子叶长度为全长的1/3～1/2，胚芽始终没有形态分化，只在两片子叶凹陷处有一染色深、核质比大的细胞群，从位置判断，它无疑是胚芽的原始细胞群。此后，直至第22周种子成熟时，胚和胚乳细胞均未在形态结构上发生明显变化（樊汝汶等，1992）。

（三）种皮的发育

授粉时，胚珠具两层珠被，外珠被由外表皮、4层薄壁细胞的中层和内表皮组成；内珠被由外表皮、2层薄壁细胞的中层和内表皮组成。随着胚乳和胚的发育，珠被各层分别以不同方式或消失或参与种皮的组成。授粉期，外珠被的外表皮细胞大，径向扁平，核明显，细胞壁部分纤维化；中层细胞液泡化，排列整齐；内表皮细胞小，径向扁平，核明显。内珠被的内外表皮与中层细胞均小，核明显，排列紧密，唯内表皮的细胞壁部分纤维化。胚乳发生期，外珠被的外表皮小，质稠密，有气孔分布；中层进一步液泡化；内表皮细胞径向伸长，核明显，质稠密。内珠被的外表皮细胞液泡化，呈切向扁平；中层消失；内表皮细胞壁进一步纤维化。胚形成期，外珠被外表皮细胞呈切向扁平，液泡化成一膜层；中层为大型空白细胞，形似气室；内表皮发育为3层左右的小细胞，细胞充满内含物，为深红色的硬化层。内珠被的外表皮和中层消失；内表皮发育为深红色的硬化层。最终种皮由外珠被的外表皮形成的膜层和中层形成的气室以及内外珠被的内表皮形成的硬化层组成。种皮硬化层在硬度上远不及果皮的硬化细胞群，所以观察种子发育，最好去掉授粉后就开始迅速硬化的果皮（樊汝汶等，1992）。

（四）结籽率

授粉35d的聚合果中，胚乳发育中存在着败育，观察到的细胞原胚和胚囊腔内却无胚乳存在（黄坚钦等，1995）。在切片中，也观察到卵细胞在花粉管到达前即已退化。1990—1991年分别检查了1532个和539个翅果（人工授粉），结籽率仅0.78%和2.20%。

授粉率和落置在柱头的平均花粉量与结实率呈正相关，表明结实率受此二者的影响，提高传粉效率增加了结实的机会。Niesenbaum（1992）对*Lindera benzoin*的研究表明，尽管有30%～70%的花未接受到花粉，但有更大比例的花（89%）未结实；其原因被认为最终受资源限制。鹅掌楸的人工授粉实验表明辅助授粉有利于结实率的提高，单果结实率达39%（方炎明等，1994）。从这一结果看，结实率是受花粉限制（pollen limitation）的。但也有研究工作表明自然传粉的单果结实率也高达67.4%，花粉产量相对较高的居群结实率却相对较低。对雌性较高的资源投资有利于结实，而且在聚合果中存在着选择性种子败育现象（黄双全等，1998）。此外，胚囊发育率较高的居群其结实率也较高（秦慧贞和李碧媛，1996）。这些结果显示受资源限制是鹅掌楸结实率低的重要原因之一（黄双全等，1998）。

（五）花粉品质对生殖成功的影响

鹅掌楸属的两个种均存在自由授粉和人工授粉结实率低的现象（Guzzo *et al*，1994）。杂交鹅掌楸及其两亲本离体培养的花粉平均发芽率均较高，说明鹅掌楸属的树木结实率低与花粉的活力无关。也进一步证实有萌发能力的花粉，传粉后不一定能正常结实，即并不是所有可以萌发的花粉都参与受精。鹅掌楸和杂交鹅掌楸树冠上层花的花粉活力高于下层，差异达显著水平。因此，在进行人工辅助授粉时，应充分采用树冠上部花的花粉，提高鹅掌楸属树木的结实率（徐进和王章荣，2001）。

而周坚和樊汝汶（1994）认为子房对花粉的萌发和花粉管的生长有明显的促进作用，花粉在自己或异己的柱头和胚珠上萌发均良好，是亲和的，但花粉管通过花柱的比率较低，仅24%。从数量调查和活体观察两个方面证实了雌配子体的发育水平是影响结籽率的重要因子之一，花柱是不亲和性反应的发生区域。且从演化水平分析，柱头沟是花柱中未愈合的部位。而当花粉

与子房组织混合培养时，发现子房组织（包括胚珠）能促进花粉的萌发和花粉管的生长。因此，他们认为鹅掌楸和北美鹅掌楸雌蕊中的柱头沟区（即花柱的一部分）是花粉管生长的受阻段域，其机制的研究和寻求有效的克服方法很可能是提高结实率的关键所在。实施人工授粉提高鹅掌楸和北美鹅掌楸种子结实率的措施，其主要作用可能是扩大了花粉的来源，减少了不亲和性，从而导致胚珠受精率的提高。因此，注意选择亲缘关系较远的花粉会使人工授粉达到预期的目的（周坚和樊汝汶，1994）。

此外，徐进和王章荣（2001）研究发现虽然杂交鹅掌楸及两亲本的花粉活力在不同年份的差异未达到显著水平，但各自与年份的交互作用达到了极显著或显著水平。因此不同年份的气候环境因子对花粉的品质也有一定的影响。

（六）两种鹅掌楸繁殖成效对比

在低效传粉环境中的鹅掌楸群体花粉粒偏小，花粉数量提高，使花粉库的容量得以增加；同时减少胚珠投资，以缓解低效传粉影响（增大授粉的几率）增加受精机会。而花粉输出率较高的群体将资源较大程度配置到雌性功能上，发育较多的胚珠；同时花粉粒大小和变异的增大，提高了繁殖适合度（黄双全和郭友好，2000）。但冯源恒等（1998）对两种鹅掌楸繁殖成效的研究发现，北美鹅掌楸对花部诱物的投资，如花的形态、大小、颜色及蜜汁等性状都优于鹅掌楸，更易于吸引传粉者，有更高的花粉输出率，但也采取花粉粒偏小、提高花粉数量、增加花粉库容量的策略。说明增加花部诱物的投资与增加花粉库的容量二者并不相互干扰，因为产生大量的花粉也是对传粉昆虫的诱惑。此外，该研究还表明在有充足花粉保证授粉的情况下，鹅掌楸发育较多的胚珠，其雌性繁殖适合度要低于胚珠较少的北美鹅掌楸，说明配置较多的胚珠不一定能提高生殖适合度。

花部诱物资源具有优势的北美鹅掌楸选择了发育较少的雄蕊与柱头的策略，增加对每个雄蕊与胚珠繁殖能量投入，使单位雄蕊的花粉产量增加并提高胚珠的生活力。花部诱物资源不具优势的鹅掌楸选择了发育较多的花部器官的策略，提高柱头分布密度，使传粉者来访时有较多柱头可以授粉，同时降低了单位雄蕊的花粉产量以保障花粉品质。这两种繁殖策略在繁殖成效上体现为单花胚珠较少的北美鹅掌楸获得了更高的雌性繁殖适合度，单花花粉量较少的鹅掌楸得到了较好的雄性繁殖成效（冯源恒等，2010）。

（七）濒危原因分析

虽然鹅掌楸分布区较广泛，但在分布区内多零星分布，少有较大的居群，而且结籽率较低，被列为国家二级珍稀濒危保护植物。鹅掌楸结籽率低是其濒危的主要原因，影响结籽率的因素是多方面的，有环境因子（Steinhubel，1962），如开花期雨水多，伴随低温，影响昆虫的传粉活动；有花的形态结构特征（樊汝汶等，1990；黄双全等，1999），如花被分化不明显，花冠没有特异结构，传粉者不具专一性；有胚胎学因子（樊汝汶和叶建国，1992；Steinhubel，1962），如花粉/胚珠比值下降，单花花期不遇，可授期短，自花不亲和等。从胚胎学角度看，除了这些因子外，还存在胚珠及胚囊的败育现象。从统计观察的结果看，胚珠和胚囊虽存在败育，但其败育数量与不足1%的结籽率相比，问题的关键不在这方面。而花粉管的进一步生长，64%的雌蕊具萌发的花粉，仅2.4%～3.1%的胚珠有机会实现受精，这一结果与结籽率是相接近的。因此，可以说，花粉管极少进入胚珠才是结籽率低的主要胚胎学原因。根据自交不亲和的含义，即自花授粉后，能育花粉完全或部分不能形成可育种子（Heslop-Harrison，1975），鹅掌楸应属于这一范畴（黄坚钦，1998）。

第四章

鹅掌楸属种间杂交育种

本章提要

杂交是创造林木新品种的主要手段和开展科学研究的重要方法。杂交育种的关键是确定育种目标、亲本选配、杂种后代选择并稳定变异、新品种鉴定等。鹅掌楸属种间杂交可配性强，但不同交配系统和杂交组合其杂种优势差异大，亲本的遗传距离与此直接相关。利用丰富的鹅掌楸自然资源，结合育种目标，选择典型性状突出、适应性强的个体作为杂交亲本，通过不同的杂交组合选育优良品系成为杂交鹅掌楸育种的重要内容。此外，为加快育种进程，早期选择技术和分子育种手段已经开始被应用于鹅掌楸属杂种优势的预测和遗传改良。

林木树种自然资源在世界各地的分布因环境因子的异质性而非常不均衡，导致林木自然资源存在丰富的遗传变异（包括种间和种内变异），为了更好地利用丰富的树种资源和变异，引种、选择与杂交等技术成为最有效、最廉价的手段。林木杂交育种的本质就是利用人工授粉所获得的杂种，筛选出具有生长和适应性优势的后代材料，扩大繁殖规模，达到大面积推广良种和最终的林木增产和林业增收的目的。随着现代遗传学理论的不断发展，人工创造变异的育种方法不断出现，但很多植物（农作物、花卉、林木等）的新品种依然是杂交育成的，杂交育种已成为林木改良工作中最有效的手段和

方法。

鹅掌楸与北美鹅掌楸为同属的洲际分布的姊妹树种，种内变异非常丰富，种间具有很高的可配性，这为开展种间杂交育种奠定了良好基础。1973年，叶培忠教授首次以鹅掌楸属两个现存种——中国庐山种源的鹅掌楸和北美鹅掌楸为亲本进行了人工杂交，获得杂交鹅掌楸。用过氧化物酶同工酶对人工杂种进行分析发现，杂种不仅具有双亲的特征酶带，而且还有双亲所没有的杂种酶带，从而证明了杂种的真实性（黄敏仁等，1979）。30多年的栽培试验表明，该杂种不仅在生长和适应性性状上表现出强大的杂种优势，而且具有树形美观、枝叶浓密、生长期长、花色鲜艳等特点，已成为中国南方地区重要的庭院绿化优良树种（张武兆，1997）。目前，杂交鹅掌楸已在江苏、江西、湖南、浙江、山东、北京等地区推广试种，普遍表现出生长迅速和适应能力强的特点。

第一节 | 杂交技术

一、亲本选择

杂交育种通常由3个工作环节组成：选配亲本杂交；种植杂种后代，选择并稳定变异；新品种（系）的性状及参量鉴定。其中，亲本选配是杂交育种的前提条件。1981年意大利学者首次提出在两个杂交用亲本种中先进行配合力测定和改良，再用高配合力基因型作种内和种间杂交亲本的育种策略，这是玉米的杂交育种策略向林木育种中的渗透，称作BSCS（Breeding、Selection、Cross和Selection）4个阶段育种程序。这一育种策略把亲本的改良放在杂交育种的优先位置上。1942年，Sprague和Tatum又在玉米杂交育种研究中提出两类配合力的概念（一般配合力和特殊配合力），配合力分析成为植物杂交育种研究中亲本选择和组合评价的重要依据（张爱民，1994）。鹅掌楸属种间杂种，不仅在F_1代表现出明显的杂种优势（王章荣，1997），而且在回交世代及F_2代中这种优势仍基本保持（叶金山，1998），但不同家系间和组合间差异很大（张武兆等，1997；叶金山，1998；王晓阳等，2011），这些结果表明了在杂交育种工作中研究亲本选配的必要性。

进行鹅掌楸属树种杂交前，在广泛收集国内外鹅掌楸属树种优良种质资源的基础上，需要结合育种目标，在鹅掌楸、北美鹅掌楸种质资源中选择典型性状突出、适应性强的个体作为杂交亲本。确定交配组合时，一般将结实率高的植株作为母本。目前大部分鹅掌楸杂交育种都用北美鹅掌楸花粉对鹅掌楸进行人工授粉，其中部分原因就是北美鹅掌楸在我国仅少量引种栽培，而能够用作杂交亲本的就更少，致使现今国内的杂交鹅掌楸均来自少数几株北美鹅掌楸，亲本遗传基础过窄，不利于杂种遗传改良的良性发展。本课题组通过与美国Clemson University的Geoff教授合作，引进了8个北美鹅掌楸种源材料，对扩大北美鹅掌楸亲本遗传背景具有重要作用。目前，杂交鹅掌楸的杂种优势主要表现在生长速度和适应性等方面，对水湿条件的抗逆性较差。据本课题组观察，2年生杂种植株基部淹水24h，死亡率达90%。而我国南方春夏多雨，圃地及林地短时间淹水的情况极为常见，导致杂交鹅掌楸造林成活率和保存率较低，影响了这一优良树种的推广应用。所以在北美鹅掌楸引种试验中，通过苗期试验，初选出3个优良种源，分别为田纳西、密苏里和路易斯安娜种源；通过水分胁迫试验，选择了耐涝性较好的两个家系的北美鹅掌楸材料（Louis-1和Louis-2），为培育耐涝的杂交鹅掌楸奠定了基础。此外，为了深入挖掘鹅掌楸丰富的种质资源，本课题组还深入贵州、广西、四川、浙江、福建等鹅掌楸的自然种群分布区，收集了大量鹅掌楸种源材料，拓宽了杂交鹅掌楸亲本选择的遗传基础，为选择优良的杂交亲本提供了丰富的材料。

二、杂交技术

开展鹅掌楸属植物种间杂交工作时，必须对其开花物候期和杂交技术进行具体研究，研究重点主要集中在花粉技术和授粉技术。鹅掌楸属树种一般

8～10年生可开花结实，12～15年后进入盛花期。花期一般4～6月，4月中下旬为始花期，5月上旬至下旬为开花盛期，6月上旬为开花末期，花期30d左右。但不同树种、不同个体、不同年份、不同地区存在一定差异，应以具体观察为准。杂交鹅掌楸相对鹅掌楸和北美鹅掌楸而言，花期早10d，末花期晚7d左右。两个亲本种及其杂种种的花期重叠约15d，可较方便地开展鹅掌楸属树种间正反交、回交及杂种F_1代间的人工杂交。

鹅掌楸属树种雌蕊先熟，花被片未完全展开时雌蕊进入可授期，鹅掌楸柱头可授期的标志是柱头上分泌了水珠状的物质，而北美鹅掌楸则在柱头上分泌圆球状乳白色物质，可授期仅维持1～2d，等柱头分泌物消失，柱头变褐，花全盛开，表示可授期结束，此时授粉成功率非常低（尤录祥，1993）。鹅掌楸属树种以虫媒传粉为主，具有异交为主的繁育系统，但由于鹅掌楸柱头可授期较短，花期不一致，虫媒传粉效率较低，造成自然结籽率低，种子发芽率一般不足3%，所以必须进行人工辅助授粉以提高结实率，控制授粉后2h花粉萌发，6h萌发率最高，授粉后第22周种子成熟。尤录祥等（1995）用安徽黄山种源的鹅掌楸花粉对南京林业大学校园内的鹅掌楸（庐山种源）进行人工授粉，收集的两个聚合果的翅果数分别为136和142，种子数分别为66和80，平均结籽率为52.52%，比自然结籽率高117倍。此外，为了保证授粉结果，进行二次重复授粉很有必要。

种间杂交对鹅掌楸属树种遗传改良具有重要意义，研究证实，杂交鹅掌楸具有明显的杂种优势。李周岐等（2000a）总结了鹅掌楸属种间杂交的花粉技术和授粉技术：首先，鹅掌楸、北美鹅掌楸及其杂种F_1间、杂种内单株间花粉品质差异很大，同一单株花粉品质随开花时期不同而呈规律性变化，以盛花期花粉萌发率为最高，所以杂交工作应利用盛花期花粉为主；其次，鹅掌楸及其种间杂种的花粉经4℃贮藏后其萌发率迅速下降，杂交工作应尽可能使用新鲜花粉，所以为了保证在柱头可授期有足够活力的花粉，在授粉的前几天就可收集花枝，插在桶中，进行室内水培，保留花枝上5～6d内开放的花苞，去掉多余的花朵；此外，不同花期人工授粉结实率不同，杂交工作应充分利用盛花期10d左右时间，这时可全天进行不套袋授粉，其花粉污染率在1%以下；在初花期和末花期，授粉套袋能明显提高杂交结实率。研究还发现，对于风媒花树种，为了防止花粉污染，杂交授粉一般在气流稳定的早晨进行，但鹅掌楸是虫媒花，考虑昆虫的活动，比较不同时间的杂交效果后发现，一天内下午13：00左右的授粉效果最好；最后，比较了不同授粉方式的杂交鹅掌楸结实率，总结出用新鲜花粉在去雄、去花被片不套袋隔离情况下的杂交授粉技术，经多次的DNA分子标记检测证明该授粉方式的非目的花粉污染率极低，杂交制种简便可靠，为生产上鹅掌楸杂交制种提供了一套简便高效的技术方法（王章荣，2005）。本课题组利用数株北美鹅掌楸混合花粉为父本，庐山种源鹅掌楸为母本进行人工授粉（彩图7），获得了优良的杂交后代。

三、杂交交配系统

交配系统是种群两代个体间遗传联系的有性系统，不仅影响植物自身雌、雄配子结合以及形成合子的方式，还决定了植物后代群体的基因型频率、植物的有效群体大小、基因流、选择等进化因素，影响着群体间的分化程度。在遗传学研究中，绝大多数的遗传参数估算都必须以交配系统为基础，改良必须在群体现有的遗传组成的基础上，调控群体的遗传行为才能达到改良的目的，而交配系统是群体遗传行为的核心。李周岐等（2001a）研究了鹅掌楸属树种杂交可配性，发现不同交配系统间及同一交配系统内不同交配组合间杂交可配性不同，授粉结实率应作为亲本选择的重要依据。其中，以鹅掌楸为轮回亲本的正交、反交、回交系统和F_1代个体间杂交系统具有较高的杂交可配性，在杂交制种时可加以利用。对鹅掌楸属树种正交、反交、回交及F_1代个体间杂交等交配系统的可配性和杂种优势表现进行研究表明，以上所有交配类型都具有可配性，但可配性与杂种优势的强弱程度不同，其中，正交、回交的优势普遍较强，可配性较好，$F_1 \times F_1$之间交配产生的F_2代仍有利用价值，并会出现少数超亲个体，为今后进一步开展杂交育种提供了科学依据（李火根等，2009）。朱其卫和李火

根（2010）选取来自鹅掌楸、北美鹅掌楸及杂交鹅掌楸的16个交配亲本，共组配了14个杂交组合，分属种间杂交、种内交配、多父本混合授粉、回交和自交5种交配类型，利用SSR分子标记检测各子代群体遗传多样性以及16个交配亲本间的遗传距离，结果表明鹅掌楸交配子代群体具有较高的遗传多样性，5种交配类型子代群体中，遗传多样性水平由高至低的趋势为：多父本混合授粉子代、种间交配子代、杂种F_1与亲本的回交子代、种内交配子代、自交子代；子代遗传多样性与亲本间遗传距离呈显著正相关，表明亲本间遗传距离大，则子代遗传多样性高，相同亲本正反交子代群体的遗传多样性差别不明显。对鹅掌楸不同交配组合子代苗期生长变异进行分析，发现就苗期生长量而言，鹅掌楸种间杂交、种内杂交及回交显著高于自由授粉子代，其中，种间杂交组合子代生长最好，种内杂交组合子代次之，回交组合优势较小，种间正反交组合间差异不显著，而同一交配类型的不同组合间差异极显著（张晓飞等，2011）。

虽然鹅掌楸属树种正交、反交、回交及F_1个体之间杂交4种交配系统均可获得较强的杂种优势，但不同家系间及家系内不同个体间的遗传差异较大，因此鹅掌楸属树种杂种优势利用的重点应进行家系选择和家系内选择。通过扩大北美鹅掌楸和鹅掌楸的遗传基础，增加更多具有各种优良性状的亲本材料，在配合力测定和优良家系选择的基础上，进行优良个体选择和优良无性系选育是杂交鹅掌楸遗传改良的重点，特别是针对不同的立地条件或环境胁迫，选育出具有不同抗性的优良无性系，对加快杂交鹅掌楸更广泛的推广应用具有重要意义。

第二节 | 杂种优势

杂种优势是动植物中一种十分普遍的现象，指两个在遗传组成上具有差异的亲本杂交时，杂交子代在生长势、生活力、生殖力和抗逆性等方面优于双亲的一种遗传现象。在林木杂交育种实践中，多数树种间的杂交均已发现和获得较高的杂种优势，所育良种极大地推动了林业的发展。但树种杂种优势的表现因具体的杂交组合而不同，还受环境条件的影响。因此，在同一环境下，相互比较所反映出来的是它们之间的遗传差异，而在不同环境下，其差异是遗传和环境两个因素共同作用的结果。

鹅掌楸属树种种间杂种优势非常明显，在生长发育、环境的适应性以及观赏性等方面明显优于亲本，因此在园林绿化及用材林培育上的应用越来越广。20世纪90年代以来，南京林业大学先后从扩大亲本、正反交、回交、杂种一代间的交配、杂种优势的解剖和生理机理、杂种扩繁技术等方面开展了研究。结果表明，鹅掌楸杂种优势主要表现在适应性、速生性、抗逆性和观赏性等方面。杂种优势按性状表现主要分三种类型：一是营养型优势，表现为营养生长较亲本旺盛；二是生殖型优势，表现为生殖生长较旺盛；三是适应性优势，表现为对各种不同的生境具更大的适应能力。对于杂交鹅掌楸杂种优势的利用，包括利用其营养生长优势（获得更快的生长势和更多的木材）、适应性优势（适应更广泛的地域环境，对不良生境具有抗性，扩大良种的栽培区域）和生殖优势（提高结实率和发芽率）。

一、观赏价值高

杂交鹅掌楸作为鹅掌楸和北美鹅掌楸的种间杂交种，具有明显的观赏优势。杂交鹅掌楸叶形呈亲本中间类型，叶形奇特，状如“马褂”。单叶面积增大1～5倍，单株叶片数量多，发叶早、落叶迟、枝繁叶茂；树形高大挺拔，树干通直圆满，树冠比亲本更加开阔和浓密；花色艳丽，整个花冠呈金黄色，花色呈现从浅金黄色到深金黄色之间的一系列过渡类型，花朵比双亲更大，杯状钟形，似郁金香；花数量增多、开花时间提早、花期延长，并具芳香味，是优良园林绿化树种。

二、生长量优势

从著名林木遗传育种学家叶培忠教授1963年首次报道鹅掌楸属种间

杂交成功以后，南京林业大学育种组通过不同的杂交实验证实了杂交鹅掌楸幼龄期和成龄期的生长优势，同时发现正交和反交、以鹅掌楸为轮回亲本的回交及杂种一代植株间交配所产生的后代均有不同的杂种优势，其中正交和反交杂种的生长优势最为显著（叶金山等，1998；李周岐等，2000a；张武兆等，1997；李火根，2009）。7年生树高8.7～10.7m，胸径14.5～19.0cm，多年生大树高可达40m，胸径1m以上。1965年杂交的杂交鹅掌楸，在中国林业科学研究院亚热带林业研究所（浙江省富阳县）办公大楼前作行道树栽植，1990年（25年生）测定结果显示，树高21m，胸径63.7cm，单株材积2.23m^3。与此同时栽植的鹅掌楸树高17m，胸径21.2cm，单株材积0.20m^3；北美鹅掌楸树高17.5m，胸径30.1cm，单株材积0.41m^3，杂种与双亲相比表现出了卓越的生长优势。季孔庶等（2005）分别调查不同交配系统杂交鹅掌楸2～3年、10～12年和22年的杂种林分生长量，发现杂种具有极显著的生长优势。2年生苗的苗高生长优势达52.41%以上，胸径生长优势38.26%以上，3年生的正、反交的苗高生长优势分别达72.94%和59.22%，胸径生长优势达94.08%和89.47%；10～12年生的杂种树高、胸径和材积生长优势分别达19.0%、30.0%和90.0%以上；22年生杂交鹅掌楸树高、胸径和材积生长优势分别达29.57%、49.57%和167.40%；从材积生长、平均生长量和连年生长量曲线看，杂交鹅掌楸比鹅掌楸更早进入速生期。这一结论不断被随后的杂交实验和实验林的长期观测结果所证实。对福建官庄国有林场26年生杂交鹅掌楸人工林进行调查，平均密度、树高、胸径和林分蓄积量分别为915株/hm^2、25.54m、30.2cm和672.76m^3/hm^2，林分生物量和乔木层生物量则分别达473.58t/hm^2和471.22t/hm^2，分枝主要分布在12m以上；与杉木相比，杂交鹅掌楸生长较快，成熟龄短（18年）（黄昌春，2008）。江西铜鼓县城郊林场种植的杂交鹅掌楸无性系10年生时树高、胸径年均生长量分别达到1.51m和2.1cm（彩图8-1、彩图8-2）。作为行道树其生长更加迅速，种植在原南昌市林业科学研究所院内（湾里区）9年生树高、胸径年均生长量分别达到了1.4m、3.0cm（彩图9）；位于高安市祥符镇的原江西省科学院植物良种繁育基地（现已搬迁至江西省蚕桑茶叶研究所，位于南昌县黄马乡）人行道两旁7年生杂交鹅掌楸生长量超过了8年生鹅掌楸，树高、胸径年均生长量分别达到1.5m和2.5cm。

三、抗性优势

杂交鹅掌楸适应性强，具有耐旱、耐寒和抗污染能力。高温干旱季节杂种能顺利越夏，而鹅掌楸在特大干旱时死亡率超过50%。在冬季严寒的西安、北京等地，杂交鹅掌楸虽然幼龄期稍有冻害，若采取保护措施，能安全过冬，目前推广栽植的杂交鹅掌楸在多地已长成开花结果的大树。研究显示（叶金山等，2002），正反交F_1杂种具有对水分胁迫抗性的显著超亲杂种优势，而正反交杂种中反交F_1的抗性又强于正交F_1。此外，杂交鹅掌楸对铜、镉、铅、锌以及SO_2等亦有一定的抗性。

杂交鹅掌楸其叶和种子粉碎后有浓郁的、类似樟脑的气味，具有天然的抗虫性，目前只发现有极个别植株有褐斑病或鹅掌楸叶蜂等害虫危害，至今尚未发现成灾的情况。据观察，在杂交鹅掌楸生长的周围环境中无虫害，即便在污水环境中，也无蚊虫生长。对杂交鹅掌楸抽提物进行抗虫实验，发现不同叶片的抽提物对蚜虫、菜青虫具有明显的触杀作用（胡伟华等，2005）。

四、材质优势

杂交鹅掌楸成片造林时，树型高大，主干通直，具有速生丰产、侧枝小而稀、出材率高的优点，是极具开发前景的胶合板材和纸浆材树种（季孔庶等，2000，2005）。杂交鹅掌楸纤维较长，纤维长宽比较大，壁腔比较小，纤维性能优于制浆造纸常用的速生阔叶木纤维；木材密度符合制浆造纸用材要求；硫酸盐蒸煮实验结果表明，杂交鹅掌楸木片易成浆，未漂浆起始白度高，其浆料强度性能优于常用速生阔叶木浆。杂交鹅掌楸是制备化学浆和化机浆的优良材种。

综上所述，杂交鹅掌楸具有生长速度快、干形好、叶形奇特、花朵美、

适应性强、病虫害少等优点，受到园林界的宠爱。同时具有速生丰产、主干少节、每年大量纸质叶片落林对土壤具培肥作用的优点，是极佳的胶合板和纸浆用材树种。

第三节 | 杂种优势早期选择

杂交育种是植物品种改良中提高产量、品质和增强抗性的重要途径。利用杂种优势的一般方法是先选择亲本进行杂交，然后在杂种一代评比鉴定的基础上，筛选出强优势组合在生产上应用，这一过程需花费大量的人力、物力和财力，才能得到可靠的结果。为了缩短育种年限，提高选择效率，加快育种进程，寻求一种快速的预测杂种优势的方法具有重要意义。所以，育种学家和育种工作者一直在探索杂种优势的有效预测方法。自20世纪初，科研人员通过杂交育种实践及生理生化等多方面的研究，提出了很多预测杂种优势的方法。特别是分子生物学技术的发展，更为利用分子标记和候选杂种基因克隆技术等方法检测杂种相关基因表达、预测杂种优势提供了可能。

一、利用地理差异预测杂种优势

大量育种结果表明，双亲遗传组成的适当差异是强优势组合的重要条件。来自不同地理起源的亲本比来自同一起源的亲本具有较大的遗传差异，遗传距离较远，所以地理差异成为预测杂种优势的有效指标之一。但必须指出，因为种质资源材料的广泛交换，亲本遗传差异和地理起源的关系已变得不太明显，所以在杂种优势早期预测时应适当考虑地理分布，但不能把地理差异作为杂种优势预测的唯一指标。

二、利用生理生化指标预测杂种优势

基于生理生化基础的超显性假说认为，杂种优势是由于结合的配子

差异的增加而产生发育上的生理刺激作用，影响不同的生理过程，产生不同的酶，所以能产生比纯合体更大的积累效果，从而使杂种个体较大、产量更高、抗性更强。而且，林木幼龄期的某些生理生化指标与成熟期之间存在一定的相关性，所以生理生化指标常被应用于杂种优势的早期预测。与植物生长有关的生理生化指标主要有净光合速率、呼吸强度、蒸腾速率、叶面积指数、激素含量、酶活性、叶绿素含量等（姜磊等，2005），其中激素和酶类由于测定相对简单且直观实用，在生长性状的早期选择中研究较多。

在光合性能方面，贾黎明等（2004）研究了地下滴灌条件下杨树速生丰产林生长与光合特性，结果表明，地下滴灌区树木单株材积达0.18m^3，比非滴灌区增长了247.60%，相应地其树木叶净光合速率在一天中几乎一直显著高于对照，幅度达10.00%～21.40%。冯玉龙等（2000）利用长白落叶松不同无性系苗木，研究了光合性能和氮素代谢指标与生长的关系，试验结果发现，不同无性系光合性能指标变异较大，净光合速率等6个光合性能指标可作为无性系选择的指标。杨秀艳等（2005）通过杂交鹅掌楸、鹅掌楸、北美鹅掌楸家系实生苗的光合特性研究，发现杂种家系的光合特征比鹅掌楸家系具有明显优势，生长特性与单株叶面积及光合生产率的密切关系说明拥有强大的光合面积是杂交鹅掌楸生长旺盛的重要生理基础，这两个生理指标可作为苗期选择的指标。在激素方面，Pharis等（1991）发现内源GA含量与杨树杂种优势密切相关；而发现GA和IAA对欧洲赤松嫩梢纵向和形成层生长起控制作用（Wang *et al*，1997）；GA、CTK含量及GA/ABA之比与不同种源长白落叶松的生长呈显著正相关（冯玉龙等，2002）；徐荣旗等（1997）分析杂交鹅掌楸与其双亲发芽种子根尖的IAA与GA_3的含量，分析显示两个杂种组合711×中12和8959×中12的IAA含量及GA_3含量明显高于双亲。李周岐等（2002）研究也显示杂交鹅掌楸顶芽下第一节间中$GA_{1/3}$和iPA含量的大量增加可能与高生长性状杂种优势有关，但由于苗高生长量排序与第一节间$GA_{1/3}$和iPA含量排序无一致性，因此不能以此作为杂种优势预测的依据。在酶活性方面，发现保护酶系统超氧化物歧化酶（SOD）、过氧化物酶（POD）、过氧化氢酶（CAT）、谷胱甘肽过氧化物酶（GPX）、谷胱甘肽还原酶（GR）、多酚氧化酶（PPO）等可通过对氧自由基的清除对植物加以保护。研究表明，SOD活力与杂交鹅掌楸生长性状呈显著正相关，而POD活力与生长性状负相关不显著（杨秀艳等，2004）。

本课题组对杂交鹅掌楸（树龄3～7年）不同长势个体的激素及酶的变化规律进行了研究，寻找杂交鹅掌楸生长特性与生理生化指标的关系，为杂交鹅掌楸杂种优势的早期预测提供参考。结果表明：不同激素在生长势不同的植株中的含量差异显著（表4-1），进一步分析表明，ZR和IAA无论在成龄树还是幼龄树中，长势好的植株其含量均高于长势差的植株，与杂交鹅掌楸树高、胸径生长量均呈显著正相关，而GA含量与杂交鹅掌楸树高生长量显著正相关，与胸径生长量相关不显著（表4-2），与三种激素的功能相一致，这一结果与北美鹅掌楸相关研究结果相吻合（Nelson，1957），因此利用ZR和IAA作为杂交鹅掌楸早期选择的首选指标、GA作为辅助指标具有较好的可靠性；酶活性在不同长势植株中存在一定差异，但差异不显著，只有成龄树的PPO在不同长势的杂交鹅掌楸达到显著性差异（余发新等，2010）。

表4-1　杂交鹅掌楸成龄树与幼龄树四种激素方差分析结果

植株类型	激素种类	平方和	自由度	均方	F值
成龄树	ZR	275.93	1	275.93	2203.45**
	ABA	11977.98	1	11977.98	818.77**
	GA	193.15	1	193.15	152.27**
	IAA	3890.53	1	3890.53	3226.17**
幼龄树	ZR	30.71	1	30.71	230.41**
	ABA	1330.24	1	1330.24	92.86**
	GA	427.50	1	427.50	1611.74**
	IAA	3472.86	1	3472.86	4832.17**

注：**指在0.01水平上差异显著。

表4-2 杂交鹅掌楸不同长势植株激素含量（μg/gFw）

项目	幼龄树				成龄树			
	ZR	ABA	GA	IAA	ZR	ABA	GA	IAA
长势好	52.84	321.19	77.71	123.83	39.69	170.20	61.02	99.31
长势好	52.12	319.57	77.37	122.74	39.33	164.05	59.64	97.86
长势好	52.00	315.02	76.68	121.68	38.79	169.68	61.55	96.43
均值	52.32	318.59	77.25	122.75	39.27	167.98	60.74	97.87
长势差	48.00	351.75	60.70	74.24	25.69	262.10	72.22	46.78
长势差	47.86	349.83	60.63	75.23	25.51	254.18	73.26	46.44
长势差	47.52	343.54	59.79	74.42	25.92	255.74	70.78	47.59
均值	47.79	348.37	60.37	74.63	25.71	257.34	72.09	46.94

此外，同工酶作为遗传育种的生理生化指标，已被广泛用于杂交育种、品种资源考查和遗传基因定位等方面，因此，对植物杂种优势预测的生理生化指标的研究，在酶方面主要偏重于同工酶的研究。特别在水稻杂种优势预测中，如酯酶、过氧化物酶、苹果酸脱氢酶、谷草转氨酶、异柠檬酸脱氢酶、6-磷酸葡萄糖脱氢酶等同工酶广泛应用于杂交水稻的杂种优势预测研究。许多研究者在不同作物上的研究结果表明：具有杂种酶带、互补酶谱型的组合通常属高竞争优势和有竞争优势；具无差异型酶谱的组合，一般为无优势或弱优势组合；具单一亲本酶谱的组合，不同作物优势不同，如果杂种酶带比父母本酶带宽深，该杂种亦具有优势。杂种酶的产生丰富了杂种体内的酶系统，酶的质变和量变及酶活性的改变提供了杂种的生理优势，进而产生了杂种优势。但是，由于同工酶标记所能检测的差异性位点较少，且受生物种类、酶的种类以及植物生长发育阶段的影响等特点，从而在杂种优势的预测上受到了一定的限制。

杂种优势是一个非常复杂的生物现象，往往受一系列生理生化指标的控制，所以应研究不同时期、不同组织、不同生理生化指标与杂种优势的关系，从中筛选出与杂种优势最直接相关的几种关键性的指标。

三、利用群体遗传学预测杂种优势

利用传统遗传学方法（主要包括配合力和遗传距离）展开对植物杂种优势预测得到广泛应用。Griffing（1956）将一般配合力和特殊配合力的计算方法作了规范后利用配合力预测杂种优势的线形模型，首次将配合力应用于杂种优势预测。周庭波（1982）认为：杂种优势和配合力都与加性、显性甚至上位遗传效应的一阶矩、二阶矩有着密切的联系，因此配合力的研究结果也就必然与杂种优势的预测有着密切的联系。假定交配群体中亲本间存在明显的遗传差异，则从其随机模型的分析结果可推断出以下结论：①如果仅一般配合力差异显著，而其他非加性遗传效应不显著，就不必展开种内杂交育种，而应以建立多系种子园通过随机交配来利用育种成果。②如果仅特殊配合力差异显著，那么一方面可评选有突出表现的组合，进行无性或有性利用；另一方面可根据亲本特性互补或基因位点上亲本的基因型互补原理，对未知亲本群体进行杂种优势预测。③如果正反交效应和母本细胞质效应差异明显，那么在杂交育种中，杂种优势的预测不仅要注重亲本间的互补，而且要研究亲本的叶绿体和线粒体的遗传方式和功能。一般来讲，针叶树线粒体是母系遗传，而叶绿体是父系遗传（杉木与之相反）。对于杂交组合A×B，此时可用亲本A的光合速率与亲本B的呼吸速率之积表示正交效应，而用亲本B的光合速率与亲本A的呼吸速率之积表示反交效应，正交与反交积的相对大小，可能有助于预测正交还是反交组合更有优势。④如果配合力分析结果十分复杂，那么就要抓主要矛盾，根据配合力分析的主要结论来确定杂种优势的预测方案。然而林木研究性状的基因作用方式与研究材料、交配方案设计、数据处理方法等许多因素有关，即杂种优势的产生机制与性状的基因作用方式间不是一个简单的对应关系，因此不能简单地根据几个随机亲本的配合力分析结果，就推断该树种的杂交育种是否有前途（齐明等，2010）。但配合力作为预测杂种优势的有效方法之一依然广泛应用于林木杂交育种实践，在亲本选择选配之前都要进行配合力测定。鹅掌楸属种间杂种苗期生长性状的亲本配合力分析表明，亲本的一般配合力效应及母本效应均占较大的方差分量，而特殊正反交效应及父本效应不明显，说明在苗高和地径性状上存在明显的加性遗传变异，同时也涉及母体和（或）细胞质遗传现象利用（李周岐等，2001b）。

相对利用配合力预测杂种优势的稳定性，利用遗传距离预测杂种优势存在较多争议。一些研究认为，亲本间的遗传距离与杂种优势显著相关，与杂种相应父母本间的遗传距离成正比（Cress，1966）。李艳波等（2004）认为，遗传距离与杂种优势的直线关系只存在于一定范围内，当超过一定限度时，这种关系就会发生转变，所以不能简单认为遗传差异越大，杂种优势也越大，并由此指导亲本选配工作。越来越多的研究也发现，杂种优势与亲本表型遗传距离不存在显著相关性，不能应用于杂交亲本选配。一般地，亲本来源于相同的杂种优势类群时亲本遗传距离与F_1杂种优势相关性高；亲本来源于不同的杂种优势类群时，二者相关性低。

四、利用分子标记预测杂种优势

近年来，随着DNA技术的发展，利用DNA分子标记技术预测杂种优势取得了一些可喜的结果。利用分子标记研究亲本遗传差异与杂种优势的相关性首先在玉米中展开。Lee等（1989）利用RFLP技术对玉米的8个近交系进行了分析，发现28个单交种的产量与其亲本遗传距离相关系数达到0.46，但随着分子标记的遗传多样性增大，则相关系数变小。对玉米的研究结果表明：杂种表现与亲本遗传距离间存在高度相关性，表明利用DNA分子标记预测杂种优势具有一定可行性（Smith *et al*，1990；Stuber *et al*，1992）。与此相反，Melehinger等的研究结果指出，亲本间RFLP的遗传距离和F_1表现的关系取决于研究中所用的亲本来源：在同一杂种优势群内的自交系间杂交，杂种优势表现与亲本的遗传距离存在较高的相关性，而在不同优势群间，遗传距离与杂种优势相关性低甚至不相关（Melehinger *et al*，1990；Boppenmaier *et al*，1993）。在利用分子标记预测杂交鹅掌楸杂种优势方面，李周岐利用RAPD分子标记以鹅掌楸属7个亲本及其17个全同胞家系为材料，研究了

亲本RAPD遗传距离与子代性状表现的相关性，23个引物共扩增出129条谱带，其中60条（46.51%）谱带在亲本间呈多态性，亲本间的遗传距离变化在0.0891～0.3825之间，说明其变化范围较大。家系间在1年生苗高和地径生长量性状上均存在较大差异，生长量最大的家系分别是最小家系的2.52倍和1.32倍。亲本遗传距离与子代苗高和地径均表现为二次曲线相关，复相关系数r分别为0.8235和0.5090，达显著程度，说明利用遗传距离进行亲本选配和杂种优势预测是可行的。当亲本间的遗传距离在0.23左右时，苗高和地径性状均能获得最大程度的杂种优势，可以此作为鹅掌楸杂交亲本选配的指标（李周岐等，2000）。徐进等（2008）以鹅掌楸亲本及其杂种生长旺盛期的芽为材料，利用DDRT-PCR技术，分析了杂种及亲本基因表达的差异，并与杂种的4个生长性状杂种优势表现进行相关分析。研究发现杂种和亲本之间存在显著的基因表达差异，可归纳为：双亲共沉默型（Ⅰ）、杂种特异表达型（Ⅱ）、单亲表达一致型（Ⅲ）和单亲表达沉默型（Ⅳ），单亲表达一致型与杂交鹅掌楸的叶面积杂种优势呈显著正相关；单亲表达沉默型与杂交鹅掌楸的地径和株高都呈显著负相关，推测基因的差异表达可能与鹅掌楸属植物甚至林木杂种优势的形成相关。以12个鹅掌楸种间杂交组合子代及其亲本半同胞子代为材料，利用SSR分子标记检测鹅掌楸交配亲本的遗传距离、杂交组合子代的杂合度与生长量杂种优势的相关性，发现各交配组合亲本间存在较大的遗传差异，各杂交组合子代具有较高的杂合度；但杂种子代苗期生长的杂种优势表现与亲本遗传距离及子代杂合度之间相关系数无显著差异，表明亲本遗传距离和杂交子代杂合度并非鹅掌楸杂种优势形成的主要原因（王晓阳等，2011）。姚俊修等（2013）利用30个SSR标记研究鹅掌楸交配亲本遗传距离和杂种优势相关性，也发现子代杂种优势4个度量指标与亲本遗传距离即子代杂合度存在相关性，但都未达到显著水平。但研究也进一步表明，当亲本间遗传距离<1.0时，随着遗传距离增加，子代杂种优势逐渐增加。在亲本遗传距离为1.0左右时，子代杂种优势达最大值。当遗传距离＞1.0时，随着遗传距离增大，杂种优势反而下降。

根据杂种优势遗传解释的显性学说和超显性学说，杂种优势来源于等位基因和非等位基因间的遗传互补。不论是通过形态标记、生化标记还是分子标记来估算亲本间的遗传距离，都只能反映亲本间的平均遗传差异状况，而不能确切地知道某个或某些具体基因位点基因的同质或异质性。生物的任何一个性状都与具体的某一或某些基因位点有关，杂种优势也是如此。因此，利用亲本遗传距离进行杂种优势预测具有随机性，其准确性不可能很高。通过遗传连锁图谱构建和QTL定位，寻找与具体性状的杂种优势有关的分子标记并在此基础上进行研究，应成为杂种优势基础理论研究和杂种优势预测的主要研究方向。

第五章

鹅掌楸属树种无性繁殖能力分析

无性繁殖是固定杂种优势和大规模快速育苗的重要手段。鹅掌楸属树种嫁接成活率较高，扦插、组培均较困难，但扦插生根效果已有较大改善，且无性系间生根率存在较丰富的变异，组培也有成功的报道，体胚再生技术已有突破，说明该属树种具有较好的无性繁殖潜力。本章分析了鹅掌楸属树种嫁接、扦插和组培等无性繁殖能力，并探讨了提高其繁殖能力的主要措施。

鹅掌楸属树种的无性繁殖技术主要针对杂交鹅掌楸，但鹅掌楸和北美鹅掌楸优良材料的繁殖也可采用无性繁殖方式。该属树种总体上无性繁殖较为困难，鉴于杂交鹅掌楸人工授粉制种难度大，利用无性繁殖固定杂种优势成为必不可少的技术。本章从嫁接、扦插和组培三种繁殖方式出发分析其无性繁殖能力，并分析了提高繁殖能力的主要措施。

第一节 扦插繁殖能力分析

从20世纪90年代初起，学者们进行了大量鹅掌楸属树种尤其是杂交鹅掌

楸的扦插繁殖技术研究，结果表明，在不经药剂处理的情况下，鹅掌楸、北美鹅掌楸、杂交鹅掌楸扦插成活率分别不超过33%、40%、55%，指出该属树种属扦插较难生根树种（董必慧等，2012；季孔庶和王章荣，2001）。

一、不定根发育的解剖特征

不定根来源于插穗根原始体的分化，是潜伏状态的根原始体在适宜的环境条件下结束休眠，继续发育成根原基和不定根。根原始体多产生于维管系统内的纤维组织、形成层或髓射线中，芽隙、枝隙、叶隙常常是它发生的部位（李继华，1987），但也有从维管形成层、韧皮薄壁组织细胞、韧皮射线、髓射线及其复合组织等部位产生的诱发根原始体。诱发原始体既可由愈伤组织产生也可在插穗基部的皮部分生组织中产生（丘醒球和余债珠，1995）。多数树种插穗不定根发生在节上；易生根树种插穗的不定根还可出现在节间、芽或者叶痕附近；难生根树种插穗不定根常发生在插穗基部切口或插穗下部靠近切口有芽或叶的部位。生产实践中根据不定根着生部位分为皮部生根、愈伤组织生根和混合生根3种类型，而不定根发生过程又分为不定根诱导、不定根形成和不定根表达3个阶段（Syros *et al*，2004；Hatzilazarou *et al*，2006）。杂交鹅掌楸插条兼有皮部生根和愈伤生根两种类型，多数无性系为愈伤生根，少数为愈伤生根和皮部生根混合型，极少数为皮部生根。

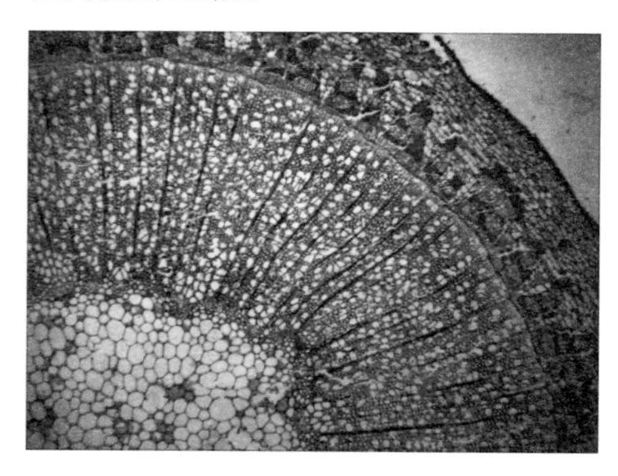

图5-1　杂交鹅掌楸诱导前插穗解剖结构

2014年夏季，本课题组对3个高生根率和3个较低生根率杂交鹅掌楸无性系扦插生根过程进行了解剖学观察。结果表明，杂交鹅掌楸插穗未发现潜伏根原基（图5-1，彩图10），但激素处理后，高生根率无性系在维管形成层区域迅速出现多层薄壁细胞，并逐步发育形成根原基，穿过韧皮射线和皮层发育成根，而低生根率无性系薄壁细胞分裂慢且少，不易形成根原基（图5-2）。张晓平和方炎明（2003）将杂交鹅掌楸不定根发生分为四个阶段：①维管形成层恢复活动，分裂出多层薄壁细胞；②薄壁细胞脱分化形成不定根原基发端细胞；③根原基发端细胞不断分裂成具有方向性的根原基，并穿过韧皮射线和皮层，向皮孔或下切口方向发展；④不定根从皮孔或下切口伸出，内部维管系统开始发育。本课题组观测结果与此基本一致。

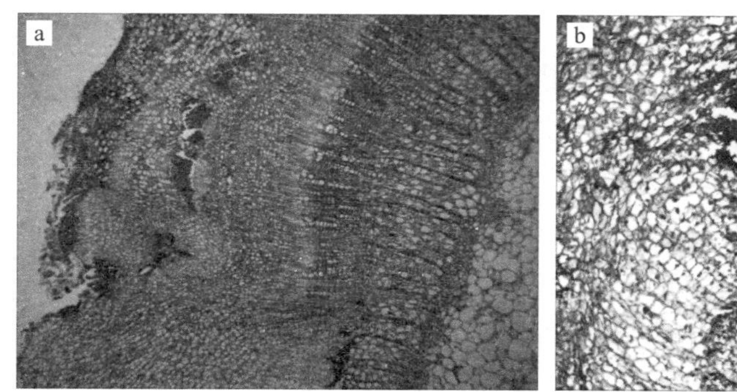

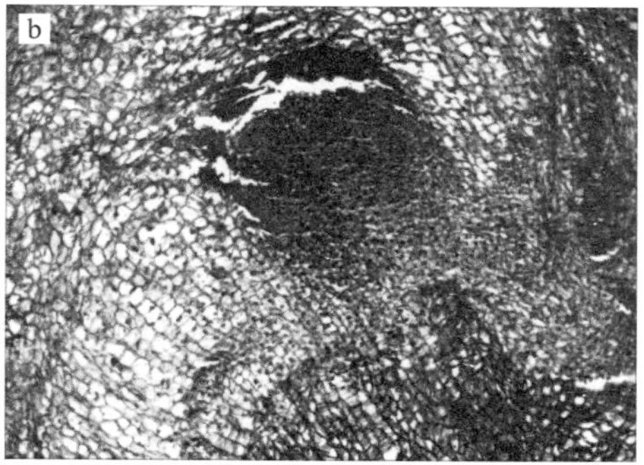

图5-2　低生根率（a）和高生根率（b）杂交鹅掌楸无性系诱导15d后根原基结构比较

二、愈伤组织对插穗生根的影响

鹅掌楸属植物扦插过程中愈伤组织的产生是不定根发生的先决条件（指单一愈伤生根类型），表观上愈伤组织的形成较不定根早。硬枝扦插时，愈伤组织产生较少，呈环状并不覆盖整个切口，愈伤组织对不定根形成的阻碍较小；嫩枝扦插1周后产生愈伤组织，不定根20多天才产生，少量的愈伤组织可预防细菌侵入防止高温高湿引起插条腐烂，但往往愈伤组织产生过多，把整个切口全部覆盖并堆积成球体，只能产生1～2根不定根或者不产生不定根，抑制不定根的形成（张晓平和方炎明，2003）。杂交鹅掌楸夏季扦插未生根插条中90%以上在11月份统计时，基部切口包围有大团愈伤组织。

三、插条自身性状对扦插生根的影响

（一）遗传能力

插穗能否生根和生根的难易程度首先取决于树种或品种的遗传特性，不同的树种及其品种（系），扦插生根效果不同，有的容易生根，有的难以生根。生根性状与遗传相关，有的树种生根能力受强度遗传控制，有的为中等遗传控制。美洲黑杨无性系生根能力存在不可忽视的遗传差异（Wilcox，1996）；落叶松生根性状也受遗传控制（Padsonta *et al*，1994）；华北落叶松生根能力受基因加性效应控制，全同胞单株选择潜力最大（杨俊明和沈熙环，2002）；北美悬铃木生根性状受中等遗传控制（蔡晓明和施季森，2008），环境变化难以改变基因型的生根（王明庥等，1988）。

本课题组以混合父本人工授粉的杂交鹅掌楸半同胞家系中100个实生单株为材料，反复多次进行硬枝和嫩枝扦插试验，无性系间生根率变异系数达26.60%。生根率性状重复力为0.34，统计检验P=0.017，说明杂交鹅掌楸无性系扦插生根率性状受近中等强度的遗传控制，具有较好的选择潜力。

（二）非遗传能力

1. 母树树龄与生根

树龄属于非遗传因素的作用即C效应的一种类型。树木新陈代谢随着母树树龄的增长而减弱，生活力和适应性逐渐降低，而单宁、树脂等有害物质增多，酚类含量下降，枝条木质化程度提高，新陈代谢变慢，生根物质减少，生根能力下降，因此，插穗生根率与母树树龄呈负相关（郑健等，2009）。在樟子松、花楸树等树种扦插研究中均得到显示（雷泽勇等，2007；肖乾坤等，2010）。当年生枝条再生能力最强，内源生长素含量高、细胞分裂能力旺盛，有利于不定根的形成。杨树1年生枝条成活率高，2年生枝条成活率低，天女木兰和北美香柏因1年生枝营养物质含量积累少，多年生枝虽然营养积累多，但是生根抑制物质含量高，而2年生的插穗既有丰富的营养贮藏，生理年龄又较小，因此2年生枝生根率好于1年生（王玲等，2010）。

母树树龄总被作为影响插穗成活的重要因子加以讨论。

杂交鹅掌楸25年生和4年生母株上当年生枝条扦插试验显示，成年树插穗生根能力变异幅度小于幼树，成年树插条生根率明显低于幼龄树（叶金山等，1998）。杂交鹅掌楸不同无性系7年生采穗母株枝条硬枝扦插显示，无性系间生根率差异极显著，生根率与生根根系数量、最大根粗呈显著正相关，根系多、最大根系粗的无性系生根早，且生根率高（俞良亮，2005）。洑香香等（1998）在研究外源激素对2～4年生杂交鹅掌楸枝条扦插根能力的影响中发现，不同年龄母株上的穗条对扦插成活率影响显著，枝条生根能力总体呈先升后降的趋势。金国庆等（2006）研究杂交鹅掌楸扦插生根显示，树龄增大扦插成活率随之降低，2～4年生植株扦插成活率达70%以上，30年生扦插生根率仅为19%，扦插采穗时用根茎基部萌芽枝作为插穗，母树树龄不要超过5年生，采穗圃也不要超过7年生。

2. 枝条部位与生根

易生根树种枝条上、中、下部作插穗，生根率都很高。一般从树干基部萌生的枝条和树干下部萌芽条生根能力最好，其次是生长在树干远枝端的萌芽条，树冠上部的侧枝生根能力最差。由于枝条着生部位不同，发育的阶段不同，生活力的强弱也不同，因而它们的愈合和生根能力差异显著（梁一池，1997；区约翰，1987）。

同一枝条的不同部位，由于枝条成熟度、营养物质数量以及激素不同，插穗生根率均有明显的差异（Hartmann & Kester，1989）。顶芽含有的促进生根类生长激素较多，具顶芽的插穗扦插成活率明显大于不具顶芽的，张晓平和方炎明（2003）进行杂交鹅掌楸春季扦插时，同样外源激素处理具顶芽插穗较不具顶芽插穗生根率提高11.50%；夏季扦插时，顶芽作用较春季扦插更明显，具顶芽插穗生根率是不具顶芽插穗生根的二倍。温志军等（2005）研究杂交鹅掌楸全光照喷雾嫩枝扦插结果显示，带顶芽、中段、基部穗条扦插平均成活率分别为82.60%、60.30%和53.40%。

杂交鹅掌楸幼年树干基部、中部和上部不同部位的插条生根存在位置效应，不同部位插条生根率差异明显，中基部插条生根率最高，中部次之，上部基本不

生根（叶金山等，1998）。杨志成（1994）认为杂交鹅掌楸插穗类型极大影响扦插生根率，其优势顺序为：根部萌芽枝＞其余部位萌芽枝＞成年母株生长枝条，基部插穗营养物质含量高，成活率达82.60%，其他类型平均成活率仅为42.50%。

3. 插穗质量与生根

插穗长短、粗细关系着插穗内贮存水分与营养物质的多少，生产上希望得到生根率高，而又不浪费枝条的取穗方案。鹅掌楸属植物对于插穗长度，不同试验者的要求不同，范围在6～25cm，保证插穗有两个或者两个以上芽。本课题组试验结果显示，春季硬枝扦插插穗长12～18cm、粗8～10mm为最佳；夏季嫩枝扦插插穗长12～18cm、粗4～6mm最佳。

插穗木质化程度不同，扦插成活率也存在差异。杂交鹅掌楸嫩枝扦插时已木质化插穗成活率仅为16.80%，而未木质化和半木质化插穗成活率可达70%左右（金国庆等，2006）。

切口面积可加大与基质的接触面积，大切口形成愈伤组织的面积大。鹅掌楸属植物扦插时，上切口都为平口，切口光滑、平整，以减小水分蒸发；下切口可分为斜切口（张晓平和方炎明，2003）和平切口（余发新等，2005）。上切口距最近的芽1～2cm，下切口距最近的芽0.5～1.0cm。季孔庶（2005）认为鹅掌楸属植物生根时间长，下切口易受感染而腐烂，愈伤组织产生过多不利于生根，因此，下切口采用平切为好。夏插温度、湿度高，形成层细胞活跃，切口愈伤组织容易形成；春插温度低，时间长，愈伤形成慢，可采用斜切口。因此，针对不同的扦插时间，可以剪取不同的下切口（魏树强，2009）。

插穗上的芽和叶片不仅可以通过光合作用产生养分，供给插穗生根和生长的需要，而且制造一定促进生根的生长激素，这对插穗生根非常重要。目前认为，插穗上的芽与叶片对不定根的形成可能具有以下几方面的作用：一是合成，通过极性运输向下运至插穗基部，直接促进生根；二是合成一些与生长素不同的促进生根的物质；三是提供生根所需的营养物质。无叶嫩枝扦插通常不生根或生根率极低（叶萌等，1995；凌志奋等，1995；Reuvenio *et al*，1980）。叶片黄化或者受病虫害而掉落者的发根能力就减弱，推测叶片可能供给某些营养物质为细胞分化或能量所需，因此，保持叶片在整个扦插生根过程中不凋萎是植物扦插成功的关键（王涛，1989）。Reuveni（1980）在研究鳄梨保叶能力对其生根的影响时，经采用留叶和去叶处理后发现：试验开始时的插条不同组织的糖类含量与生根能力无关，但难生根的插条在插后一周落叶后枯死，而易生根的插条则一直保叶至试验结束，易生根的插条如果在试验初就除光叶片，结果这些枝条都不生根且很快全部枯死。

叶片在植物扦插繁殖中，尤其是在嫩枝扦插中起着非常重要的作用。嫩枝扦插的生根数，常和保留的叶片数成正比，即带叶多生根也多。池杉扦插带叶插穗，成活率达92%，不带叶的成活率仅7%。杂交鹅掌楸嫩枝扦插时，常保留上端两个叶片，由于鹅掌楸的叶片较大，通常将保留的叶片剪成半叶或大半叶（余发新等，2006）。

四、外部因素与生根

（一）外源激素与生根

外源生长素的处理效果常常因树种、母树年龄、扦插季节、插穗类型（硬枝或嫩枝）、环境因子及处理方法的不同而存在差异。常用的外源生长素有吲哚乙酸（IAA）、吲哚丁酸（IBA）、α－萘乙酸（α－NAA）、ABT生根粉、萘乙酰胺以及苯氧乙酸化合物，同时配以维生素、碳水化合物以及杀菌剂等，且混合使用几种外源生长素能起到更好的促根效果。

本课题组对杂交鹅掌楸扦插促根剂进行了研究，最佳配方获得了较好的扦插效果。参试促根物质包括NAA（X_1）、IBA（X_2）、IAA（X_3）、生根辅助物质（X_4）、多菌灵和ABT1号（X_5）。首先采用U_{20}（20^5）均匀设计，划分20个水平，初步确定哪些因子对杂交鹅掌楸扦插生根起促进作用，再用L_{25}（5^6）正交设计，确定各试验因素的最佳取值及其搭配方式。

均匀试验结果表明（余发新等，2005），最佳组配为450mg/kg NAA＋400mg/kg IBA＋700mg/kg IAA＋250mg/kg辅助物质＋1100mg/kg多菌灵，生根率为70%（表5-1）。进一步通径分析表明（表5-2），在诸多因子中X_4直接作用最大，各因子及其交互效应对杂交鹅掌楸扦插生根的作用从大到小排序依次为：$X_4 > X_1*X_4 > X_4*X_5 > X_1 > X_2 > X_2*X_3 > X_1*X_5 > X_3*X_4$。从排序看，NAA和辅助物质不但对生根直接影响较大，二者的交互效应同样对生根起着较大作用，同时辅助物质与多菌灵的交互效应对生根作用也较大。因此，在杂交鹅掌楸扦插促根剂配方中，NAA、辅助物质和多菌灵为第一关键因子，IBA为第二关键因子，IAA不直接对生根起作用。各因子适宜浓度的初步规律为：中等浓度NAA和IBA，稍低浓度的辅助物质和高浓度的多菌灵。

表5-1　促根剂均匀试验$U_{20}(20^5)$方案及结果　　mg/kg

试验号	NAA（x_1）	IBA（x_2）	IAA（x_3）	辅助物质（x_4）	多菌灵（x_5）	平均生根率（%）
1	250	850	550	500	400	38
2	300	350	300	300	300	44
3	200	500	750	650	1900	34
4	1050	650	100	550	1200	24
5	850	150	950	50	500	22
6	900	700	650	450	800	33
7	800	100	400	350	1500	28
8	700	900	200	600	200	29
9	450	400	700	250	1100	70
10	650	950	900	100	1800	34
11	550	250	150	400	1600	40
12	0	200	500	750	700	23
13	500	1000	450	850	0	22
14	400	600	1000	900	1400	27
15	950	450	0	800	1700	34
16	150	800	800	0	900	33
17	750	0	600	950	1000	30
18	600	750	250	700	600	29
19	350	550	350	150	1300	30
20	1000	300	850	200	100	22
CK	1000mg/kg ABT1号液					39

表5-2 通径分析表①

因子	直接	→X_1	→X_2	→X_4	→X_2*X_2	→X_3*X_3	→X_4*X_4	→X_5*X_5	→X_1*X_4	→X_1*X_5	→X_2*X_3	→X_3*X_4	→X_4*X_5
X_1	−5.06977		−0.37996	−0.07904	0.36682	−0.31462	0.26192	0.03573	3.68564	0.79394	0.58144	0.20525	−0.33318
X_2	2.95060	0.65286		0.04015	−3.58455	−0.05294	0.09366	−0.19602	0.01097	−0.23391	−1.32660	0.04274	1.56592
X_4	7.74130	0.05176	0.01530		−0.15551	−1.30309	−7.21317	0.05629	4.10657	0.08112	0.46247	−0.51616	−3.56020
X_2*X_2	−3.70635	0.50176	2.85363	0.32481		−0.01457	−0.35446	−0.30235	0.22696	−0.24813	−1.31207	0.02062	1.89802
X_3*X_3	4.49203	0.35509	−0.03478	−2.24566	0.01202		1.02136	0.16918	−2.31745	−0.21354	−1.23667	−0.30254	0.23744
X_4*X_4	−7.47227	0.17771	−0.03698	7.47287	−0.17582	−0.61400		0.04888	3.98322	0.05725	0.29825	−0.54952	−3.48017
X_5*X_5	2.08724	−0.08679	−0.27710	0.20878	0.53689	0.36409	−0.17499		0.40255	0.92954	−0.21876	−0.03604	−3.57579
X_1*X_4	5.95715	−3.13663	0.00543	5.33647	−0.14121	−1.74749	−4.99630	0.14104		0.68314	0.72143	−0.14494	−2.88258
X_1*X_5	1.34238	−2.99847	−0.51415	0.46780	0.68510	−0.71456	−0.31867	1.44533	3.03159		0.38120	0.16275	−2.92275
X_2*X_3	−1.94629	1.51455	2.01115	−1.83945	−2.49859	2.85424	1.14504	0.23460	−2.20814	−0.26292		−0.18452	1.22893
X_3*X_4	−0.77633	1.34040	−0.16245	5.14701	0.09847	1.75058	−5.28917	0.09690	1.11221	−0.28142	−0.46260		−2.72474
X_4*X_5	−5.49129	−0.30761	−0.84141	5.01896	1.28107	−0.19423	−4.73564	1.35916	3.12713	0.71448	0.43557	−0.38521	

①决定系数=0.938，剩余通径系数=0.249。

正交试验结果（表5-3）筛选出最佳理论配方为：400mg/kg NAA＋300mg/kg辅助物质＋300mg/kg IBA＋1000mg/kg多菌灵＋30s浸穗时间。理论最佳配方与均匀试验最佳配方基本一致，说明理论配方完全有效，生根率可达82%以上。

表5-3　促根剂正交试验L_{25}（5^6）方案及结果

处理号	NAA（mg/kg）	IBA（mg/kg）	辅助物质（mg/kg）	多菌灵（mg/kg）	浸穗时间（s）	生根率（%）
1	200	300	200	1000	10	21
2	200	400	300	1100	30	56
3	200	500	400	1200	90	30
4	200	600	500	1300	300	20
5	200	700	600	1400	600	11
6	300	300	300	1200	300	66
7	300	400	400	1300	600	44
8	300	500	500	1400	10	31
9	300	600	600	1000	30	67
10	300	700	200	1100	90	43
11	400	300	400	1400	30	82
12	400	400	500	1000	90	56
13	400	500	600	1100	300	47
14	400	600	200	1200	600	50
15	400	700	300	1300	10	74
16	500	300	500	1100	600	17
17	500	400	600	1200	10	42
18	500	500	200	1300	30	55
19	500	600	300	1400	90	59
20	500	700	400	1000	300	56
21	600	300	600	1300	90	41

（续）

处理号	NAA（mg/kg）	IBA（mg/kg）	辅助物质（mg/kg）	多菌灵（mg/kg）	浸穗时间（s）	生根率（%）
22	600	400	200	1400	300	35
23	600	500	300	1000	600	21
24	600	600	400	1100	10	19
25	600	700	500	1200	30	25
CK	1000mg/kg ABT1号					43

（二）扦插基质与生根率

基质中的水分是决定插穗生根的重要因子，空气是插穗生根时进行呼吸作用的必需条件，不同基质颗粒大小、保持水分能力不同，体现在生根的效果不同。常用的扦插基质有珍珠岩、蛭石、泥炭、煤渣、河沙、陶粒、砻糠灰、腐殖土等。基质对插穗生根能力的影响主要体现在根系上，不同基质配比能够增加根系生长间隙，促进根系生长。张富云和赵燕（2006）研究鹅掌楸扦插试验显示，红土平均生根率最高，达49.20%，蛭石＋珍珠岩次之，建议鹅掌楸扦插采用红土。王齐瑞等（2007）采用全光照喷雾扦插杂交鹅掌楸显示，生根率以珍珠岩最高，苗根系好、侧根发达、数量多；河沙基质生根少，根细长；蛭石、泥炭保水好、透气好，插穗生根时间长易腐烂。鹅掌楸属植物扦插基质主要以珍珠岩、蛭石、泥炭等为主。本课题组研究结果显示，杂交鹅掌楸全光照自动间歇喷雾硬枝扦插以珍珠岩为好，根系发达，嫩枝以碳化的谷壳灰（砻糠灰）为佳。

（三）其他环境因子与繁殖能力

插穗离体之后面临的首要问题就是水分亏失，新扦插的插穗没有根系吸收水分，此时如果土壤水分不足，容易导致插穗失水枯萎，基质水分是影响插穗成活的基本条件。为了保持较高的空气湿度，一般需要避风和遮阴，人工提高空气湿度可以降低蒸腾，减少插穗和基质水分消耗，

尤其是嫩枝扦插，可降低叶面水分蒸腾，保持插穗水分。嫩枝扦插在插条生根前，空气相对湿度最好保持在90%左右，硬枝扦插由于其蒸发量稍小，可适当降低空气相对湿度（Hartmann *et al*，2001）。20世纪40年代美国康奈尔大学发明的电子自动间歇喷雾装置，有效地解决了插条水分吸收与蒸腾、干物质积累与消耗、叶面温度与生根所需温度的矛盾，这不仅大大缩短了繁殖周期，而且有效地促进了嫩枝扦插技术的推广。但要从根本上了解湿度对插条生根的影响，还需要结合温度和光照等因子进行综合分析。

温度对插穗的生根也有很大的影响，土温略高于气温有利于插穗生根成活，适宜的基质温度对愈伤组织的形成和根的分化有利。研究表明，10℃为插穗进行生根活动所要求的最低温度，超过15℃，插穗即能进入生根状态。在一定的温度范围内，插穗的生根活动随着温度的上升而显著增强，不仅生根速率加快，且生根率也提高。大多数树种在25℃时随着温度的升高，生根活动逐渐增强，同时腐烂也在加剧；当温度达到30℃时，生根活动却开始减弱或正好保持稳定；当温度超过30℃时，插穗的腐烂活动更加活跃，由此而造成的成活率下降程度也大大增加。插穗生根一般可分为两个时期，即分生组织分化、形成愈伤组织与根源基的时期和插穗根系的发育与形成时期。在第一个时期，分化组织的形成过程是靠异养型完成的，要求地温比气温高10℃左右，即要有适当的温度梯度。在早春或冬末扦插时，一般基质温度偏低，可采用电热温床或马粪作酿热物进行加热，以提高基质温度；夏季扦插则宜采用遮阴棚进行遮阴，以降低气温，且应使夜间气温低于白天气温以减少夜间的呼吸消耗。在第二个时期，插穗的生长转为自养型，苗木进入正常的生长发育阶段，随着营养方式的转变，插穗两端开始呈现负的垂直梯度，即基质温度略低于气温，此时在温室内喷雾可以降低气温从而使气温比基质温度低5～7℃，形成适宜的扦插生根温差条件，而在露地进行全光照自动间歇喷雾扦插，可以保持叶片的膨压，降低叶片温度，并为光合作用创造良好条件，促进扦插生根。对于扦插时的最佳温度，不同学者有着不同的结论，日本学者认为25℃左右比较适宜，当气温上升到28℃时生根率就开始明显下降，上升到30℃则发生明显热害，而美国学者则认为扦插的最佳温度应以25.5℃为宜。大量的研究表明，扦插时变温比恒温生根效果好。Erez（1984）发现只有大于12℃温度下，桃插条才生根良好，同时用聚乙烯地膜覆盖使地温提高了1℃，结果提高了插条的生根率。赵勇刚（1996）发现嫩枝扦插的环境温度控制在20～25℃，相对湿度控制在90%以上，就可取得显著的生根效果。程水源等（1992）认为，昼温在21～27℃之间，夜温在15℃左右是大多数果树扦插的适宜温度，在18～22℃，生根较慢，病菌活动较弱，22～30℃时，随温度的升高，生根活动逐渐旺盛，病菌繁殖加快。30℃以上，温度再升高，生根活动保持平稳或减慢状态，插条生活力下降，腐烂加剧。杂交鹅掌楸硬枝扦插时间在初春树液开始流动期，芽萌动前；嫩枝扦插综合考虑气温和插条的木质化程度，江西中部一般5月底至7月初皆宜，6月上中旬最好。

光照的重要性在于能够通过光合作用直接促进插穗内植物生长激素的合成和营养物质的积累，从而为扦插生根提供有利的条件。在扦插过程中，如果光照较暗，则植物生长会受到影响。遮阳网的透光量保持在30%～50%较为合适，尤以50%左右最好。研究表明，过度遮阴会引起黄化现象，造成叶片脱落；相反地，当光照过强时，叶片蒸腾加强，会造成失水过多，水分代谢失调，甚至灼伤插条，同时也会使插条内生根抑制物质含量增加（Wilkerson *et al*，2005）。光照过强对插穗不定根的形成亦有不利影响，但光照也可以通过间接提高插床温度来促进插条生根。

第二节 | 鹅掌楸属植物嫁接繁殖能力分析

鹅掌楸属树种有较好的嫁接成活率，但影响嫁接成活的因素包括砧穗亲和力、内含物、营养物质积累及生活力、嫁接技术水平以及环境条件等，不同的砧穗组合、嫁接时间、嫁接方法等对嫁接苗的成活和生长都有影响。

一、嫁接方式对成活率的影响

鹅掌楸属树种可采用枝接和芽接两种方式，其中枝接可分为劈接和切接。劈接常用于较细接穗嫁接在较粗砧木上，切接用于接穗与砧木粗细相近时，在芽未萌动前完成。芽接在5～6月和9～10月进行，采用“T”形芽接或嵌木芽接。在合适的季节采取优良的嫁接措施，成活率能达到80%以上。

二、嫁接时间对成活率的影响

鹅掌楸属树种在春季、夏季、秋季和冬季均可进行，但不同季节的嫁接成活率有较大差异。春季和夏季气温高，嫁接的成活率高；秋季嫁接气候转凉，部分嫁接株冻损，成活率降低；冬季气温低、细胞极不活跃，较难形成愈伤组织，成活率最低。而从苗高生长来看，秋季嫁接苗可在早春直接萌发，生长期相对较长，苗木生长快；而冬季嫁接苗的根系存在一个恢复过程，生长期缩短；春季嫁接苗有一个愈合过程，苗生长受到影响；而夏季嫁接苗生长期更短，苗生长量最低。

三、鹅掌楸属树种嫁接亲和力分析

砧木和接穗的亲和性是影响嫁接愈合成活的最关键因子。亲和性是砧木和接穗经过嫁接能否愈合成活和正常生长的一种能力，其强弱表现形式复杂而多样。砧木和接穗的自身结构、性状和外部环境均对嫁接亲和性结果有直接影响（杨瑞，2007）。郭传友等（2004）认为两个不同的植株嫁接在一起，产生成功的结合部，同时发育成满意的植株，这种嫁接是亲和的，否则就是不亲和的。

砧穗间能够获得最大亲和力的配置就是最佳砧穗组合，园艺育种学家从多方面探讨了砧穗间亲和力的预测方法用于指导砧穗选配。前期主要是依据分类上的种属亲缘关系来确定，但由于种或品种的特异性，这种砧穗选配方法具有较大的变数和不确定性。有学者将解剖技术用于预测砧穗亲和力，认为砧穗双方形成层薄壁细胞的大小以及组织结构的相似程度，可以判定亲和以及亲和力强弱；还有学者认为砧穗双方最小细胞的大小相似度，可以用来推断亲和力；也有研究者将砧木和接穗的形成层细胞生长速率和生长周期性相结合来推断亲和力。1959年拉宾斯还提出用目测检查嫁接2年生幼树结合部内皮层断续性的方法，确定嫁接亲和性，认为凡在内皮层产生纹孔式纹路的属亲和差；也有通过测定结合部的传导能力大小、结合部断裂强度、结合部上下部分淀粉分布和积累情况等来判断亲和性（郗荣庭，1995）。

木兰科植物中同属的各种类之间具有较大的亲和力，陈万利和曾庆文（1998）认为几乎所有种类都可以进行属间嫁接，但王齐瑞等（2005）发现鹅掌楸与不同属的望春玉兰和白玉兰嫁接不亲和。鹅掌楸同属植物嫁接亲和力高，采用矮壮砧＋座地砧成活率最高，高密砧＋座地砧、矮壮砧＋假植次之，高密砧＋假植最差（王齐瑞等，2005）。

鹅掌楸属树种不同家系或者地理种源嫁接成活能力存在差异。谭飞燕等（2013）研究认为，鹅掌楸不同无性系与砧木的亲和力存在差异，砧木与接穗内部细胞结构、生理和遗传性上彼此越相同或者相近，则成活率越高；砧木粗细对成活率影响不大，但与苗高生长呈正相关；嫁接苗苗高受中等强度遗传控制，地茎生长受较低强度遗传控制。边黎明等（2010）以杂交鹅掌楸为砧木，嫁接不同地理种源的鹅掌楸和北美鹅掌楸，结果显示，不同地理种源嫁接成活存在差异，北美鹅掌楸地理距离越近嫁接成活率越高；北美鹅掌楸嫁接成活率高于鹅掌楸，北美鹅掌楸与杂交鹅掌楸嫁接亲和性较好。生产上一般以鹅掌楸为砧木嫁接杂交鹅掌楸，最好选择亲本鹅掌楸为砧木材料。

第三节 | 鹅掌楸属树种组织培养繁殖能力分析

一、常规组织培养

鹅掌楸和大量木本植物相似，通常难扦插繁殖，其组织培养难度也较大，但其组培技术已有成功的报道。以杂交鹅掌楸叶片及叶柄为外植体，诱

导产生愈伤组织，发现叶片的诱导率低于叶柄，在不同的培养基上，外植体可以通过或不通过愈伤组织分化产生不定芽。以饱满冬眠顶芽、侧芽为材料，其芽苗增殖倍数达3.8，生根率达到75%；以春季萌动芽为外植体，生根率可达50%左右；以当年生幼嫩茎为外植体，增殖率达到600%，生根率可达92.1%。采用顶芽或腋芽为外植体的，继代增殖率可达2.8～4倍，生根率高达61%。因此，尽管不同的外植体和培养基组培效果差异较大，但证明了鹅掌楸属树种具有组培繁殖的潜力。

二、悬浮组织培养

吕伟光（2010）研究鹅掌楸和北美鹅掌楸体细胞悬浮培养结果显示，在控制污染的情况下，相同基因型不同外植体的诱导情况不同，茎段的诱导愈伤组织能力优于叶柄，叶柄优于叶片，茎段可以全部诱导出愈伤组织。显微镜下观察显示，不同基因型最初诱导的愈伤组织细胞状况有明显差异，而同种基因型不同来源的愈伤组织生长状况和细胞状况非常相近。不同激素配比愈伤组织长出状态相差明显。光照对愈伤组织不利，但光照对愈伤组织发展到心形胚阶段不可缺少，低转速有利于悬浮系的建立。鹅掌楸原生质体在交流电场作用下，相互吸引成串并紧密结合，再施加直流脉冲可实现融合。

三、体细胞胚胎培养

鹅掌楸属树种的体细胞胚状体发生和植物再生的研究已经由南京林业大学取得了突破。陈金慧等（2003）选取具有明显杂种优势的杂交组合，以球形胚至子叶胚前期的外植体材料诱导体细胞发生，获得了良好的诱导效果。近年来，这一技术正在不断完善和突破，有望为杂交鹅掌楸产业化育苗开辟新的高效途径。

鹅掌楸属树种种子发芽率低，扦插生根困难，种苗繁育成为产业关键。无性繁殖能克服有性繁殖因基因重组产生的后代分离问题，并具快速育苗和高效固定性状的特点。无性繁殖能力分析是一个树种规模化无性繁殖的首要内容，这对杂交品种而言尤为重要。

鹅掌楸属树种扦插生根困难，但兼有皮部和愈伤组织生根两种生根类型，且无性系间生根能力存在较大遗传变异，具有巨大的扦插繁殖潜力，是杂交鹅掌楸重要而有效的无性繁殖手段。研究表明，杂交鹅掌楸以愈伤组织生根为主，少量兼具愈伤生根和皮部生根，通过完善扦插技术，生根率可达到70%以上，但易受环境条件的影响。无性系间生根能力存在较大遗传变异，变异系数达到26.60%，且生根性状受到近中等强度的遗传控制，具有较好的选择潜力。

嫁接是鹅掌楸属树种无性繁殖成熟有效的方式，嫁接成活率较高。同属树种可相互嫁接，但选择亲缘关系较近的砧穗可进一步提高成活率；以春季嫁接成活率为最高，秋季成活率稍低但有利于生长。杂交鹅掌楸不同家系、无性系与鹅掌楸砧木亲和力存在差异，地理距离近的接穗，砧木亲和力好，嫁接繁殖能力强。

鹅掌楸属树种在组培和体胚再生繁殖方面具有巨大的发展潜力。组培已有成功的报道，其效果因外植体和培养基的不同而差异很大，有待进一步完善。体胚技术正在不断完善和突破，初步具备了大规模繁殖苗木的条件，有望成为杂交鹅掌楸产业化育苗的新途径。

第六章 鹅掌楸属树种无性繁殖技术

本章提要

无性繁殖技术可以克服有性繁殖因基因重组造成的后代分离问题，同时具有快速育苗和高效固定变异性状的特点，在林木改良中，尤其在林木杂种优势固定以及优势利用中特别重要。鹅掌楸属树种的无性繁殖技术主要包括扦插、嫁接和组织培养。鹅掌楸属树种属于扦插较难生根树种，为诱导生根型，生根过程中内源激素的变化对愈伤组织形成起着关键作用，插穗类型、扦插时间、扦插基质以及扦插方法对扦插成活率均有影响。使用生长激素处理，采用全光照自动喷雾扦插技术，以及掌握好插穗质量、扦插基质、扦插时间等，可以大大提高扦插成活率，生根率达70%以上，高生根率良种无性系生根率可达80%以上。嫁接过程中，砧木的选择、嫁接时间、嫁接方法直接影响嫁接的成活率，生产中根据实际情况灵活选择，一般成活率可达80%。组织培养技术近年来发展较快，在外植体的选择和培养基成分及环境筛选等方面均开展了研究，尤其是体细胞胚发生技术取得了较大进展，但总体上组培技术还需完善。今后要进一步开展三种繁殖方法的研究，有效地提高鹅掌楸属树种无性繁殖的效果。

鹅掌楸一般用实生繁殖，对珍贵材料和试验研究也用无性繁殖，而杂交鹅掌楸则主要依靠无性繁殖。无性繁殖包括嫁接、扦插和组织培养。鹅掌楸

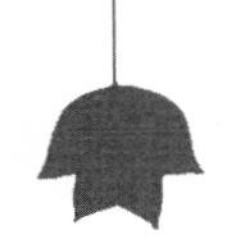

属嫁接技术基本成熟，扦插和组培虽有突破，但还不尽完善。就杂交鹅掌楸而言，由于有固定杂种优势和快速繁殖的需要，其无性繁殖技术显得尤为重要。因此，要大力加快杂交鹅掌楸树种的无性繁殖技术研究，扦插、嫁接和组培各种技术共同开展，其中要重点加强包括温度、水肥等环境因子的优化问题，有效提高鹅掌楸的繁殖效果，以满足生产的需要（季孔庶和王章荣，2001）。

第一节 | 扦插繁殖

一、扦插生根原理

鹅掌楸属树种扦插繁殖的试验从20世纪90年代初就已经开始，并已开展了大量试验研究。在采用一般的扦插技术，且不采取其他辅助措施情况下，鹅掌楸树种的扦插成活率通常不超过50%，表明该树种是属于扦插较难生根树种（季孔庶等，2005；张富云等，2005）。从解剖学角度分析，鹅掌楸树种1～2年生插穗在扦插前没有潜伏根原基，插穗经过处理后开始在维管形成层与初生射线交汇处形成根原基，根原基细胞分裂、分化形成不定根，并向皮孔方向生长，突出皮层后形成不定，属于诱导生根型树种（尹增芳等，1998）。鹅掌楸树种诱生根原基由维管形成层与初生射线交汇处的细胞分裂分化产生，与靠近插穗木质部的愈伤组织相连接的根原基也是从维管形成层处的薄壁细胞分裂分化产生的，当愈伤组织产生后，消耗大量养分，而此时插穗尚只产生少量不定根，导致养分供应不上，从而影响了扦插成活率。在扦插生根过程中，杂交鹅掌楸插条体内内源激素的含量对不定根的发生起着非常关键的作用。ZRs（玉米素核苷类）、iPAs（异戊烯基腺嘌呤）、$GA_{1/3}$（赤霉素）、ABA（脱落酸）和IAA（吲哚乙酸）5种内源激素在叶插穗基部和叶内含量总体呈现上升趋势，各激素在叶内的含量远高于插穗基部；同时插穗内IAA的含量很低，而插穗和叶内ABA的含量却很高，表明不利于不定根的发生；外源激素萘乙酸（NAA）和吲哚丁酸（IBA）混合处理：300mg/kg NAA＋100mg/kg IBA的处理提高了iPAs和IAA在插穗基部和叶内的含量，但降低了ZRs和ABA的含量，而对$GA_{1/3}$的作用不稳定；同时IAA对插穗上不定根的形成有促进作用，而ABA却对生根具有一定的抑制作用（张晓平等，2004）。使用外源激素NAA＋BA处理插穗，可以降低IAA质量分数，显著提高iPAs和ZRs质量分数，并促使iPAs、ZRs和GA_4质量分数顶峰提前到来，从而使得插穗的生根能力显著提高，生根过程中，IAA、ZRs和iPAs共同对愈伤组织的形成起作用，GA_4则对根原基的形成起作用（俞良亮等，2007）。

二、生根影响因素

鹅掌楸属植物扦插生根的影响因素很多，包括自身特性和环境因素。不同的扦插方法、扦插基质、插穗来源以及生根处理等对生根率都有影响。同时有研究表明，杂交鹅掌楸不同无性系的扦插生根能力也存在遗传变异（叶金山等，1998；余发新等，2010）。杂交鹅掌楸插条生根兼有皮部生根和愈伤生根两种生根类型，大多数无性系呈现其中一种类型，少数无性系同时包含两种生根类型。成年树和幼年树基部插条生根能力存在较大变异性，且幼年树比成年树变异性更大。插条生根能力具有位置效应，幼树树干基部插条生根率最高，中部次之，上部基本不能生根。

（一）插穗选择

生产中的扦插繁殖技术，首先要对插穗进行选择，优先选择在幼龄母株上采穗，一般不超过5年生幼树，并尽可能利用母株主干下部生长发育良好、饱满的侧根，最好用根颈萌芽枝，或采穗圃内的穗条，以便提高插穗的质量。在扦插繁殖过程中营建采穗圃能提高穗条的质量与数量，同时可为规模化和集约化生产无性系苗木奠定基础，而穗条的产量取决于母本的栽植密度和单株母本的产量。我们的研究表明，采穗圃的关键是栽植密度和单株留萌数量，认为采穗圃的株行距应以1m×1.5m为宜，每年春季萌动前平茬，前

三年单株保留两根萌芽条（彩图11），3年后保留3根萌芽条，用萌芽条长出的侧枝做插穗，兜上的基部萌芽条虽然数量少也可做插穗，生根效果较好。这种采穗圃单位面积的穗条产量和质量最好（余发新等，2005）。

扦插根据穗条的选择可以分为硬枝扦插和嫩枝扦插。硬枝扦插是采取已经木质化的枝条进行扦插，嫩枝扦插是采取木质化程度较低（半木质化）的带叶嫩枝进行扦插。插穗的粗细影响扦插的生根率。比较不同的插穗直径，硬枝扦插适宜的直径范围是6～10mm，最好为8～10mm，而嫩枝扦插直径范围在4～8mm，最好为6～8mm；硬枝扦插中所取枝条均要有3个芽，长度不少于10cm，枝条下切口离芽0.5cm左右，下切口采用平切口，上切口平切或斜切，距顶芽1～2cm，切口要求平整；嫩枝扦插的扦穗长度约15cm，留3个芽，上端两片叶剪成半叶或2/3叶，上下切口处理同硬枝。由于嫩枝扦插插头比较幼嫩，细胞分生能力强，所以更容易生根，同时带叶扦插不仅能进行光合作用，提供生根所需的碳水化合物，有利于合成内源生长素刺激生根，因此，一般嫩枝扦插的成活率高于硬枝扦插，生根率可达到70%以上。但嫩枝扦插受环境的影响大，管理难度高，而硬枝扦插时气温适宜，自然雨水适当，管理相对简单，在能保证穗条的质量和扦插基质要求时，硬枝扦插也有较好的生根效果。故生产上可采用两种扦插方式，一年中繁育两批，以提高繁苗效率。

（二）扦插季节

杂交鹅掌楸不同季节的扦插生根时间和难易程度也不相同。春季扦插一般3月上中旬，由于地温较低，生根所需时间较长，一般需要60～80d。绝大多数生根的插条没有明显的愈伤组织，在扦插后40～45d，插条下切口才有少量环状愈伤组织形成，愈伤组织生长缓慢，始终不会形成大块环状或球状，也不会把整个切口覆盖，不定根数量为3～4条。但春插后有“假活”现象，即插条上全部有新叶展开，但在气温升高后，部分插条枯萎或死亡（曹朝银等，2006）。夏季扦插6～7月为佳，此时气温高，叶片已经生长，光合作用强，枝条较嫩，扦插生根速度快，一般在30d大部分不定根已经形成。

夏插后1周内就有部分愈伤组织产生，2周内迅速增大，插条的愈伤组织将整个切口覆盖，不定根数量可达到5条以上，但部分插条在扦插过程中只长愈伤组织而不生根，表明愈伤组织的产生及其迅速发展，对不定根原基细胞的分化有较强的抑制作用（张晓平和方炎明，2003）。秋、冬季也可扦插，但成活率较低，生产上不建议采用。

（三）扦插基质

插穗周围的环境条件对于扦插生根非常重要。采用透气性良好的基质作为扦插基质可以提高生根率。本课题组通过试验，对比了四种不同的扦插基质：砻糠灰、珍珠岩、河沙和珍珠岩：砻糠灰=1：1，研究表明，杂交鹅掌楸嫩枝扦插采用珍珠岩为基质时扦插生根率最高，而硬枝扦插采用砻糠灰为基质表现最佳（余发新等，2006）。扦插前要对基质要进行消毒处理，生根过程中要注意排水，不能使基质积水。

（四）插穗处理

使用外源激素处理插穗，可以促进扦插的生根率。杂交鹅掌楸插穗经外源激素处理后，体内内源激素的含量也发生了变化，刺激形成层细胞分裂和分化，使得愈伤组织形成加快，生根时间提前。杂交鹅掌楸1年半生插穗，经过外源激素250mg/kg NAA＋15mg/kg BA混合液浸泡基部3h后，于春季扦插在珍珠岩：蛭石=1：1基质中，其愈伤组织形成加快并且更加明显，生根时间提前，平均根数4.8根、平均单根粗为2.8mm，生根率达到66.70%（金国庆等，2006）。本课题组经过长期试验研究，在生产中对杂交鹅掌楸当年生半木质化嫩枝扦插促根剂进行了配方试验，采用均匀设计和正交设计，划分了20个因素水平，寻找各试验因素的最佳取值，结果表明采用400mg/kg NAA＋300mg/kg IBA＋300mg/kg辅助物质＋1000mg/kg多菌灵对插穗浸泡30s后进行扦插，其生根率可达82%以上（余发新等，2005；彩图12）。硬枝扦插使用500mg/kg NAA＋1300mg/kg多菌灵速蘸效果好。使用低浓度ABT生根粉进行较长时间的浸泡插穗基部，如ABT生根粉100mg/kg浸泡15～20h，也

有较好的生根效果（金国庆等，2006），但生产上处理不便，尤其是嫩枝扦插浸泡过程中容易造成失水。

（五）全光照自动喷雾扦插技术

使用全光照、间隙喷雾自动装置可以解决嫩枝扦插生根过程中的光和水两个重要环境因素，可以提高生根率，是目前鹅掌楸繁殖生产中应用效果较多的一项技术。嫩枝扦插时更为重要，利用全光照自动喷雾使插穗表面常保持一层水膜，确保插穗在生根前相当长时间内不至于因失水而干死；通过插穗表面水分蒸发有效降低插穗及周围环境温度，避免夏季高温灼伤；通过强光照促进叶片光合作用，有利于插穗的生根。使用全光照喷雾扦插育苗技术不仅生根迅速容易、成活率高、苗床周转快、繁殖系数高，还可以实现育苗扦插过程的全自动管理，节省大量人力，减少工人的劳动强度，降低育苗成本，移栽易成活，是一种公认的高效的先进育苗技术（郭继善，1995）。硬枝扦插在展叶后生根前也需要外界喷雾以保持插条不至于失水。

本课题组在高安市祥符镇原植物良种繁育基地建有近1000m^{2}的全光雾扦插床，采用红砖砌成长方形插床，内宽1m，长30m，底部用不锈钢网架空，用压力泵和定时器实现定时喷雾，喷雾间歇时间可控制在数秒至数十小时之间，依据天气而定，保证插床空气相对湿度保持在80%～100%；插穗生根前用70%透光率的遮阳网于强光时遮阴，扦插时保证嫩枝插穗间所留叶片不相互重叠。由于鹅掌楸树种生根时间较长，因此，扦插后的水分管理尤其重要。扦插后应立即浇透水，使插穗与基质充分接触，嫩枝扦插一般在夏季进行，气温高，插穗易感染腐烂，可采用少量多次喷雾，每隔15～20min喷2～3min；硬枝扦插可适当延长喷雾间隔时间，保证叶面上挂水珠而基质中无积水即可，扦插环境温度一般在30℃左右。

目前，通过对杂交鹅掌楸属优良生根能力无性系的筛选和采穗圃的建设，同时结合扦插过程中母树年龄、穗条枝龄、扦插基质、扦插季节以及插后管理等技术上的不断改进，扦插生根率可达70%以上，高生根率无性系可达80%以上，甚至90%（余发新等，2006；彩图12）。

三、杂交鹅掌楸扦插苗幼树生长节律

我们对30株5年生杂交鹅掌楸幼树（半同胞家系扦插苗）进行了逐月生长量调查，分析其年内生长节律。结果表明，树高、胸径年内速生的起始时间不完全一致，高生长速生期比胸径提早1月，即树高生长从4月开始加速，5月达到最大值，其后增速开始逐月下降；而胸径生长从5月开始加速，6月达到最大值，其后增速逐月下降，如图6-1。总体上，树高快速生长期主要集中在4～7月，这4个月的生长量占全年生长量的73.8%；而胸径快速生长期主要集中在5～7月，这3个月的生长量占全年生长量的74.4%。无论树高还是胸径，生长最快的时间都集中在两个月内，这两个月的生长量占到全年生长量的50%左右。这一规律对育苗和幼林的管理有着重要的指导作用，即在速生期加强水肥管理可以起到事半功倍的效果。

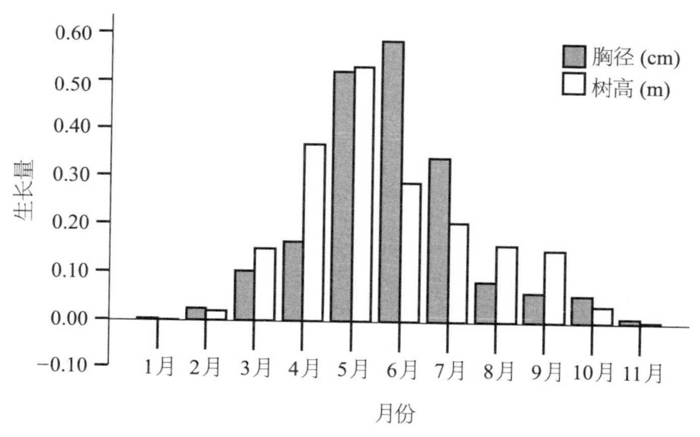

图6-1　杂交鹅掌楸5年生幼树生长量月变化规律

第二节 | 嫁接

除扦插繁殖外，嫁接是鹅掌楸属树种在生产中应用较多的一项无性繁殖技术。相对于扦插而言，嫁接所需要的设备少、操作简单、成本低、成

活率也较高，一般可以达到80%以上，普通苗圃均能用此方法繁殖大量苗木。此外，鹅掌楸是我国原生树种，利用其在我国较广的适生范围，培育砧木，用嫁接方法开展杂交鹅掌楸优良品种的繁殖，对于鹅掌楸树种种源的收集、引种以及优质种子园的建立也都提供了极大的便利。20世纪六七十年代以来，在全国各地陆续开展了鹅掌楸的嫁接繁殖试验，技术基本成熟。

鹅掌楸嫁接过程中，砧木和穗条的选择、嫁接时间和嫁接方法等对嫁接成活率都有影响。

一、嫁接机理

植物嫁接后，受伤部位的细胞脱分化形成愈伤组织，愈伤组织细胞再分化形成原形成层（崔克明，1991），此后砧木和接穗的原形成层分别向内分化出几层新木质部细胞，同时与砧穗形成层相邻的薄壁细胞分化出新形成层，使两者的原形成层通过新形成层细胞连接起来，连接后的形成层进行旺盛的细胞分裂活动，向内产生木质部，向外产生韧皮部，在砧穗的原形成层向内分化木质部的同时，接口处新形成的连结完善的形成层向内产生的木质部中出现导管，向外产生的韧皮部中出现筛管（丁平海，1991）。其导管和筛管的出现把砧穗双方用来运输水分、矿物质和有机营养的通道连接起来，使得双方可以获得足够的营养物质，实现嫁接成活的目标，是嫁接成活的必要条件之一（褚怀亮等，2008）。郭传友等（2004）也肯定了维管束桥的形成对嫁接的必要性；但也有研究认为维管束的链接对嫁接成活没有起到关键性作用（黄坚钦等，2001）。褚怀亮还认为植物在嫁接愈合时除形成层外，皮层、韧皮部和木质部的薄壁细胞以及髓均能产生愈伤组织。金芝兰（1980）在研究番茄和马铃薯嫁接愈合的过程中发现具有潜在分裂能力的薄壁细胞是除形成层外产生愈伤组织的细胞来源，在植物年生长周期中，形成层细胞始终处于胚性细胞状态，保持着旺盛的分裂能力。同时还有研究认为，形成层对嫁接不是绝对必需的，而分生组织则是必需的（王淑英等，1998）。

嫁接的成功与否与嫁接亲和力有关，嫁接苗的成活取决于砧木和接穗间能否相互密接，产生的愈伤组织能很好地愈合，并分化产生输导组织。Moore和Walker（1981），Jeffree和Yeomen（1983）等用电镜详细地研究了嫁接愈合过程的细胞学变化后，将其细分为5个阶段：①切断而形成坏死层；②由细胞质活化而导致的高尔基体的累积和砧穗间的密接；③砧穗愈伤组织形成和坏死层消失；④砧穗间维管束分化；⑤嫁接愈合和成活。卢善发等（1999）认为嫁接体发育包括初始粘连、愈伤组织产生、次生胞间连丝形成及维管束桥分化等几方面，后两者只在成功的嫁接中发生，而初始粘连和愈伤组织产生在成功的和不成功的嫁接中皆有发生。由此可见嫁接愈合过程的复杂性和不同树种之间的差异性，但都存在砧穗愈伤组织的产生、对接、愈合、维管束桥的形成与维管束的分化，砧、穗结合成一整体等几个互相联系紧密的过程组成，其中任一阶段的失败都会导致整个嫁接的失败。

二、嫁接技术

（一）嫁接材料

用于杂交鹅掌楸嫁接的砧木一般选择鹅掌楸，要求为1～2年生，地径达到0.8cm以上，低矮和粗壮的砧木比密植细长型砧木的嫁接成活率高，未经移栽的坐地苗比假植苗的嫁接成活率高，矮壮、未经移植的砧木的嫁接成活率可达到97.30%，而高密度播种的细高砧木移栽后的嫁接成活率为55.40%（王齐瑞等，2005）。因此，在繁育砧木时，要严格控制播种的密度以及出苗的数量，做到合理播种，培育矮化砧木。接穗应选择树冠向阳面的枝条中上部生长旺盛、充实、休眠芽饱满、芽数较多的枝条，最好在春季芽未萌动前采剪，2年生接穗的嫁接成活率高于1年生接穗（袁金伟和孙笃玲，2004），若接穗较少，可用湿报纸包紧，再用塑料袋密封存放于冰箱冷藏室进行贮藏备用；若接穗数量较多或接穗采集点与砧

木距离较远时，应将枝条剪成具1～2个芽、长为10～15cm的短穗，并保持接穗削一小斜面，然后对短穗进行封蜡，在温度低于10℃的阴凉处或1～5℃冷库中保存。

（二）嫁接时间

鹅掌楸嫁接在春季、夏季、秋季和冬季均可进行，春季嫁接在3月进行，夏季嫁接多在6～7月进行，秋季嫁接在9月中下旬进行，冬季嫁接在12月至翌年1月，一般将砧木移植在室内进行嫁接。对不同季节的芽接成活率比较发现，春季和夏季气温高、细胞活动旺盛，愈伤组织较易形成，嫁接的成活率高；秋季芽接气候转凉，部分嫁接株冻损，成活率降低；冬季气温低、细胞极不活跃，较难形成愈伤组织，成活率最低；而从苗高来看，秋季嫁接苗可在早春直接萌发，生长期相对较长，苗木生长快；而冬季嫁接苗的根系存在一个恢复过程，生长期缩短；春季嫁接苗有一个愈合过程，苗生长受到影响；而夏季嫁接苗生长期更短，苗生长最低（王齐瑞等，2005）。

（三）嫁接方法

目前鹅掌楸树种嫁接主要分为枝接和芽接。枝接又可分为劈接与切接，一般于3月底至4月初树液开始流动时就可以开始进行。劈接是将砧木从中间劈开，在劈切口将较细接穗嫁接在较粗的砧木上；切接是在接穗与砧木粗细相近时应用，砧木的切口从一侧贴近形成层处切口，切口深2～3cm；接穗则切削一面，呈2～3cm的平滑切面，对侧基部削一小斜面，接穗上要保持有1个顶芽，将削好的接穗插入砧木切口中，使形成层对准一边，砧、穗的削面紧密结合，使形成愈伤组织。两种方法将接穗接入砧木后，接穗均要留一断削面，不要将削面全部插下去，俗称“留白”，砧穗处需用专用嫁接绷带包裹，注意保湿，砧木上的萌芽应及时抹去，在确认接口愈合后要及时松绑，同时，如采用室内裸根苗嫁接时，接后可移至室内进行保湿保温，以促进切口的愈合，催愈合10～15d后再移栽，有助于提高嫁接成活率。本书介绍一种生产中常用的双舌嫁接方法（图6-2）（李继华，1980），具体方法为：①将接穗下芽背面削成长3cm左右的斜面，然后在削面由下往上1/3处顺着树条往上劈，劈口长约1cm，成舌状；②将砧木上端削成3cm左右长的斜面，削面由上往下的1/3处，顺着砧木往下劈，劈口长约1cm，和接穗的斜面部位相对应，这样才能相交叉、夹紧；③把接穗的劈口插入砧木的劈口中，使接穗和砧木的舌状部位交叉起来，然后对准形成层，向内插紧。如果砧木和接穗不一样粗，要有一边形成层对准、密接。最后用塑料薄膜把接穗和接口包严扎紧即可。以鹅掌楸为砧木，砧木径粗1cm左右，以杂交鹅掌楸成龄树相同粗度的优质枝条为接穗，采用双舌嫁接方法繁殖杂交鹅掌楸，其嫁接成活率可达95%，当年嫁接苗平均高达1m，第二年即可开花（於朝广和殷云龙，2004）。

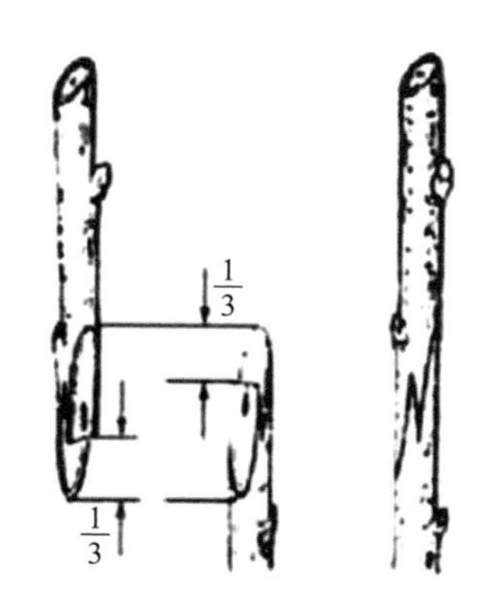

图6-2　双舌接

芽接主要在5～6月和9～10月进行，在2年或3年生的枝条上选取茁壮的营养芽或叶芽作为接穗，接穗不保留叶片，留有叶柄，按顺序在枝条上自上向下切取芽，将芽接入砧木后，用嫁接绷带将接口处扎严，将芽露在外边，根据生长情况，芽接后2～3周即可愈合。一般当接芽下叶柄脱落，而芽仍保持正常绿色和饱满，表明接口已经愈合，应及时松绑，当第二年春季生长开始之前应及时从接芽上方剪砧，剪口成一斜面，斜面往接芽背面一侧倾斜，芽接苗经过1年培养，苗的生长可以达到枝接的水平。本文简要介绍一下生产中常用的“T”形芽接方法（图6-3）：在枝条上选取健壮芽取芽，除去叶片，留有叶柄，按芽顺序自上向下切取芽片，芽在芽片的正中略偏上，稍带木质部。在砧木上选一光滑部分切一“T”字形切口，上面一横切口要切断韧皮部，深入木质部，用芽接刀的后面将“T”字形的切口挑开，把芽片放入，往下插入，使芽片上部与“T”字形切口上部横切口对齐，然后用棉线或麻皮将切口扎严，将叶柄留在外边，以便检查成活。3～5d后用手指轻触叶柄，叶柄触后脱落，芽片与砧木间已长出愈伤组织，表示嫁接成活，反之失败。

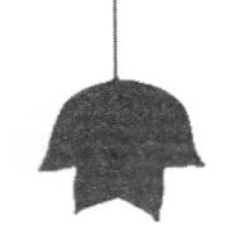

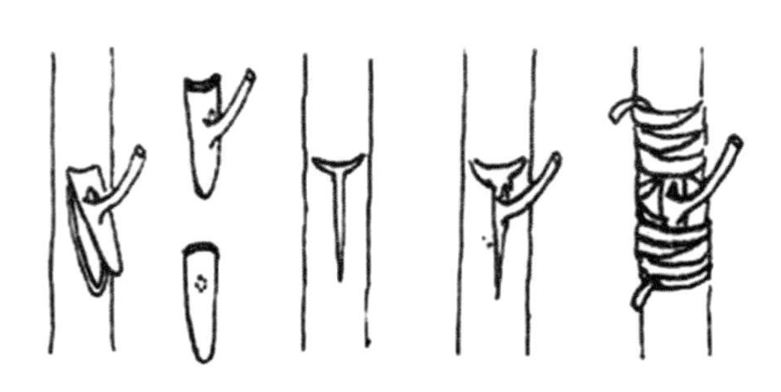

图6-3 “T”形芽接

生产中，根据生产需要选择合适的嫁接时间和嫁接方法进行嫁接。在嫁接成活率上，6～7月夏季成活率最高，3～4月春季略低，而在嫁接成活后植株生长量上，9～10月秋季嫁接苗最高，其次为春季。绿枝劈接和芽接成活率最高，但硬枝舌接苗木生长较快，接口愈合较好，不易风折。芽接的速度快，成活率高，工作效率高，但要注意风折率较高，需要加强支柱绑缚（王齐瑞等，2005）。以鹅掌楸1年生实生苗为砧木，以杂交鹅掌楸枝条为接穗，对杂交鹅掌楸进行嫁接试验，结果表明，在2月叶芽未萌动前，惊蛰前10d至春分后10d时进行切接，其嫁接成活率比9月进行芽接的嫁接成活率高，切接时接穗为2年生枝条的嫁接成活率可达85%，比接穗为1年生枝条高出48%（王松，2007）。不管采用哪种嫁接方法，均要求嫁接部位尽可能靠近地面，防止嫁接苗长成大树后嫁接部位受风等外力作用而造成折断。

三、嫁接后管理

嫁接后要注意管理，注意防晒和浇水。接后如遇到晴朗、干燥、气温高的天气，要采取套纸袋遮阴措施，防止接穗失水；如遇嫁接圃地较干时，要适当灌水，增加环境湿度，以提高嫁接成活率（梁凤，2008）。砧木被截干嫁接后，会长出一定数量的萌芽条，与接穗争夺水分、养分与光照，影响接穗的正常生长。因此，当接穗已经确认成活并开始萌芽生长时，应及时抹除砧木上的萌条，避免与接穗争夺营养。接穗成活萌芽后，砧穗嫁接口已经愈合生长，此时要适时去除绷带，否则会妨碍砧穗接合部的增粗生长，抑制地下与地上部分水分和养分的运输。此外，接后为了防止嫁接口被大风吹断，需要在迎风方向立支柱进行保护。同时加强接后的肥水管理，在7～9月速生期过程，增施氮肥，确保后期营养供给。

第三节 | 组织培养

植物组织培养即植物无菌培养技术，是根据植物细胞具有全能性的理论，利用植物体离体的器官、组织或细胞在无菌和适宜的人工培养基及光照、温度等条件下，能诱导出愈伤组织、不定芽、不定根，最后形成完整的植株。至今，世界各国在无性系繁殖、花卉育种、植株脱病毒和种质保存等方面，广泛应用组织培养技术。其中无性系繁殖是植物组织培养应用的主流之一，用植物组织培养进行无性繁殖的优点是：繁殖系数高，繁殖周期短，繁殖速度快，应用广泛，繁殖材料用量少，能获得无毒苗木无性系，人们又叫“快速繁殖”或“微型繁殖”。

植物组织培养繁殖包括从外植体接种到培养基开始，到长成生根的完成植株的全过程，包括无菌培养体系建立期，培养系的增殖、生长和增壮时期，诱导茎芽形成小苗时期，生根瓶苗移栽和驯化时期，商品苗培育时期五个程序阶段（沈海龙等，2009）。离体细胞转化为具有分裂能力细胞的基础是植物基因的差别表达（翟中和等，2000；黄坚钦，2001），受内外条件的控制，外植体、外部环境条件、培养基等起决定性作用（Gupta & Ibaraki，2005）。植物组织培养技术从外植体消毒、接种到成苗过程，容易受污染、外植体褐化、玻璃化、试管苗移栽成活和遗传稳定性等因素的困扰。

鹅掌楸属树种属于扦插难生根的木本植物，一般来说扦插难生根树种的组织培养难度也较大。近年来，随着生物技术的快速发展，有关鹅掌楸属树种的组织培养技术有了一定进展，体细胞胚状体发生以及植株再生体系研究也有突破。利用植物组织培养体胚再生技术加快优良品系繁殖，市场应用前景巨大。

一、外植体的选择与激素添加

鹅掌楸属树种的组织培养技术的研究，主要集中在于外植体的选择和培养基激素成分以及培养环境条件的筛选。外植体主要以早春刚萌动的芽或者冬芽为主，其芽与空气接触时间短，被空气中微生物侵染几率小，带菌少，同时自身萌发力强，因此，接种成活率高。外植体也有使用当年生幼嫩枝条切割成带芽茎段、种子、叶片、叶柄、幼胚以及无菌苗的茎段及其芽基部切段。多种外植体在诱导培养基上均能产生愈伤组织，其中无菌苗芽基部具有最高的愈伤组织诱导率，愈伤组织在MS+2.0mg/L 6-BA+0.5mg/L NAA和MS+4.0mg/L 6-BA+0.5mg/L NAA的分化培养基上能分化出不定芽（田敏等，2005）。以杂交鹅掌楸叶片及叶柄为外植体，诱导产生愈伤组织，发现叶片的诱导率低于叶柄，在不同的培养基上，外植体可以通过或不通过愈伤组织分化产生不定芽（李纪元等，2006）。

培养过程中添加不同种类和浓度的激素可以影响外植体分化不同的组织。以杂交鹅掌楸3年生母树的饱满冬眠顶芽、侧芽为材料，启动阶段在改良的M培养基中添加1.0mg/L BA+1.0mg/L ZT+0.05mg/L TDZ（Thidiazuron）+7.5mg/L维生素C（Vc），继续增殖培养时添加1.0mg/L BA+0.5mg/L ZT+0.05mg/L TDZ+7.5mg/L Vc，有效芽苗增殖倍数达3.8，壮苗培养时添加0.5mg/L BA+0.5mg/L ZT+0.05mg/L TDZ+7.5mg/L Vc，芽苗粗壮，高达3.5cm，生根培养基在1/2 MS培养基中添加0.1mg/L IBA+0.1mg/L NAA+0.2%活性炭，生根率达到75%（蒋泽平等，2004）。以杂交鹅掌楸春季的萌动芽为外植体，以MS+1.0mg/L 6-BA+0.5mg/L KT+0.2mg/L IBA+5mg/L Vc为初始培养基，诱导的从生芽数量较多，生长旺盛，之后转入MS+0.25～0.5mg/L 6-BA+0.1mg/L IBA的壮苗培养基中，苗生长情况良好，当苗长至3～4cm时，即可接入生根的培养基中，培养基为1/2MS+0.1mg/L IBA时生根率可达50%左右（陈金慧等，2002）。以当年生幼嫩茎为外植体，使用MS+0.2mg/L 6-BA+0.1mg/L NAA为启动培养基，可诱导大量从生芽，以MS+0.1mg/L 6-BA+0.2mg/L NAA为增殖培养基，增殖率达到600%，转入生根培养基MS＋0.2mg/L NAA后，其生根率可达92.10%（王闯等，2010）。采用顶芽或腋芽为外植体的，以MS培养基为启动培养基，或者采用MS＋2.0mg/L 6-BA＋0.1mg/L NAA为启动培养基，愈伤组织诱导率高；之后采用DCR为基本培养基，加入50.0mg/L柠檬酸和50.0mg/L Vc，其继代增殖率可达2.8～4倍；而使用1/2MS＋1.5mg/LNAA＋0.5mg/L活性炭为生根培养基，瓶苗生根率高达61%（陈碧华，2012）。

综合研究结果表明，在鹅掌楸树种的组织培养中，生长调节物质6-BA的诱导芽的效果较好，且其浓度不宜过高，否则会对芽的生长造成一定的抑制作用；生根培养中，培养基盐浓度的降低很重要，同时生长素的浓度不宜太高，否则极易产生愈伤组织，降低生根率，而V_C的加入可以减轻和抑制褐变发生，促进芽苗生长，总体上组培技术还不完善。

二、组培环境

鹅掌楸组织培养中的培养环境条件也影响组织培养的成功，其中蔗糖浓度、pH值、培养温度以及光照条件对组培苗的生长影响较大。根据研究，表明当培养环境条件为蔗糖浓度为30g/L、pH值为5.6～5.8，培养温度为23～27℃、光照强度为1600～2000lx、光照时间为12～16h，组培苗生长较好。同时也有研究表明，组织培养过程中，随着光照度的增加，褐变发生率明显增加，当光照大于1500lx时，褐变发生率为80%，光照刺激了多酚类物质的氧化，并产生棕色的醌类物质，毒害整个芽苗组织，使生长受阻，甚至死亡，而短期无光照处理无褐变或很少发生褐变（蒋泽平等，2004）。生根培养后移栽基质的选择对于组培苗的成活与后期的生长具有重要作用。使用改良MS采用砻糠灰、黄心土、珍珠岩和蛭石几种不同基质组合对生根组培苗进行移栽，发现移栽至砻糠灰：黄心土=3：1（体积比）的混合基质中，并精心管理，成活率可达65.0%（田敏等，2005）；当增殖与继代培养为MS＋1.0mg/L 6-BA＋0.5mg/L IBA时，将组织培养苗扦插在有机腐殖质土和珍珠岩（3：1）基质中，瓶外生根率达83.3%以上（郭治友等，2008）。

三、体细胞胚发生

植物的体细胞胚胎发生首先在胡萝卜（*Daucus carota* L.）的研究中实现。Steward（1958）和Reinert（1959）差不多同时发现，组织培养条件下的胡萝卜根细胞产生一种与胚相似的结构，并观察到由这种结构长成完整的植株，从而证明关于细胞全能性的概念。由此可见，体胚形成是在组织培养过程中发现的，由离体培养的细胞、组织、器官发生的类似胚的结构。在人工培养条件下，植物体细胞可以诱导分化形成如有性生殖合子胚那样的胚状结构（胚状体），进而通过覆被人工胚乳形成人工种子或直接再生形成完整的植株。

在植物组织培养中，诱导体细胞胚胎发生与诱导器官发生相比具有显著的特点，表现在以下四个方面：①具有两极性，即在体细胞胚发生早期就具有胚根和胚芽两级，胚性细胞第一次分裂多为不均等分裂，形成顶细胞和基细胞，其后由较小的顶细胞继续分裂形成多细胞原胚，而较大的基细胞进行少数几次分裂成为胚柄部分，在形态上具有明显的极性；②存在生理隔离，体细胞胚形成后与母体植物或外植体的维管束系统联系较少，即出现所谓生理上的隔离现象；③遗传相对稳定，通过体细胞胚形成的再生植株的变异性小于器官发生途径形成的再生植株，这是因为只有那些未经过畸变的细胞或变异很小的细胞才能形成体细胞胚，实现全能性表达；④重演受精卵形态发生的特性，体细胞胚胎发生途径是细胞全能性表达最完全的一种方式，不仅表明植物细胞具有全套遗传信息，而且重演了合子胚形态发生的进程（周俊彦，1981）。

植物体的各种器官，如根、茎、叶、花、果、种子、子房中的胚珠以及雄蕊中的花丝、花药及花粉都可以产生体细胞胚。在许多树种的研究中表明，未成熟种子的胚比成熟种子或幼苗有更高的诱导潜能。大部分针叶树的体细胞胚胎发生遵循相似的发育途径。除了少数例外，胚性愈伤组织来源于成熟或未成熟合子胚，并且合子胚的发育程度起着至关重要的作用，云杉类树种的理想外植体是授粉后2～4周的幼胚。

近年来，鹅掌楸属树种的体细胞胚状体发生和植物再生的研究已经由南京林业大学取得了突破（陈金慧，2003）。利用杂交鹅掌楸体细胞，建立杂交鹅掌楸体细胞胚胎发生技术和快速成苗体系，为杂交鹅掌楸产业化开发开辟了新的途径。以杂交鹅掌楸营养器官为外植体，以3/4 MS培养基为基本成分，添加2.0mg/L 2，4-D和0.3mg/L 6-BA的培养基上诱导愈伤组织较好，以MS＋0.3mg/L KT＋0.2mg/L IAA＋0.5mg/L 6-BA＋4.0mg/L ZT＋1.0mg/L IAA为培养基，可诱导分生组织致密的胚性愈伤。以蔗糖为渗透剂，可以提高渗透压有利于体细胞胚胎发生；以MS＋1.0～4.0mg/L ZT为基本培养基对体细胞胚胎诱导最有效（陈金慧等，2003）。基于固体培养条件，杂交鹅掌楸胚性细胞悬浮体系也已经建立，当摇床转速为100r/min，细胞起始密度为$1\times10^3\sim3\times10^3$个/mL时，可建立一个均匀性、分散性较好和细胞增殖较快的杂交鹅掌楸胚性细胞悬浮系，悬浮细胞系的继代周期以2～4周为宜（陈志等，2007）。鹅掌楸胚性材料的悬浮系的建立，其植株再生体系具有更高的繁殖效率，同时为开展植物体细胞杂交、遗传转化、植物种质资源的超低温保存以及植物体胚发育等方面的研究提供了便利。尽管体细胞胚状体的发生可以解决鹅掌楸属树种大量繁殖的问题，但目前该体系还不太稳定，因此，在具体操作过程中，该体系还需加以不断调整和完善，才能成功获得批量的组织培养苗木。

组织培养技术的科技含量高、投资成本大、而且在组织培养过程中常常出现变异，苗木后代性状表现也不稳定。目前在生产中，该树种的组培快繁技术尚未开始应用。但是，作为一种快速大批量繁殖的技术，组织培养快繁方式具有相当大的潜力。

第七章 鹅掌楸属树种无性系选育

本章提要

无性系选育是林木育种的重要内容，是选育速生、丰产、优质、抗逆性强的优良品种的关键。杂交鹅掌楸就其用材目的而言，除了常规的速生、丰产、抗逆等选育目标外，提高其扦插生根率、耐涝性能和发芽率等也是其无性系选育的重点。因这方面的研究开展得很少，本章仅就我们已经完成的高生根率无性系选育，北美鹅掌楸耐涝试验及鹅掌楸属树种耐旱、耐重金属方面的研究进行总结介绍。研究表明，杂交鹅掌楸无性系间生根能力变异大，生根性状受近中等强度遗传控制，有选择潜力；选育的3个良种无性系具有高生根率和生长优势；通过水分胁迫试验，筛选出耐涝性能较好的北美鹅掌楸家系两个，淹水32d存活率保持75%；鹅掌楸属树种具有较好的耐旱和耐重金属能力，但不同种和不同杂交组合间差异明显。

第一节 杂交鹅掌楸优无1、2、3号良种选育

一、选育目标

鹅掌楸属树种的无性繁殖技术，除了嫁接技术较为成熟外，其他技术都

还有待完善，如扦插繁殖不是单纯的药剂处理就有较好的繁殖效果，其受插条自身性状和外界环境的影响很大，所以选育高生根率品种是解决这一问题的根本途径。我们根据杂交鹅掌楸扦插过程中生根率存在较大差异的现象，以生根率高和速生性好为选育目标，通过亲本选择、人工杂交、实生苗培育、扦插试验、造林试验选育出高生根率的良种无性系，一方面直接用于生产，另一方面待其开花结实后用于进一步的研究。

二、技术路线

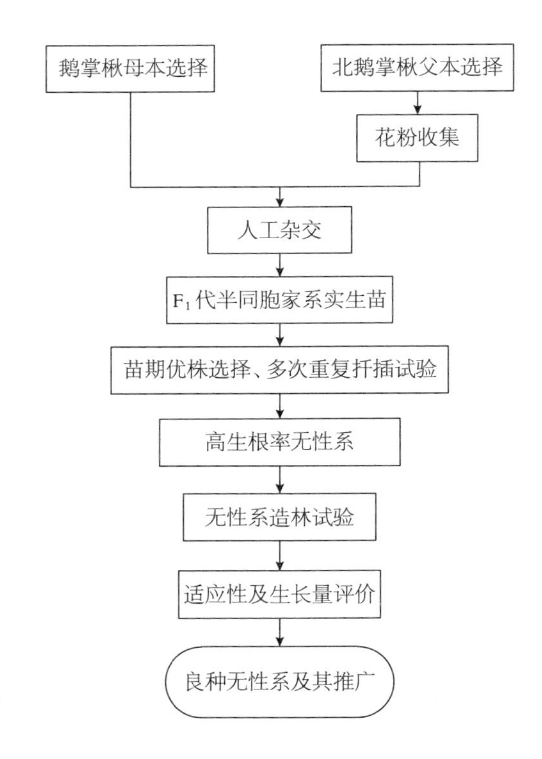

三、选育过程

（一）亲本选择

母本来自庐山种源的鹅掌楸成龄优株，种植于江西省南昌市湾里区茶园山林场（南昌市林业科学研究所实验林场），树龄26年，树高27m，胸径38cm，枝下高3.5m，冠幅7m × 8m，树干通直，生长旺盛，已处盛果期；小枝灰褐色，叶片两侧各具一裂片，形如马褂；花两性，淡黄绿色，花期5月，花瓣长3～4cm；聚合果长7～9cm，果翅先端钝尖，果熟10月。父本来自南京林业大学树木园的北美鹅掌楸成龄大树，树高20～21m，胸径30～35cm，枝下高5m，冠幅5m × 8m；小枝深褐色，叶片两侧各具2～3裂，形如鹅掌；花绿白色，花瓣长4～5cm；果翅先端尖。

（二）杂交授粉及实生苗培育

1999年4月30日从南京林业大学树木园采集5株北美鹅掌楸优株即将开放的花枝若干水培带回，5月1～5日每天9：00～13：00授粉，采用去雄不套袋方法。10月初待聚合果颜色由青变暗时采种，晾干后湿沙储藏。2000年播种育苗，获得杂交F_1代苗近2000株，当年苗高1～1.4m。2001年按采穗圃的要求重新定植，株行距1m × 1.5m。对所有子代单株进行生长量测定，选择出生长快的100个单株，作为高生根率无性系筛选材料。

（三）高生根率无性系初选

采穗母株利用平茬方法培育插穗。对选定的100株实生苗进行第一次扦插试验，初选生根率较高的无性系。初选结果表明，无性系生根率最高达到84.2%，最低为13.3%，生根率变异系数26.6%，标准差11.78。根据C.A.Mamaeb对前苏联林区一系列树种所划分的性状变异程度的5个等级，即很低、低、中等（13%～20%）、高（21%～40%）、极高，参试无性系生根变异达到高等级（26.6%）程度，具有较好的选择潜力。按照20%的选择强度并结合生根率在50%以上的标准，选择出33号（84.2%）、84号（80.0%）、45号（76.5%）、51号（75.0%）、21号（71.4%）、3号（66.7%）、63号（66.7%）、66号（60.0%）、75号（60.0%）、68号（58.8%）、65号（57.1%）、99号（57.1%）、10号（55.6%）、64号（53.3%）、96号（53.3%）、17号（52.6%）、11号（50.0%）、13号（50.0%）、15号（50.0%）、20号（50.0%）、72号（50.0%）共21个无性系进入复选试验。详见表7-1。

表7-1 杂交鹅掌楸100个无性系扦插生根率

序号	生根率（%）	序号	生根率（%）	序号	生根率（%）	序号	生根率（%）	序号	生根率（%）
1	47.1	21	71.4	41	43.8	61	28.6	81	42.1
2	46.7	22	43.8	42	37.5	62	47.4	82	44.4
3	66.7	23	43.8	43	29.4	63	66.7	83	41.2
4	40.0	24	47.1	44	44.4	64	53.3	84	80.0
5	35.7	25	37.5	45	76.5	65	57.1	85	42.1
6	46.7	26	38.1	46	42.1	66	60.0	86	36.8
7	40.0	27	42.9	47	37.5	67	42.9	87	41.2
8	29.4	28	40.0	48	43.8	68	58.8	88	41.2
9	42.1	29	47.1	49	35.3	69	20.0	89	35.3
10	55.6	30	29.4	50	47.1	70	43.8	90	38.9
11	50.0	31	47.1	51	75.0	71	42.9	91	10.5
12	44.4	32	44.4	52	44.4	72	50.0	92	42.1
13	50.0	33	84.2	53	42.1	73	46.7	93	45.0
14	38.1	34	42.1	54	42.1	74	33.3	94	38.9
15	50.0	35	36.8	55	40.0	75	60.0	95	29.4
16	30.0	36	38.9	56	35.0	76	38.1	96	53.3
17	52.6	37	38.9	57	47.6	77	33.3	97	43.8
18	47.1	38	41.2	58	38.1	78	47.6	98	47.6
19	46.7	39	38.9	59	13.3	79	40.0	99	57.1
20	50.0	40	37.5	60	46.7	80	33.3	100	47.1

（四）高生根率无性系复选

复选共进行了4次，2005年进行硬枝扦插和嫩枝扦插各1次，2007年再进行硬枝扦插和嫩枝扦插各1次。硬枝扦插表明，两次试验中21个无性系间生根率均存在极显著差异。2005年筛选11号、12号、20号3个生根率较高无性系；2007年筛选出11号、12号、20号和13号4个生根率较高无性系。详见表7-2。

表7-2 硬枝扦插21个无性系生根率多重比较（Duncan法）

2007年								2005年				
无性系	样本数	5%显著性水平						无性系	样本数	5%显著性水平		
		2	3	4	5	6	1			2	3	1
2	3	0.31						15	3	0.46		
5	3	0.33	0.33					18	2	0.46		
9	3	0.36	0.36	0.36				4	3	0.46		
1	3	0.36	0.36	0.36				6	3	0.46		
14	2	0.38	0.38	0.38				3	2	0.50		
15	2	0.40	0.40	0.40				1	3	0.51	0.51	
21	2	0.40	0.40	0.40				21	3	0.52	0.52	
10	2	0.40	0.40	0.40				10	2	0.53	0.53	
16	3	0.40	0.40	0.40				16	3	0.53	0.53	
8	3	0.42	0.42	0.42				14	3	0.54	0.54	
3	3	0.42	0.42	0.42				17	3	0.54	0.54	
7	3	0.43	0.43	0.43				5	3	0.56	0.56	
18	2	0.44	0.44	0.44				19	3	0.57	0.57	
17	2	0.49	0.49	0.49	0.49			2	3	0.58	0.58	
4	2	0.52	0.52	0.52	0.52			8	3	0.59	0.59	
6	3		0.53	0.53	0.53			7	3	0.61	0.61	
19	2			0.58	0.58			9	3		0.68	
13	2				0.67	0.67		13	3		0.68	
12	2					0.77	0.77	11	2			1.04
11	2						0.86	12	3			1.05
20	2						0.91	20	2			1.07
显著值		0.051	0.069	0.051	0.075	0.257	0.146	显著值		0.108	0.068	0.713

嫩枝扦插表明，两次试验中21个无性系生根率达到了显著或极显著水平。2005年筛选出11号、12号、20号、10号、18号、17号共6个生根率较高无性系；2007年筛选出11号、12号、20号、13号、14号、6号、9号、10号、3号、17号、2号共11个生根率较高无性系。详见表7-3。

表7-3　嫩枝扦插21个无性系多重比较（Duncan法）

2007年								2005年					
无性系	样本数	5%显著性水平					无性系	样本数	5%显著性水平			
		2	3	4	5	1			2	3	4	1
15	2	0.25					16	3	0.37			
19	2	0.34	0.34				8	3	0.44	0.44		
16	2	0.37	0.37	0.37			5	3	0.48	0.48	0.48	
4	3	0.38	0.38	0.38			14	3	0.50	0.50	0.50	
7	3	0.39	0.39	0.39			7	3	0.52	0.52	0.52	
1	3	0.43	0.43	0.43	0.43		4	2	0.55	0.55	0.55	
8	3	0.44	0.44	0.44	0.44		9	3	0.56	0.56	0.56	
21	2	0.44	0.44	0.44	0.44		3	3	0.57	0.57	0.57	
18	2	0.45	0.45	0.45	0.45		2	3	0.59	0.59	0.59	
5	3	0.45	0.45	0.45	0.45		1	3	0.61	0.61	0.61	
2	3	0.47	0.47	0.47	0.47	0.47	6	3	0.62	0.62	0.62	
17	2	0.48	0.48	0.48	0.48	0.48	15	3	0.63	0.63	0.63	
3	3	0.52	0.52	0.52	0.52	0.52	21	2	0.63	0.63	0.63	
10	3	0.55	0.55	0.55	0.55	0.55	13	3	0.64	0.64	0.64	
9	3	0.59	0.59	0.59	0.59	0.59	19	2	0.66	0.66	0.66	
6	3		0.64	0.64	0.64	0.64	17	2	0.68	0.68	0.68	0.68
20	2		0.64	0.64	0.64	0.64	18	2	0.71	0.71	0.71	0.71
12	3			0.70	0.70	0.70	10	3	0.88	0.88	0.88	0.88
14	3				0.77	0.77	20	2		1.00	1.00	1.00
13	3				0.77	0.77	11	3			1.08	1.08

（续）

2007年							2005年					
无性系	样本数	5%显著性水平					无性系	样本数	5%显著性水平			
		2	3	4	5	1			2	3	4	1
11	3					0.80	12	3				1.24
显著值		0.053	0.080	0.058	0.050	0.052	显著值		0.099	0.071	0.052	0.051

（五）生根率性状重复力

为了进一步验证生根率性状的稳定性，对全部扦插生根数据进行重复力分析。杂交鹅掌楸无性系生根率性状重复力为0.34，统计检验P=0.017，说明杂交鹅掌楸无性系扦插生根率性状受到接近中等强度的遗传控制（表7-4）。选育高生根率无性系可行。

表7-4　生根率性状重复力分析结果

项目	平方和	自由度	期望均方e	方差	显著值	重复力
总计	6.7835	221				
组间	2.6724	20	0.1336	0.007836	0.0178	0.343738
组内	4.1112	201	0.0205			

（六）高生根率无性系决选

将4次试验复选出的无性系进行比较，11号、12号、20号3个无性系4次全部入选，10号、13号、17号2次入选，其余无性系入选1次。如果以入选2次以上为选择标准，则11号、12号、20号、10号、13号、17号6个无性系可入选高生根率无性系，此结果与各无性系生根率聚类分析结果基本一致（图7-1）。如果按4次均入选的标准，则11号、12号、20号3个无性系为最终决选高生根率无性系（表7-5），其多次扦插的生根率均在80%以上，最高的达到100%。

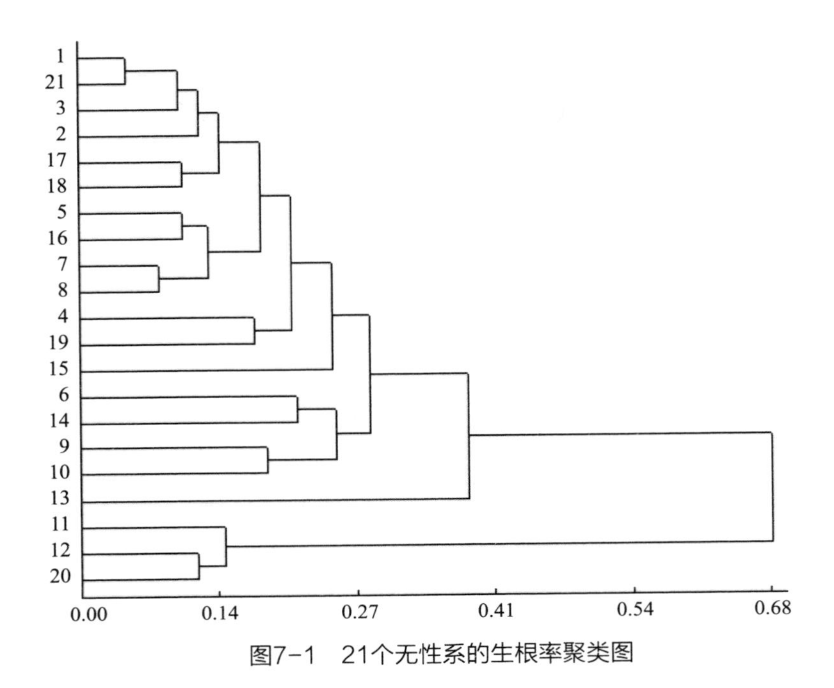

图7-1　21个无性系的生根率聚类图

表7-5　4次试验候选无性系

项目	无性系											
	11	12	20	10	13	17	14	6	9	18	3	2
05硬枝插	√	√	√									
05嫩枝插	√	√	√		√							
07硬枝插	√	√	√	√		√				√		
07嫩枝插	√	√	√	√	√	√	√	√	√		√	√

√表示无性系为该次试验复选出的无性系。

（七）高生根率无性系造林试验

造林试验显示，无性系具有速生、抗逆等优良特性，山地造林成活率达95%，8年生年均高生长量达1.58m，年均胸径生长量达2.3cm，单株材积达0.178m^3；行道树10年生平均树高15.4m，平均胸径26.3cm，单株材积0.344m^3。

1. 铜鼓县城郊林场陡坡造林生长表现

2004年春，利用包括3个高生根率无性系苗在内的半同胞家系中多个无性系扦插苗（当时还未决选出高生根率无性系，但因其生根率较高，扦插苗数量应该相对较多，因此该片试验林应以这3个无性系为主），在铜鼓县城郊林场造林13.3hm^2，其中杂种无性系造林8hm^2，鹅掌楸对比林5.3hm^2。清除杂灌后，穴状整地，穴规格50cm × 50cm × 50cm，株行距3m × 4m，杂交鹅掌楸无性系为1.5年生扦插苗，苗高1.5m左右，鹅掌楸为1年生实生苗，苗高1.0m左右，造林后连续砍杂2年，每年1次。

6年生时杂交无性系较亲本鹅掌楸生长优势明显，树高、胸径优势率（杂交鹅掌楸生长量−鹅掌楸生长量）/鹅掌楸生长量）高，其中胸径的优势率远远高于树高优势率，这为材积的显著增加奠定了基础，杂种无性系材积优势率达到了305%。杂交鹅掌楸树高、胸径年均生长量分别达到了1.58m和2.3cm，而最好单株树高、胸径年均生长量分别达到了1.95m和2.7cm，单株材积0.178m^3。10年生平均树高、胸径年均生长量仍保持速生状态，分别为1.51m和2.1cm（彩图8−1，彩图8−2）。

2. 浮梁县磨刀岭缓坡造林生长表现

2006年春在浮梁县磨刀岭杉木采伐迹地营造无性系试验林150亩①，其中密度试验林90亩，与鹅掌楸对比试验林30亩，纯林30亩。密度试验林设置2m × 3m、3m × 4m、4m × 5m和5m × 6m 4种株行距，其余为3m × 4m。清山后穴状整地，穴大50cm × 50cm × 50cm，无性系苗为2005年春插试验生根率较高的几个无性系留床苗，苗高0.3m左右，鹅掌楸为1年生实生苗，苗高1.0m左右。造林当年秋季砍杂1次，无其他抚育措施。

4年生时，杂交鹅掌楸无性系试验林优势率并不明显，胸径的优势率略大于树高，但都不足20%，杂交鹅掌楸无性系树高和胸径的年均生长量分别为0.55m、1.0cm。9年生时，2m × 3m和3m × 4m的树高、胸径年均生长量分

① 1亩=666.67m^2，下同。

别达到了1.2m和1.6cm，最大的树高达12m，胸径22cm，年均生长量分别达到1.3m和2.2cm。而4m×5m和5m×6m保存率很低，但留存植株部分生长表现好，最大的树高达12m，胸径25cm。从该试验林表现来看，由于造林苗过小和前期的抚育管理措施不力，试验林总体生长表现一般，但部分个体生长十分迅速，说明杂种无性系适宜该地造林。

3. 行道树生长表现

在南昌市林业科学研究所（湾里区）和江西省科学院植物良种繁育基地（高安祥符镇）庭院种植的优良无性系生长十分迅速。市林科所9年生树高、胸径年均生长量分别达到了1.4m、3.0cm（彩图9）；高安祥符基地7年生杂种生长量超过了8年生鹅掌楸，年均树高、胸径年均生长量分别达到1.5m和2.5cm，7年生的杂交鹅掌楸较8年生的鹅掌楸材积优势率达到40%。

四、无性系良种

该批无性系除了上述试验林外，还先后在江西资溪县、永修县、上高县多地推广应用，在南昌市、高安市等地多处绿化带种植，均表现出了良好的适应性、速生性和抗逆性。2014年江西省林木良种委员会组织专家评审，将3个决选出来的无性系认定为良种，命名为‘杂交鹅掌楸优无1’（*Liriodendron chinense*（Hemsl.）Sarg.×*L. tulipifera* Linn.‘Zajiaoezhangqiuyouwu 1’）、‘杂交鹅掌楸优无2’（*Liriodendron chinense*（Hemsl.）Sarg.×*L. tulipifera* Linn.‘Zajiaoezhangqiuyouwu 2’）、‘杂交鹅掌楸优无3’（*Liriodendron chinense*（Hemsl.）Sarg.×*L. tulipifera* Linn.‘Zajiaoezhangqiuyouwu 3’），见图7-2，彩图13。3个良种具有生长快、生根率高、抗逆性强等特点，其生根率在80%以上；山地造林平均胸径年生长量超过2cm，庭院绿化胸径年均生长量可接近3cm；且几乎没有病虫害发生。

林木良种证

（认　定）

良种名称　杂交鹅掌楸优无3

树种　杂交鹅掌楸

学名

良种编号　赣R-SC-LC-003-2014（5）

良种有效期　伍年

适宜推广生态区域　适宜暖温带以南广大地区栽培。

编号：（2015）第4号　发证机关

2015年

林木良种证

（认　定）

良种名称　杂交鹅掌楸优无2

树种　杂交鹅掌楸

学名

良种编号　赣R-SC-LC-002-2014（5）

良种有效期　伍年

适宜推广生态区域　适宜暖温带以南广大地区栽培。

编号：（2015）第3号　发证机关

2015年

林木良种证

（认　定）

良种名称　杂交鹅掌楸优无1

树种　杂交鹅掌楸

学名

良种编号　赣R-SC-LC-001-2014（5）

良种有效期　伍年

适宜推广生态区域　适宜暖温带以南广大地区栽培。

编号：（2015）第2号　发证机关

2015年

图7-2　杂交鹅掌楸良种证书

第二节 | 北美鹅掌楸耐涝无性系选育

鹅掌楸属树种一般极不耐涝，鹅掌楸在我国自然分布于较高海拔或低海拔的高丘立地，北美鹅掌楸在水湿地有一些自然分布，而我国现有的杂交鹅掌楸基本不耐涝，观察发现，苗期和幼龄期地面淹水24h即造成植株死亡。为解决杂种不耐涝的问题，从亲本北美鹅掌楸出发应该是最有效的途径。我们对北美鹅掌楸多个种源家系材料进行了淹水胁迫试验，选育出两个耐涝性好的北美鹅掌楸家系，但植株的无性系化还在进行之中，无性系的耐涝性测定还需要1～2年才能完成。另外，通过分子生物学技术，我们正在开展耐涝有关基因的发掘工作，但还没有最后的结果。本书仅就耐涝家系淹水胁迫试验及耐涝家系筛选的研究结果进行简单介绍。

一、选育目标

北美鹅掌楸耐涝无性系选育的首要目标就是耐涝性强，而生长量等其他性状暂时不作重点考虑。耐涝无性系选育成功后将通过两个途径加以利用，

一是作为杂交亲本加以利用；二是用于耐涝相关基因的发掘以及转基因育种，目的都是用于选育耐涝性好的优良杂交鹅掌楸。

二、选育过程

（一）材料来源及淹水试验方法

课题组收集了美国密西西比河流域北美鹅掌楸8个种源79个家系的种子材料，分别为Tennessee、North Carolina、South Carolina、Ontario、Mississippi Louisiana 、Georgia、Missouri，进行了种子性状的测定分析，育苗后开展苗期适应性和生长量观测，并进行了淹水胁迫试验。本书仅对淹水试验内容做简单介绍。淹水试验用全部种源的部分家系为材料，共进行了两次。第一次用当年半年生幼苗为材料，种子发芽后进行容器（直径21cm、高12cm营养钵）育苗，基质为沙子：南方红壤发育的水稻土（2∶3），约2.5kg，待苗长至25cm时，选择生长一致且发育健康的幼苗进行淹水胁迫试验（彩图14）。第二次试验选用2年生大苗。试验淹水处理前，将盆苗移至半开放的实验室先适应7d。设9cm、12cm和13cm淹水处理梯度，即淹水3/4（以盆土高度为标准，称为低淹）、全淹（正好淹至土面，称为中淹）、超淹（超过土面，称为高淹），室内正常钵栽苗为对照CK。每处理8株。空调调节昼夜温度分别为28±1℃和25±1℃，光照时间14h/d，昼夜湿度保湿70±5%。处理32d。比较苗木形态、生长及生理指标的变化。

（二）耐涝家系选择结果

试验开始后第二天，除了Louisiana种源的两个家系（记为1号、2号）和Tennessee种源的两个家系（记为3号和4号）有不同程度的存活外，其他种源植株全部开始死亡，不再参与其他性状的观测。

参与观测的4个家系至第八天开始出现死亡，第16天时植株死亡数达到最高峰，其后基本再无死亡植株出现，说明耐涝北美鹅掌楸淹水抵抗有两个阶段，第一阶段是前8d，第二阶段是前16d。家系间的耐涝性存在明显差异，高淹胁迫至试验结束，2号、3号、1号和4号存活率分别为60%、40%、10%和10%。中淹胁迫至试验结束，2号、1号、3号和4号存活率分别为75%、60%、50%和20%。可见2号家系耐涝性最强，4号家系最弱。但在中等强度淹水胁迫状态下，1号和3号耐涝性也较好（彩图15）。几个家系的存活单株正在无性系化，无性系淹水测定将在1～2年内完成。

三、淹水胁迫下植株器官及生理变化

（一）叶片性状变化

叶色变化。叶片是植物重要的同化器官，反映植物生长和发育情况，且对外界环境反应较为敏感，是植物对外界环境反映较为直接的器官（李芳兰和包维楷，2005）。淹水胁迫下北美鹅掌楸幼苗叶缘出现水渍状灰斑、叶片发黄或发黑、叶片下垂等症状，叶片失去正常光合作用和水分代谢等功能，最终表现为地上部分枯萎死亡（李彦强等，2015）。淹水胁迫下，绿叶株百分比、绿叶叶片数、平均绿叶片数均随淹水水位高度增高呈下降趋势，高水位淹水较对照下降50%以上。

叶夹角变化。叶夹角不仅能反应植物叶片生长发育状况，也能反应植物组织代谢水平、组织间物质、信息和能量等变化情况（潘晓华等，1998）。叶夹角由植物水分代谢和重力两因素决定，而水分代谢为直接因素。植物在淹水胁迫下表现出植株地上部分缺水，细胞变小，渗透势减小，植物组织间发生质壁分离，直接表现为叶片含水量和叶面积改变（杨敏生等，1997）。北美鹅掌楸处理株叶夹角随各处理时间和强度而变化，对照植株叶夹角变化不大。同一家系在一定的淹水时长范围内高强度淹水叶夹角小于中等强度淹水，原因就是高强度淹水胁迫导致植物组织间发生质壁分离，受淹水胁迫程度较大，叶片缺水重量减轻，而中等淹水胁迫植物组织间发生的质壁分离程度较弱，植物叶片还能进行组织间的代谢，叶片受

到伤害较小，叶片的重力较大，导致叶夹角增大。不同家系间叶夹角变化差异明显，2号家系胁迫下叶夹角基本未发生变化，中高强度淹水胁迫至32d时，1号、2号家系处理叶夹角约70°，3号、4号家系处理叶夹角明显超过70°，叶夹角大小顺序为2号＜1号＜3号＜4号，说明1号、2号家系较耐涝。

（二）皮孔变化

皮孔是植物自身逐渐适应逆境对策下形成的特殊组织器官（衣英华等，2006）。北美鹅掌楸幼苗在中高水位淹水胁迫下，在水面附近未淹水基干上和淹水部位均有皮孔形成，在基干四周均匀分布，且相对集中，有的皮孔膨大明显，且向外延长。皮孔的出现约在淹水第20天左右观察到，之后逐渐增多。皮孔、白皮孔数量呈现一定的规律变化，耐涝家系总皮孔数、白皮孔个数及白皮孔率均随淹水水位高度的增高呈升高趋势。不耐涝家系总皮孔数随淹水水位高度的增高呈先升后降趋势，白皮孔个数规律不一致（彩图16）。这一结果反映了通气组织（包括皮孔和不定根等）的发达程度与耐涝能力的正相关关系（唐罗忠等，2008）。

（三）膝根和穿孔根的变化

膝根变化。在淹水胁迫下，北美鹅掌楸2年生幼苗局部器官或组织分裂分化形成膝根或皮孔，无淹水胁迫幼苗无膝根形成。不同家系膝根平均长度存在差异，从长到短顺序依次为：2号＞1号＞3号＞4号。膝根平均粗度的变化与长度变化基本一致。

膝根的形成与乙烯密切相关，是根系缺氧条件下的被动响应及一种积极的适应性，池杉、落羽杉、水松在淹水胁迫下能产生大量膝根。Sakio（2002）、Yamamoto & Kozlowski（1987）研究认为膝根的形成对林木生长没有促进作用，而是利于氧气供应，其对根系及根际有毒物质积累是否具有排放作用尚不明确。北美鹅掌楸淹水胁迫下膝根形成可能与土壤处于还原状态和氧化状态交替出现有关（Kozlowski，1984；Yamamoto，1992），推测由淹水近地部位特殊生理代谢所引起。

穿孔根变化。淹水胁迫下促进水中穿孔根系（即根系从栽培钵底下的洞孔生长穿出）的形成，未胁迫幼苗没有穿孔根形成。同一家系随淹水水位高度增加水中穿孔根株数呈增加趋势，不同家系穿孔根数量变化趋势不同，耐涝家系穿孔根发生最快；根系长度变化也不尽相同，耐涝家系穿孔根长度不断增长（淹水试验期间），不耐涝家系根长增速则大大减缓。

缺氧环境下，植物通过缩小地上/地下部分相对生长量来适应环境。在室内容器淹水胁迫下，北美鹅掌楸根系通过容器孔伸向容器外，发达的穿孔根系增加氧的吸收能力，从而提高地上部分与地下部分生物量的比值。延伸根长度和数量随胁迫高度的增加而具有增长、增粗的趋势。水中穿孔根是北美鹅掌楸适应淹水的一种应激反应。

（四）叶片质膜透性的变化

北美鹅掌楸各家系淹水胁迫1/4～1d，幼苗叶片细胞膜透性呈下降趋势，第二天时电导率最高，此时叶片细胞膜受到伤害最大。至淹水胁迫试验结束，叶片细胞膜透性逐渐降低，存活的家系叶片细胞膜透性值稳定在10%～20%，不同家系叶片细胞膜透性大小依次为：4号＞3号＞1号＞2号，其中1号、2号家系胁迫处理叶片细胞膜透性值超过50%，3号、4号家系胁迫处理叶片细胞膜透性低于50%。3号、5号处理第二次高峰为植株叶片死亡值，可能由叶片透性较大所致（李彦强等，2011）。

相对电导率大小反映植物细胞膜透性大小，电导率越高细胞膜透性越大，植物受到的伤害就越大。淹水胁迫后植物体内发生的某些生理生化反应与植物外部形态表现是一致的，Simon（1974）指出细胞膜不仅是细胞与环境发生物质交换的主要通道，也是对环境胁迫最敏感的部分。在渗透胁迫下，膜透性的增大，电解质的大量渗漏，是膜伤害和变性的主要特点，表现为相对电导率值发生变化不稳定。北美鹅掌楸参试的4个家系反映了这一特征。

第三节 鹅掌楸属树种耐旱及耐重金属性能分析

据现有报道，鹅掌楸属树种具有较好的抗逆性，包括耐旱、耐重金属和SO_2等空气污染，而杂交鹅掌楸的抗性相对更强些。国内有关研究主要涉及耐旱的生理变化、几个种及其不同杂交组合间耐重金属镉、铅、锌、铜的比较以及抗SO_2污染等方面，但进一步的无性系选育工作还没报道。

一、干旱胁迫下叶片生理变化

（一）叶片相对含水量（RWC）变化

按照Hsiao（1973）对中生植物的水分胁迫程度划分标准为，水势降低零点几个MPa或相对含水量降低8%～10%为轻度胁迫；水势下降−1.5～−1.2 MPa或相对含水量降低10%～20%为中度胁迫；水势下降超过−1.5MPa或相对含水量降低20%以上为严重胁迫。叶金山和王章荣（2002）研究显示，干旱胁迫2h，鹅掌楸相对含水量下降24.2%，已达严重胁迫；北美鹅掌楸和正交杂种相对含水量分别下降16.4%和12.0%，达中度胁迫；反交杂种相对含水量下降6.7%，为轻度胁迫。

Hsiao（1973）认为植物很多生理过程或指标在组织水势降低0～10^3kPa范围内是非常敏感的。随着胁迫时间延长，鹅掌楸失水速度急剧加快并显著超过北美鹅掌楸和正反交杂种，充分表明鹅掌楸对水分胁迫的敏感性显著高于北美鹅掌楸和正反交杂种，短时间干旱足以造成对鹅掌楸的严重伤害（叶金山和王章荣，2002）。

（二）叶绿素含量变化

干旱胁迫导致叶绿素代谢失调，光合能力下降，叶绿素分解而含量下降，类胡萝卜素含量减少（曹慧等，2001）。电镜观测显示，干旱胁迫迫使叶绿体膨胀，排列紊乱，基质片层模糊，基粒间连接松弛，类囊体片层解体，光合器官的超微结构遭到破坏（关义新等，1995）。水分胁迫引起气孔或非气孔因素的限制从而降低光合作用（Boyer *et al*，1983），气孔因素指干旱胁迫导致气孔导度下降，CO_2进入叶片受阻；非气孔因素指光合器官光合活性下降。干旱胁迫3h，鹅掌楸叶绿素已破坏37.6%，北美鹅掌楸丧失28.6%，而正反交杂种的损失不足10%。随着胁迫加强，亲本叶绿素含量降低幅度远大于杂种，而亲本中鹅掌楸叶绿素破坏速度又明显大于北美鹅掌楸，杂种中正交的破坏速度大于反交（叶金山和王章荣，2002）。叶绿素存在于光合作用器官叶绿体中，叶绿素含量指标的下降程度同时也反映了光合器官的破坏程度。

（三）蛋白质含量变化

可溶性蛋白含量的变化与干旱胁迫强度有直接关系，且诱导蛋白的变化各异，表现在随着胁迫强度的深入呈现不同变化趋势。可溶性蛋白与调节植物细胞渗透势有关，抗性越强品种，可溶性蛋白含量越高（Xiong *et al*，2002）。水分胁迫3h，鹅掌楸蛋白质含量降低40.6%，北美鹅掌楸降低26.5%，正交杂种、反交杂种分别降低9.8%和7.6%。随着胁迫时间增长，正反交杂种蛋白质破坏速度仍然远小于亲本。鹅掌楸蛋白质降解速度明显高于北美鹅掌楸和反交杂种，表明鹅掌楸对水分胁迫敏感性最强，危害性也最大（叶金山和王章荣，2002）。

此外，光合碳同化中的重要限速酶Rubisco（核酮糖-1，5-二磷酸羧化酶加酶；EC4.1.1.39）在植物体内含量极高，约占叶蛋白的50%以上。短时间水分胁迫造成鹅掌楸叶总蛋白含量大幅度下降而Rubisco作为叶片中最丰富的蛋白质也遭到严重破坏，危害到正常的光合作用。

（四）叶片RNase酶活力的变化

水分胁迫促使RNase重新合成，胁迫引起膜结构破坏，促使RNase从细胞器的区隔中释出，增强了酶活力，因此，RNase活力认为是植物组织趋

向衰老的一个重要标志（Thomas & Stoddart，1980）。干旱胁迫下植物叶片RNase活力增强（Kessler，1961），抗旱性品种和敏感品种干旱反应进程不同。叶金山和王章荣（2002）参照Hanson方法测定鹅掌楸属的RNase活力显示，双亲与杂种叶片RNase活力对干旱胁迫的响应非常敏感，短时间水分胁迫明显提高RNase活力，并随胁迫时间延长RNase活力一直增加，直至永久萎蔫点。这种活力变化趋势与草本植物、一些木本植物（苹果、刺槐）在水分胁迫下RNase活力升高的趋势相一致（Hsiao，1973；Brandle *et al*，1977；王万里，1981；叶金山等，1992）。亲本与杂种对干旱胁迫的敏感性存在较大差异，水分干旱胁迫3h，鹅掌楸的RNase活力增加53.4%，北美鹅掌楸增加11.9%，而正交杂种和反交杂种仅分别增加7.5%和6.7%。

（五）鹅掌楸属树种耐旱性比较

干旱胁迫下，鹅掌楸属的亲本叶绿素破坏速度远大于杂种，而亲本鹅掌楸破坏速度又明显大于北美鹅掌楸，杂种中正交破坏速度大于反交。叶片蛋白质含量下降速度排序为鹅掌楸＞北美鹅掌楸＞正交杂种＞反交杂种，短时间水分胁迫大幅度降低鹅掌楸叶片的蛋白质含量。干旱胁迫明显提高亲本与杂种叶片的RNase活力，RNase活力对干旱胁迫响应的敏感性顺序为鹅掌楸＞北美鹅掌楸＞正交交杂种＞反交杂种。此外，干旱胁迫导致亲本与杂种RNase基因在翻译水平上表达而从头合成RNase，并且RNase基因表达强度存在较大差异，表达强度顺序为鹅掌楸＞北美鹅掌楸＞正交交杂种＞反交杂种。因此，在选育耐旱无性系时可以注意利用反交杂种的优势。

二、鹅掌楸属树种抗重金属能力分析

（一）鹅掌楸积累重金属特点

同一植物对不同重金属元素的吸收不同，Cu是酶的组成成分，可以一价离子和二价离子形式从土壤溶液中吸收或通过叶片直接从大气吸收，因此体内含量最高（王成等，2007）；铅不是植物必需元素，根系吸收后大部分滞留于根部，叶片吸收的铅主要来源于大气总悬浮颗粒物（阮宏华和姜志林，1999；薛皎亮等，2000）；镉污染主要来自土壤，空气污染源较少。Albasel & Cottenie（1985）、Schrimpff（1984）认为一种重金属含量的变化也影响植物对其他金属元素的吸收，因此，植物对重金属的吸收存在相互干扰现象，这对开展鹅掌楸属抗重金属育种研究有所启示。

鹅掌楸在城市道路绿化中，主要以行道树、散植树为主。王翠香等（2007）按照园林植物叶片中吸铅量分为Ⅰ类（吸铅量＞8mg/kg）、Ⅱ类（吸铅量在6～8mg/kg）、Ⅲ类（吸铅量＜6mg/kg）三类，鹅掌楸叶片吸铅量为6.44mg/kg，为Ⅱ类吸铅植物；吸镉量分为Ⅰ类（吸镉量＞1.6mg/kg）、Ⅱ类（吸镉量在1.0～1.6mg/kg）、Ⅲ类（吸镉量＜1.0mg/kg）三类，鹅掌楸叶片吸镉量为1.09mg/kg，为Ⅱ类吸镉量植物。陈玉梅等（2010）认为鹅掌楸抗铅污染能力中等，抗镉污染能力低。种植在南京化工厂内的鹅掌楸叶片铅含量为2.30mg/kg，镉含量为0.05mg/kg，铜含量为11.34mg/kg（王爱霞等，2009）。因此，鹅掌楸对空气和土壤中的铜、镉、铅有一定的耐性和吸收作用。

植株不同器官对重金属积累的量不同。鹅掌楸在南京城市绿化中，植株体内Cd、Cu、Pb、Zn含量叶＜茎＜根；Cr含量茎＜叶＜根；富集系数叶＜茎＜根（图7-3、图7-4）。按照富集系数大于0.4（强修复能力）、0.1～0.4（一定修复能力）、小于0.1（低修复能力）划分，鹅掌楸根系对Cu、Zn具有强修复能力，茎、叶对Cd、Cu、Zn具有一定修复能力，对Cr、Pb属低修复能力植物。

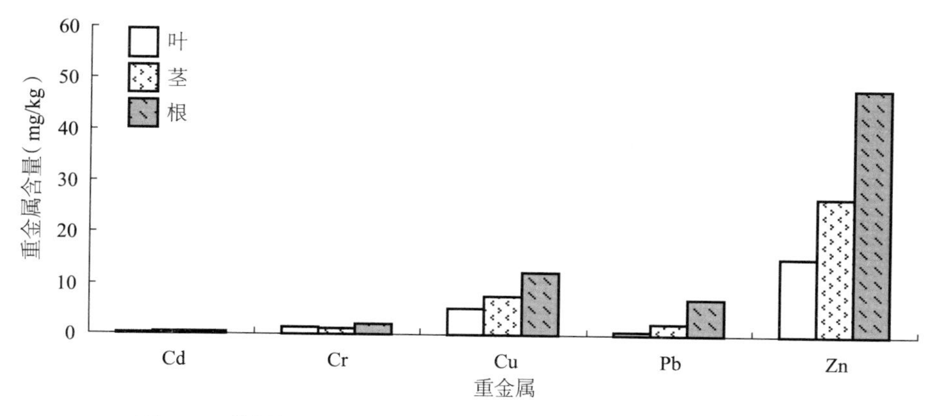

图7-3　鹅掌楸植株内重金属含量差异（引自王广林等，2011）

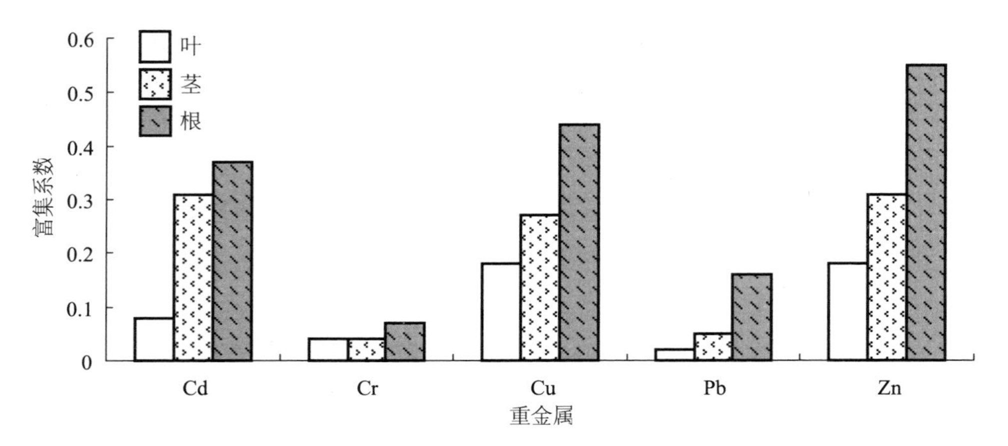

图7-4　鹅掌楸不同部位重金属富集系数（引自王广林等，2011）

（二）杂交鹅掌楸不同交配组合抗镉胁迫比较

镉是生物非必需元素，具有很强的毒性和可迁移性。在一定的浓度范围内，镉能促进植物生长，这种促进作用因植物种类不同而存在差异。有研究认为低浓度镉可提高或者加速根系的生理生化反应，促进根的生长（Duan *et al*，1992）。镉通过改变土壤中其他物质的活性及减少土壤中微生物的数量而改变植物对其他营养物质的吸收，影响植物的光合作用、气孔开放及蒸腾作用，导致植物体内大量的活性氧自由基产生，进而氧化蛋白质、脂类和核酸，导致细胞结构的破坏（Benavides *et al*，2005）。在高浓度镉存在下，植物首先表现为叶、茎黄化，叶片脱落（谢慧玲等，2011），且植物的株高、叶长、叶宽、茎粗、干物质等生物量随着镉浓度的升高而明显下降。赵志新等（2009）进行了杂交鹅掌楸不同交配组合后代的镉胁迫试验。

镉胁迫对叶片形态的影响。叶片先表现为失绿，叶缘逐渐干枯变黄，部分新叶萌发后出现卷曲，较正常叶偏小，最终叶片开始干枯并脱落，植株较正常株矮小。不同交配组合间胁迫的反应不同。重度胁迫下，杂交鹅掌楸（母本）与北美鹅掌楸（父本）的回交组合和以北美鹅掌楸（母本）与鹅掌楸（父本）的反交组合胁迫30d叶片开始失绿，以鹅掌楸（母本）与杂交鹅掌楸（父本）的回交组合和以北美鹅掌楸（母本）与杂交鹅掌楸（父本）获得的回交组合后代50d叶片开始失绿，失绿时间最长的为以鹅掌楸（母本）与北美鹅掌楸（父本）的正交组合后代，至85d才开始失绿并干枯。可见选择合适的交配组合对选育耐镉杂交鹅掌楸相当重要。

镉胁迫对生长量的影响。随着镉胁迫浓度的增大，对杂交鹅掌楸苗高、地径生长的抑制作用越明显。不同交配组合在低浓度胁迫时苗高、地径生长量差异显著，而在高浓度胁迫时，所有交配组合都受到明显的抑制，组合间差异不显著。以北美鹅掌楸为母本、杂交鹅掌楸为父本的回交组合受抑制最大。

镉胁迫对根系活力的影响。杂交鹅掌楸不同交配组合镉胁迫140d后，大部分根系腐烂变黑，受害严重，镉浓度越高，根系须根数量较未胁迫处理须根数量减少越多。不同组合间，以鹅掌楸为母本、北美鹅掌楸为父本的正交组合后代根系活力最高，以鹅掌楸为母本、杂交鹅掌楸为父本的回交组合根系活力最低。

第八章
鹅掌楸属树种造林技术与生长表现

本章提要

鹅掌楸属树种人工林培育技术复杂，特别是山地造林，立地条件复杂，培育周期长。根据鹅掌楸属树种品种特性，结合现有林分的生长表现总结了鹅掌楸属树种造林关键技术；总结介绍了江西省及部分省外鹅掌楸属树种造林生长表现，为今后江西省鹅掌楸属树种产业化推广应用提供技术支撑，也为鹅掌楸属树种在全国适生区的推广应用提供参考。

第一节　鹅掌楸属树种造林技术

鹅掌楸属于古老的孑遗植物，适应性强、生长迅速、材质优异，是优质胶合板、高档家具和造纸用材，是退耕还林和用材林基地建设优先发展的速生优质阔叶树种之一。因其树姿雄伟、树叶奇特，亦是优良的城市绿化观赏树种。

研究和生产实践均表明，鹅掌楸属树种作为速生工业用材林经营具

有独特的优势，导管平均数66个/mm^2，导管平均直径57μm，导管分子平均长度647μm；生长轮宽1.72～11.93mm，纤维长0.50～1.74mm，纤维宽20.9～31.6μm，纤维单壁厚5.13～5.49μm，纤维长宽比48.02～55.74，纤维壁腔比0.57～0.66，纤维微纤丝角6.62～18.62。杂交鹅掌楸的气干密度为0.544g/cm^3，径向、弦向和体积全干缩率分别为5.06%、9.61%和14.91%；主要强度指标顺纹抗压强度、抗弯强度及抗弯弹性模量分别为42.1MPa、84.5MPa和7.4GPa。可见，杂交鹅掌楸是一种优良的材用人工林树种，其中的多项材性指标优于杨树和桉树，既可以作为优良的造纸原料林经营，也可培育高质量的大径材。

一、苗木选择

鹅掌楸属树种造林苗木按不同来源分为实生苗、嫁接苗、扦插苗和体胚苗。一般实生苗要求用1年生壮苗，苗高1m左右，地径不小于1cm。杂交鹅掌楸目前多用无性繁殖苗造林。春季硬枝扦插苗移栽后当年冬季不能造林，需再培育一年，成为1.5年生的壮苗造林效果好；夏季嫩枝扦插苗也需移栽培育1年后造林。嫁接苗1年生可造林。本课题组浮梁实验林显示，苗高35cm、地径0.8cm的杂交鹅掌楸保存率远低于苗高1m的鹅掌楸，小苗造林在没有及时砍灌的情况下，其成活率、保存率和前期生长等都受到极大的影响。陈启富（2010）用杂交鹅掌楸扦插小苗（平均高35cm，平均地径0.8cm）迹地造林表明，幼树阶段（1～3年生）与鹅掌楸的生长差别不显著，3年生时杂交鹅掌楸的树高和地径分别为鹅掌楸的105%和137%，3年后才逐渐表现出生长优势。

体胚苗应采用容器炼苗，培育至少半年以上方可用于造林。李雪萍等（2013）研究杂交鹅掌楸体胚苗（somatic embryogenesis seedlings）及其亲本鹅掌楸和北美鹅掌楸实生苗在连云港地区进行造林对比试验表明，体胚苗造林后当年的新梢生长量可达8.39m，3年生时平均树高达4.59m，平均胸径达4.7cm，其生长量显著大于亲本种，尤其显著超过母本种鹅掌楸，3年生时树高和胸径分别比鹅掌楸增加22.7%和26.1%。初步结果表明：杂交鹅掌楸体胚苗能适应连云港地区的气候环境条件，造林成活率高，生长较快，具有一定生长杂种优势。南京林业大学王章荣教授认为，造林时选用杂交鹅掌楸根系发达，苗高60~100cm，地径1cm以上的1年生苗，或者根系发达，苗高约1.5m，地径约2cm的2年生苗均可。过去采用裸根苗造林，若采用容器苗造林，造林成活率更高、效果更好（王章荣和高捍东，2015）。

二、造林时间

造林时间的选定与造林地点的气候条件有关。长江以北地区，气候较为寒冷，冬季土壤冻结，宜采用春季造林。而长江以南地区，气候较为温暖，冬、春两季均可造林，但多数在春季造林，秋末冬初造林也有，个别情况也有初夏造林。不同造林时间对杂交鹅掌楸的造林成活率、生长都有一定影响。王章荣教授等认为，深秋造林效果最佳，早春造林效果亦可（表8-1）。气候温暖的南方应提倡深秋造林，而避免初夏造林，除非采用容器苗（王章荣和高捍东，2015）。

表8-1　不同造林季节对造林成活率与林木生长量的影响

调查时间	造林时间	成活率（%）	地径增长量（cm）	树高增长量（cm）
2009年12月	深秋	92.7 ± 1.2a	0.42 ± 0.01a	68.3 ± 2.3a
	早春	89.3 ± 1.8a	0.32 ± 0.02b	52.3 ± 1.8b
	初夏	52.0 ± 2.1b	0.23 ± 0.02c	28.3 ± 1.8c
	平均值	84.7 ± 3.3	0.32 ± 0.03	49.6 ± 5.9
2010年12月	深秋	—	1.47 ± 0.01a	132.6 ± 3.3a
	早春	—	1.41 ± 0.02ab	130.9 ± 4.2ab
	初夏	—	1.37 ± 0.05b	125.8 ± 1.5a
	平均值	—	1.42 ± 0.01	129.8 ± 1.7

注：同一列不同小写字母表示0.05水平差异显著（引自王章荣和高捍东，2015）。

三、造林地选择

适地适树是营林的关键。鹅掌楸属树种可以生活在多种气候条件下，地理分布广泛。鹅掌楸属树种分布于雨量充沛、湿度大、季节分明的亚热带、暖温带气候区，年平均气温10～18℃，最低气温-14.4℃，7月平均气温27.0～28.0℃，年降水量800～2300mm，相对湿度75%～85%，年霜降日最多42d。

鹅掌楸为喜光树种，幼树能耐庇荫，适生于pH值为4.5～6.5的酸性土，喜肥沃湿润。在肥料充分、水分适宜的情况下更能发挥鹅掌楸的速生特性。生长在厚土层的杂交鹅掌楸林分比在薄土层上生长量显著增加，说明选择合适的土层厚度对杂交鹅掌楸林分的速生丰产具重要作用。通过我们对黎川杂交鹅掌楸实验林的调查也可以看出，鹅掌楸属树种的根系分布一般集中在20～40cm（彩图17），而黎川实验林土图层厚度一般在1m以上，杂交鹅掌楸树高、胸径年均生长量分别达到了1.63m、1.69cm，最好的单株年均生长量能达到2.01m、3.13cm。因此认为，造林土壤有效层厚度不小于60cm，土层厚度达1m以上最佳。武慧贞比较了不同土壤条件下杂交鹅掌楸的生长情况，发现杂交鹅掌楸不仅适宜疏松深厚的土壤，也能适应比较贫瘠的立地，并对土壤pH值适应范围较广，从微酸性至微碱性及碱性土壤均能生长，无黄化症状出现。在山地湿润、肥力较高的土壤条件下，年平均高生长为1.50m、胸径生长为2.80cm，其高生长比栽种在冲积土上的大58.0%以上，比栽种在岗地黄壤土的大200%（武慧贞，1990）。季孔庶等在武汉市园林局试验点比较了不同立地（厚土层肥力中等的冲积土和薄土层低肥力的丘陵岗地黄壤土）杂交鹅掌楸的生长适应性，发现杂交鹅掌楸在瘠薄立地上具有比鹅掌楸更强的适应性（季孔庶等，2005）。当然，随着集约化工业生产在营林管理中广泛应用，土壤固有肥力状况已经不是决定鹅掌楸属林分生长的限制因子。如人工施肥，改善土壤肥力特性，作为一项集约经营技术措施，是提高产量、增加林业经济收效的重要手段，已被普遍接受，也必将在鹅掌楸属人工林培育中发挥巨大的经济效益。

杂交鹅掌楸林分生长量随海拔增加而降低，因此高海拔地区营造杂交鹅掌楸林分时一定要考察分析海拔影响，务必使海拔的负面影响降至最低。平原、丘陵和低山等地貌对杂交鹅掌楸林分生长影响不同，平原具有良好的土壤结构和层次，肥力最高，而山地则相反，因此杂交鹅掌楸林分生长以平原立地上最旺盛，而丘陵和山地次之，但是丘陵和低山立地上杂交鹅掌楸林分的生长不具显著差异。坡位对丘陵地区杂交鹅掌楸生长存在显著影响，表现为林木个体生长量随坡位从下往上而逐渐减小。在此种丘陵类型地区营造和经营杂交鹅掌楸林分，一方面是要充分利用下坡和中坡的立地优势，营造速生林分；另一方面，若是在上坡营造杂交鹅掌楸林分，则需更多的人工抚育工作才能取得较好收益，我们建议一般在上坡可营造较耐瘠薄的树种，如松树类。当土壤砾石含量大于10%时，即产生对杂交鹅掌楸生长的抑制，故对于砾石含量高的立地，造林需要慎重考虑。土壤营养成分含量同样影响杂交鹅掌楸林分生长，生长量随着土壤有机质、速效氮和磷的含量增加而增加，但与速效钾含量无明显规律。

四、造林整地

造林整地，是造林前清除造林地上的植被或采伐剩余物，并以翻垦土壤为主要内容的一项生产技术措施。我国造林地种类多、分布广、面积大，加上鹅掌楸属大径材用材林定向培育周期长、生长快、树体高大、根系深广，造林整地投入大、作业时间长、丘陵地带易造成一定水土流失，评估后应采取预防措施。整地是一个复杂系统过程，不仅涉及土壤理化性状，还可能涉及土壤微生物等变化。利弊要结合各指标（生态经济）长远综合分析。

整地方式有全面整地和局部整地。南方泥质岩类山地或灌木杂草丛、竹薮地，限定在坡度25° 以下，需用全面整地；局部整地有带状、块状和穴状整地。随着机械化和GIS卫星遥感等空间技术的发展，以及社会需求多样化和森林功能多样性及经营管理理念的发展，造林整地措施和技术遇到新的挑战与机遇。机械化造林整地在一定坡度内可以作业，能提高整地效率和效果，如改善土壤物理性质，改善立地条件，改变微地形，取代传统炼山整地，可提高造林成活率、促进幼林生长，便于造林施工，提高造林质量等目

标。刘洋等（2014）研究发现，困难立地如石质片麻岩机械整地使其土壤结构得到极大改善，表层以下土层容重减小，孔隙度增大，养分含量改善。

王谢等（2013）对初期整地土壤生态效益研究发现，当整地面积达到150～200m^{2}时，整地行为对土壤有机碳SOC的干扰达到20～40cm土层。当整地面积大于50m^2，深20～40cm土层土壤微生物生物量氮MBN有轻微降低的趋势。当整地面积大于150m^2，整地干扰对5～20cm土层稳定性有机碳IOC含量影响较大，且表现出从上到下逐渐降低的规律。碳库管理指数CPMI表明，整地干扰在一定程度上增加土壤易氧化碳ROC含量，降低土壤有机碳的稳定性，促进土壤有机碳的更新。机械化局部整地面积大小和深度，在营造鹅掌楸人工林整地时值得研究。

李艳梅等（2016）研究云南干热河谷坡面整地方式对土壤水分研究表明，在一定的坡度范围内，坡度越缓，水平台整地改善土壤水分的效果越明显，偏黏性土壤水平台整地后，改善土壤水分环境的效果要比偏沙性的土壤好，水平台和水平沟整地后，增加水分在土壤中蓄存的时间，对植物的吸收利用非常有利。于土壤水分的消退快慢而言，随着土层的增加，土壤水分消退减慢，在坡面采取整地措施后，拦截大量的地表径流增加入渗，使更多的水分分配到深层，减少直接蒸发损失。

就江西省而言，鹅掌楸造林以山地、丘陵采伐迹地为主，一般采用穴状整地，但要求先清除杂灌，并至少连续砍杂3年，穴的大小不小于50cm见方但土壤板结、石砾含量高的立地要求全面深翻，以改善土壤通气条件，利于鹅掌楸生长；坡度较大时用水平带整地；也有局部水平带与穴状整地结合使用。低丘岗地一般土壤板结严重，土壤容重大，有条件的可采用机械全面整地，整地深度不少于40cm，无条件全面整地的应采用大穴整地，穴大不小于70cm见方，并且做好清理抚育。

五、抚育管理

幼林抚育是提高造林成活率、保存率、促进林木生长的重要措施。一般而言，造林当年的苗木处于定苗阶段，不宜实施锄抚，但秋季应对造林地全面刀抚一次，清除所有的杂草、灌丛。也可以通过化学方法进行除草，且化学除草省时省工，工作效率高，每年两次的效果与人工锄草没有显著差别，因此在大范围杂交鹅掌楸幼林抚育过程中推荐化学除草（要科学选用除草剂的种类与用量，以免引起伤害），若能与机械中耕结合配套实施效果更好。从造林后的第二年起必须加强对造林地的抚育管理，每年在春（5月）、秋（8月）两季各抚育一次，春季以窝抚为主（窝抚实行锄抚，窝宽直径1m，窝内培土，拣尽石块、杂草）；秋季实行全面刀抚（用刀将造林地内的所有杂草灌丛、砍伐，其伐根高度控制在5cm以下），连续抚育3～5年，直至郁闭成林，郁闭后视幼林长势情况和培育目的，可考虑实行间伐。

集约经营时第一年每株可追施腐熟的饼肥0.5kg或复合肥0.5kg，离树干40cm外开挖环形沟，沟深20cm，均匀施入化肥后，用土覆盖，并立即浇水，提高肥效。从第二年开始，均在 5 月上旬树木生长初期进行追肥，施肥量以树木生长情况逐年增加，施肥方法同上。追肥后苗木叶色深绿，长势旺盛。杂交鹅掌楸幼林初期，施肥可以促进林木生长。施尿素44～65g/株、过磷酸钙188～261g/株，能够有效促进杂交鹅掌楸林分生长。合理抹芽修枝有利于促进生长和培育无节良材。

杂交鹅掌楸林分套种花生等矮秆农作物，不仅能够获得短期农作物收益，同时由于农作物的松土除草以及施肥管理，还能显著促进杂交鹅掌楸林分快速生长；套种玉米等高桩作物则不仅与杂交鹅掌楸林分竞争光照，而且林分透风性能差，对杂交鹅掌楸林分前两年生长存在抑制作用。

六、造林密度

林分具有密度效应，密度在人工林整个成林成材过程中起着巨大的作用，是定向培育的重要环节。密度对树高、直径、单株材积、林分干材产

量、生物量、根系生长和林分稳定性乃至材性等均有影响。最适密度范围内，林分的群体结构合理，净第一性生产量最大，林木个体健壮、生长稳定、干形良好。了解掌握密度作用规律，确定合理的密度，才能取得最佳的经济效益和生态效益。

造林密度的确定与经营模式、轮伐期长短、培育目标有关。一般而言，培育大径材需要较小的密度，轮伐期稍长；而培育中小径材则可以用较大的栽植密度，轮伐期短。立地条件较好的，一般用于培育大径材，立地条件稍差的，用于培育纤维材，轮伐期稍短。观测发现，杂交鹅掌楸高速生长期基本在3～10龄之间，庭院树3～10龄时胸径年均生长量分别为1.8cm、2.0cm、2.1cm、2.6cm、2.7cm、2.8cm、2.8cm、2.6cm，6龄时开始快速增长，至9龄时增速基本稳定，10龄后增速开始下降。一般造林第三年株间开始郁闭，第五年行间开始郁闭。这时，林木胸径约10cm以上，可隔株挖走作绿化苗，使株行距变大，这样保持到15～20年生时有望培育成大径材。目前栽培密度试验还仅限于生长量因素，没有考察密度对材性的影响。本课题组研究表明，鹅掌楸的初始造林密度以615～2505株/hm^{2}为宜，一般用825～1650株/hm^{2}较好，过密影响林分后期生长，过稀不但影响单位面积材积等产量，反而对前期生长缺乏促进作用。

李建民等（2000，2001）等研究鹅掌楸人工林经营表明，在较好的立地上树高年生长1.7～2.4m，胸径年生长2cm以上，8年生1650株/hm^{2}和2400株/hm^{2}两种保存密度的立木蓄积分别高达119.4m^3/hm^{2}和143.4m^3/hm^2。在较差的立地条件下上树高、胸径年生长量仍分别达到1.0m和1cm以上，8年生立木蓄积为54.9m^3/hm^2，表现出较强的适应性。吴运辉等（1998）对鹅掌楸造林密度研究结果表明，密度为1600株/hm^{2}时经济效益最大，认为该密度是培育大径材的较好选择；石杨文等（2015）也认为1600株/hm^{2}是培育以大中径材为目标的用材林的适宜密度。

本课题组江西多年人工造林研究表明，在立地条件和管理措施较好的情况下，以825株/hm^{2}最佳，胸径年均生长量可达2.3cm，可培育大径材；在管理措施不足的情况下，以1650株/hm^{2}为宜。至于栽植密度对木材密度和纤维的影响目前还没有报道。该密度为今后开展鹅掌楸属材用人工林定向培育提供参考。

第二节 | 鹅掌楸属树种生长表现

鹅掌楸属树种因其多用途特性，近年来推广应用呈现良好的发展势头。江西是丘陵山地为主的省份，光、热、水资源优越，土地生产潜力大，土壤大多呈酸性反应。从现有的鹅掌楸林生长表现看，鹅掌楸属树种在江西具有良好的适应性，速生优势明显，推广应用前景广阔。

一、行道树绿化

鹅掌楸在其自然分布区内早有绿化之用，杂交鹅掌楸从20世纪70年代起开始在全国多地引种试种，已长成巨树，成为当地重要景观。20世纪90年代后，全国掀起了一股杂交鹅掌楸的热潮，上海、浙江、湖南、湖北、江西、福建、江苏、山东、安徽、贵州、内蒙古、河南、北京、陕西（西安）、甘肃（天水）等地均有引种或绿化栽培。

庭院栽培杂交鹅掌楸生长更为迅速，在原江西省南昌市林业科学研究所（湾里区）庭院种植的优良无性系生长十分迅速，9年生树高、胸径年均生长量分别达到了1.4m、3.0cm（彩图9）。在江西省科学院植物良种繁育基地（高安祥符镇）7年生杂交鹅掌楸生长量超过了8年生鹅掌楸，年均树高、胸径年均生长量分别达到1.5m和2.5cm，7年生的杂交鹅掌楸较8年生的鹅掌楸材积优势率达到38.6%（表8−2）。栽在浙江富阳中国林业科学研究院亚林所办公楼门前的杂交鹅掌楸，12年生时树高达13.03～14.70m，胸径29.3～36.5cm。

表8-2 高安基地行道树优势率

项目	杂交鹅掌楸	鹅掌楸	优势率（%）
树龄（a）	7	8	
树高（m）	10.5	10.1	4.0
胸径（cm）	17.4	15.0	16.0
材积（m^3）	0.115	0.083	38.6

注：优势率（%）=（杂交鹅掌楸生长量−鹅掌楸生长量）/鹅掌楸生长量×100。

从20世纪60年代后期及70年代开始，杂交鹅掌楸被试种推广至北京（北京植物园、中国林业科学研究院院内），表现出较强的适应能力。2001年春，房山区复兴林木良种繁育中心从南京林业大学引进1年生杂交鹅掌楸实生苗栽于北京市房山区阎村镇南梨园村。该地位于东经116°05′，北纬39°41′，海拔48m，土壤为沙壤质潮土，厚度65cm，石砾含量1%，表层腐殖质2.5%左右，年平均降水量587mm，养分和水分条件良好。对栽植苗进行连续2年越冬防护，采取完全包裹的形式。具体做法：在浇冻水基础上，里层报纸，外层塑料布条缠绕直至苗木顶端，基部培土高15cm，直径30cm。结果表明，杂交鹅掌楸有较好耐低温能力，在北京可安全越冬，也较耐干旱，北京常年平均降水量587mm，降水量偏少状况已持续8年。2005年冬季，北京地区降水偏少，干旱达到中等至严重强度，2006年3～4月降水量仅1.7mm，比2005年同期少降12.1mm，栽植杂交鹅掌楸各家系均未出现旱害（孙静双，2007）。而种植在清华大学紫金公寓附近的杂交鹅掌楸基本没有采取特殊的保护措施，生长十分优良（彩图18）。

龚宁等（2014）杭甬高速通道片植鹅掌楸，秋天叶色金黄，形成较大色块或线条，可以达到良好的视觉效果。南京林业大学校园内杂交鹅掌楸行道树已成为该校标志性景观之一（彩图19）。

鹅掌楸属树种尤其是杂交鹅掌楸行道树具有树干通直、树姿挺拔、叶形奇特、树冠庞大、花色艳丽、秋叶金黄等观赏特性，且有较好的抗风、抗环境污染、耐旱等性能，是优良观赏绿化树种，全国多地已广泛用于城乡公路、铁路、庭院、公园及四旁绿化等。随着育种的深入，各地可有针对性选择适宜的品种（无性系）种植，有非常良好的绿化效果。

二、岗地造林

余江县位于江西省东北部，信江、白塔河中下游，属亚热带湿润季风气候，年平均气温为17.6℃，其中，1月平均气温5.2℃，7月平均气温29.3℃。年平均降水量1788.8mm，平均年日照时数1739.4h，无霜期258d。霞山林场位于马荃镇，境内地势东南高、西北低，土壤以红壤和沙质土较多。

江西省林业科技推广总站所属余江县霞山林场于2004年建造了鹅掌楸和杂交鹅掌楸苗林一体化示范基地1000余亩。全垦整地，挖穴栽植，穴大50cm × 50cm × 50cm，造林密度2m × 2m，鹅掌楸和杂交鹅掌楸均为1年生实生苗，苗高1m左右。造林后连续3年进行砍杂抚育，每年1次。2010年前后作为绿化苗先后出售部分，目前的密度平均约为1200株/hm^2，11年鹅掌楸树高和胸径的年均生长量分别为1.9m、1.8cm。而杂交鹅掌楸生长量略大，树高和胸径的年均生长量分别为2.2m、2.1cm（彩图20）。从该实验地可以看出，鹅掌楸和杂交鹅掌楸在经营管理得当情况下均有良好的生长表现，该示范林由于造林密度过大，所以树高生长量较稀植低密度的大很多，但同时也对胸径的生长造成了一定影响。

三、丘陵造林

黎川县地处江西省中东部，武夷山脉中段西麓。地势南高北低，由东北部、东部和南部渐次向地势平缓的中部和西北部呈撮斗形倾斜。地貌可分为低山、高丘陵、中丘陵、低丘陵、冲积小平原等五种类型，低山区主要分布在县境东北至东南，高丘陵区主要分布在山区向丘陵延伸的过渡地带，中丘陵区主要分布在县境西部与县域中心腹地的夹带地区，低丘陵区主要分布在县境中部腹地至西北洪门水库一带，而黎滩河、龙安河、资福河之中下游两岸则为冲积小平原。属中亚热带湿润性季风气候区，雨量丰沛，日照充足，气候温和湿润，无霜期较长，具有冬夏长、春秋短、四季分明的特点。全县历年平均气温为18℃左右。极端最高气温为42.2℃（2003年8月2日），极端最低气温为−12.3℃（1991年12月29日）。平均日照时数为1642.8h，无霜期287d。年均降水量1800.8mm，是江西省水分丰富的县之一。土壤划为5个土类，有较明显的垂直分布规律：海拔1200m以上为山地黄棕壤；800～1200m之间为山地黄壤；600～800m之间为黄红壤；600m以下多为红壤。

2005年和2006年春，南京瑞鑫林产有限公司在黎川县德胜镇黎明村和宏村镇孔洲村井水营造杂交鹅掌楸面积200hm^2，其中2005年春季栽植近80hm^2，2006年春季栽植120hm^2。造林地为海拔600m以下的丘陵，土层深厚，达1m以上。造林前为杉木、马尾松残次林。造林前采取全剁清山、穴状整地，在林缘陡坡处开挖2～4行水平带，穴的规格50cm×50cm×50cm。造林密度为3m×4m和2.5m×3m。造林苗为杂交鹅掌楸1年生扦插苗、实生苗和嫁接苗，苗高1m左右。造林后连续砍杂2年，每年1次。

对2006年栽植于宏村镇孔洲村的杂交鹅掌楸胸径，树高进行调查，调查表明，9年生时造林保存率高达90%以上，杂交鹅掌楸树高、胸径年均生长量分别达到了1.63m、1.69cm，但林缘杂交鹅掌楸的生长量明显高于林内。林缘树高和胸径年均生长量分布达1.88m、2.46cm，最好的单株树高和胸径年均生长量分别达2.01m、3.13cm，而林内树高和胸径的年均生长量分别为1.56m、1.51cm，见彩图21−1、彩图21−2。从生长表现看，实验林造林措施和前两年管理得当，保存率高，总体生长较好，且中下坡比上坡生长好，但后期缺乏必要的抚育管理，且造林密度偏大，制约了植株生长尤其是胸径的生长；从林缘植株表现来看，杂交鹅掌楸非常适宜该地造林，管理得当可以表现出强大的生长优势（表8−3）。

表8-3　杂交鹅掌楸造林统计

造林地点	整地	穴体积（cm×cm×cm）	密度（m×m）	胸径年均生长量（cm）	树高年均生长量（m）
江西余江	全垦	50×50×50	2×2	2.10	2.20
江西黎川	穴状	50×50×50	3×2.5	1.69	1.63
江西资溪	穴状	50×50×50	3×4	2.41	1.85
江西铜鼓	穴状	50×50×50	3×4	2.65	1.95
江西浮梁	穴状	50×50×50	2×3	1.60	1.20
湖南汨罗	穴状	100×100×80	1×3	1.14	1.25
湖北京山	块状	60×40×40	4×2	1.50～2.00	1.50～2.00
江苏句容	全垦	30×30×30	4×4	2.64	2.60

湖南汨罗桃林林场，海拔70m，为典型低丘地区。土壤为四纪网纹层红壤，pH值5.6～6.0，年平均气温为16.9℃，极端最低气温-13.4℃，极端最高气温39.7℃，年均降水量1400mm，相对湿度81%。试验地前茬为国外松。造林前，先除去杂草，然后沿等高线采用打穴的整地方法，穴规格为1m×1m×0.8m，密度1m×3m，苗木采用1年生嫁接苗。从生长表现看，该试验地4年生杂交鹅掌楸的年平均胸径年生长量达1.14cm，年平均树高生长量达1.25m。因此杂交鹅掌楸为速生树种，抗性强、耐干旱瘠薄，可以作为速生用材树种在丘陵地区全面推广应用（王章荣和高捍东，2015）。

湖北京山县位于北纬31°，东经114°。年平均气温14℃左右，1月平均气温0℃，7月平均气温27℃。年均降水量1200mm左右，相对湿度70%，无霜期230d左右。海拔高300m左右，土壤为黄棕壤、微酸性。2006年湖北天德林业发展公司在湖北京山县丘陵山区已营造了333.3hm^{2}杂交鹅掌楸人工林。采用挖掘机沿栽植行挖壕沟，沟深1m、宽1m。坡度较大的山地或石砾较多的地段，采用块状整地，挖穴的大小为60cm×40cm，株行距4m×2m。目前，杂交鹅掌楸胸径生长量年均约1.5～2.0cm，树高生长量年均约1.5～2.0m，材积生长量年均约0.05m^3。现在估算林木蓄积量达2万m^{3}以上，表明杂交鹅掌楸是丘陵山地造林的优良树种。南京林业大学王章荣教授认为，成功营造大

面积杂交鹅掌楸人工林的关键技术是：选用纯正的杂交鹅掌楸良种壮苗造林，把好种苗关；选择土层深厚、排水良好的立地条件造林，把好立地关键因素；采用高标准整地、抓住深秋初春的良好造林时机，做好幼林抚育管护，确保造林成活、成林。

邵武市地理位置为北纬26°55′～27°57′，东经117°2′～117°52′，地处福建省西北部，武夷山南麓，闽江支流富屯溪中上游。属中亚热带季风气候，气候温暖湿润，光照充足，雨量充沛，年均温17.7℃，无霜期346d，年均降水量1796.8mm，年平均蒸发量1347.6mm。试验地位于福建省邵武市二都国有林场，丘陵地貌，坡向东向，坡位为全坡，海拔200～300m。土壤主要为山地红壤，土层厚80～150cm，较深厚、肥沃、湿润。造林地为杉木采伐迹地，2003年10～11月炼山、清杂、整地、挖穴，穴规格50cm×40cm×30cm，株行距为2.0m×2.5m，挖穴密度为2000穴/hm^2。2004年2月上旬营造杂交鹅掌楸纯林1.73hm^2，2007年2月上旬营造杂交鹅掌楸杉木混交林3.33hm^2，并进行生产性常规抚育管理。对9年生杂交鹅掌楸纯林和6年生杂交鹅掌楸杉木混交林进行调查研究，结果表明：纯林杂交鹅掌楸下坡林分平均胸径12.50cm，比中坡的大14.26%，比上坡的大33.26%。下坡林分平均树高11.2m，比中坡高24.44%，比上坡高49.33%。下坡的单株立木材积0.0701m^3，比中坡的大61.15%，比上部的大155.84%。而混交林中，下坡的平均树高9.5m，比中坡的6.5m高46.15%，比上坡的5.8m高63.79%。下坡的鹅掌楸平均胸径10.4cm，比中坡的8.5cm大22.35%，比上坡的6.5cm大60.00%。下坡鹅掌楸单株立木材积0.0420m^3，比中坡的0.0196m^3大114.28%，比上坡的大300.00%。在纯林和混交林中，杂交鹅掌楸胸径和树高年均生长量都是下坡远大于中坡和上坡。由此可见，杂交鹅掌楸在福建省邵武市种植的生产潜力较大，长势良好，但较为适宜在土层深厚、土壤肥沃的下坡位造林（杨康辉，2013）。

江苏属长江下游平原省份，低岗丘陵面积1.47km^2。2006年3月初，江苏省林科院在苏南茅山丘陵句容东进林场老虎洞工区进行杂交鹅掌楸无性系造林。试验地地理位置为北纬31°45′，东经118°31′。属北亚热带季风气候区，年平均气温15.1℃，极端最高气温39.6℃，极端最低气温-13.8℃，年平均降水量1037.7mm，年平均蒸发量1425.5mm，年平均相对湿度80%，年日照时数2099h，无霜期226.9d。造林地为受松材线虫病危害后的马尾松林分采伐迹地，位于丘陵缓坡地的南坡中下部，海拔高80～100m，坡度3°～5°，面向水库。土壤为黏性黄棕壤，土层厚度40cm左右。造林全垦整地，造林地先用机械深翻60cm以上，清除伐桩、树根，然后开穴30cm×30cm×30cm。株行距4m×4m，在株、行之间按2m×2m混交种植常绿树种大叶冬青。造林苗木为杂交鹅掌楸1年生嫁接苗。造林后幼林地连续2年间种西瓜。造林第二年时，参试无性系平均成活保存率89.66%、树高2.6m，胸径2.64cm，冠幅1.57m，结果表明杂交鹅掌楸在生长初期速度迅速，是适合苏南丘陵用材和生态造林的优良阔叶树种（黄利斌，2008）。

四、低山造林

资溪县隶属于抚州市，位于江西省中东部，抚州市东部，介于北纬27°28′～27°55′、东经116°46′～117°17′之间，是江西东大门，也是江西入福建的重要通道。资溪地处武夷山脉西麓，属山区，地形复杂，大体呈东南高、西北低的趋势，全县最高峰鹤东峰海拔1364m。全县山地面积占总面积的83.1%。境内无大江大河，但小河山涧遍布，县中部一条隆起地带将全县分成东西两部分，东部河流以泸溪为主，属信江水系，西部河流以欧溪为主，属抚河水系。资溪属亚热带湿润季风气候，气候温和，雨量充沛，四季分明。年平均气温16.9℃，年平均降水量1929.9mm，年平均日照1595.7h，年平均相对湿度83%，年平均无霜期270d。土地总面积12.5万hm^2，其中林业用地11万hm^2，多为酸性土。

2009年春，在资溪县杉木采伐迹地营造杂交鹅掌楸实验林6.7hm^2。清除杂灌后，穴状整地，穴规格50cm×50cm×50cm，株行距3m×4m，杂交鹅掌楸为1年生实生苗，苗高1.0m左右，造林后连续砍杂3年，每年1次，但保留杉木伐根萌芽条。萌芽条生长快，至6年生时基本形成杂交鹅掌楸与杉木

的混交林，杂交鹅掌楸树高、胸径年均生长量达1.85m、2.41cm。最好单株树高、胸径年均生长量分别达到了2.21m和3.05cm。且杉木生长良好，后期表现有待进一步观测。

铜鼓县是江西省宜春市下辖的一个县，位于江西省西北边陲，修河上游，介于东经114°05′~114°44′，北纬28°22′~28°50′之间。地形西宽东窄，略呈三角形。总面积1548km^2，其中山地占87%，丘陵盆地占13%，有海拔1000m以上山峰20座，属典型的山区。地处罗霄山脉北端东部，修河上游。地势由西南向东北倾斜，地形西宽东窄，境内山丘连绵起伏，千米以上高峰有20座。雄踞西部的大沩山羊场尖海拔1541m，为第一高峰。铜鼓属中亚热带北部湿润气候，气候温润，冬无严寒，夏少酷暑，四季分明，雨量充沛，光照充足，无霜期长。多年平均气温16.4℃。1月平均气温4.6℃，7月平均气温27.3℃。月平均气温年较差22.4℃，生长期（日平均气温稳定通过5℃）年平均259d，无霜期年平均265d，最长达317d，最短达232d。年平均日照时数1460.4h，年总辐射97075.1千卡/cm^2。0℃以上持续期350d。年平均降水量1771.4mm，年平均降雨日数为155d。降水量集中在每年4~6月，6月最多。

2004年春，在铜鼓县城郊林场造林13.7hm^2，其中杂交鹅掌楸无性系栽种8hm^2，鹅掌楸对比林5.3hm^2。清除杂灌后，穴状整地，穴规格50cm×50cm×50cm，株行距3m×4m，杂交鹅掌楸无性系造林苗为半同胞家系的1.5年生扦插苗，苗高1.5m左右，鹅掌楸为1年生实生苗，苗高1.0m左右，造林后连续砍杂2年，每年1次。

6年生时杂交鹅掌楸无性系较鹅掌楸生长优势明显，树高、胸径的优势率明显，胸径的优势率远远高于树高优势率，这为材积的显著增加奠定了基础，杂种的材积优势率达到了305.56%。杂交鹅掌楸树高、胸径年均生长量分别达到了1.58m和2.25cm，而最好单株树高、胸径年均生长量分别达到了1.95m和2.65cm，单株材积0.178m^3。10年生平均树高、胸径年均生长量仍保持速生状态，分别为1.51m和2.06cm（表8-4，彩图8-1和彩图8-2）。

表8-4 铜鼓实验林生长表现*

林龄	生长指标	杂交鹅掌楸半同胞家系	鹅掌楸	杂种优势率（%）
6年生	树高（m）	9.5	7.2	31.94
	胸径（cm）	13.5	7.8	73.08
	材积（m^3）	0.073	0.018	305.56
10年生	树高（m）	15.1	—	—
	胸径（cm）	20.6	—	—
	材积（m^3）	0.229	—	—

注：*10年生时的鹅掌楸对比林遭火灾，未再有数据；生长量优势率（%）=（杂交鹅掌楸−鹅掌楸）/鹅掌楸×100。

浮梁县位于江西省北部。境内以中低山、丘陵为主，均属黄山、怀玉山余脉。属亚热带季风性气候，热量丰富，雨量充沛，光照充足，无霜期长。境内暮冬早春，受西伯利亚冷高压影响，多偏北风，天气寒冷；春夏之交南北冷暖空气交汇，梅雨绵绵；盛夏多为副热带高压所控制，多偏南风，天气炎热；夏秋之际则受单一热带海洋气团控制，天气晴热。形成冬冷春寒，夏热秋旱，春秋短而冬夏长的气候特征。年均温17℃，年降水量1764mm。

2006年春在浮梁县磨刀岗杉木采伐迹地造林10hm^2，其中密度试验林6hm^2，与鹅掌楸对比试验林和纯林各2hm^2。密度试验林设置4种株行距，分别为：2m×3m（图5）、3m×4m、4m×5m和5m×6m，其余为3m×4m。清山后穴状整地，穴大50cm×50cm×50cm，杂交鹅掌楸为当年生硬枝扦插留床苗，苗高0.3m左右，鹅掌楸为1年生实生苗，苗高1.0m左右。造林当年秋季砍杂1次，无其他抚育措施。

4年生时，杂交鹅掌楸无性系实验林优势率并不明显，树高和胸径的年均生长量分别为0.55m、1.0cm。9年生时，密度实验林中2m×3m保存率最好，达93%，3m×4m的保存率为80%，其余二种密度植株存活率不足50%，生长速度已经较前期加快，树高、胸径年均生长量分别达到了1.2m和1.6cm（表8-5），最大的树高达12m，胸径22cm，年均生长量分别达到1.3m和

2.2cm。从该地实验林来看，造林苗的大小和前期的抚育管理很重要，小苗造林在没有及时砍杂的情况下，其成活率和保存率都受到极大的制约，同时可见密度越大保存率越高，故在一般管理条件下，宜用较大密度造林，如2m×3m、3m×4m，见彩图22，郁闭后适当间伐，可培育大径材。

表8-5　浮梁磨刀岗实验林生长表现

项目	密度（m×m）	保存率（%）	树高年均生长量（m）		胸径年均生长量（cm）	
			4年生	9年生	4年生	9年生
造林苗高35cm（杂交鹅掌楸）	2×3	82	0.55	1.2	1.0	1.5
	3×4	69	0.57	1.2	0.9	1.6
	4×5	<50	0.60	1.3	1.2	1.6
	5×6	<50	—	—	—	—
造林苗高100cm（鹅掌楸）	3×4	87	0.51	1.0	1.0	1.2
杂种生长量优势率（%）	—	—	11.8	20.0	0	33.3

注：优势率（%）=（杂交鹅掌楸生长量−鹅掌楸生长量）/鹅掌楸生长量×100。

综上，鹅掌楸属树种虽在全国多地栽植，但总体规模小，还没有成为各地的主要造林树种，因其造林技术还不成熟，仅处于试验示范阶段。我们主要对仅有的一些成果进行初步总结，为今后的研究提供思路，仅供读者参考。

山地造林以穴状整地为宜，穴大不小于50cm见方；丘陵岗地有条件的宜全面整地，无条件的可穴状整地，穴大不小于70cm见方。初植密度以每公顷624～2505株之间为宜，以825～1650株/hm^{2}较好，培育大径材时再适当间伐。杂交鹅掌楸速生期出现在3～10龄，故轮伐期一般确定10年以上。常规苗造林用1年生健壮苗，体胚容器苗可小些，但移栽培育时间不少于半年。造林后的抚育管理对植株的成活和生长十分重要，至少连续砍杂3年，每年1次。

鹅掌楸属树种有着广泛的适应性，具有良好的推广应用前景。江西省以山地丘陵为主，光、热、水资源优越，土壤大多呈酸性反应。从目前鹅掌楸属树种在江西省造林的生长来看，胸径和树高的年平均生长量分别为1.60～2.65cm，1.2～2.2m，胸径年均生长量最高可达3cm以上，具有比较明显的生长优势，适用于鹅掌楸属树种的大面积推广应用。杂交鹅掌楸在福建、湖北、江苏、山东、北京等地栽培也有良好的生长表现。同时，江西具有丰富的造林地资源，目前正在进行的低产低效林改造工程，规划阔叶树造林面积近100万hm^2，如果按10%的造林面积使用鹅掌楸，栽植密度1000株/hm^2计算，则鹅掌楸的造林面积可达近10万hm^2，需要造林苗超过1亿株，发展潜力巨大。

第九章

分子生物学技术在鹅掌楸属研究中的应用

鹅掌楸属树种是珍稀的第三纪孑遗树种，也是优良的用材、园林绿化树种。开展鹅掌楸属树种的研究，不仅具有极高的科学意义，而且具有重要的经济和生态价值，而该属的分子生物学研究却相对滞后。本章主要从鹅掌楸属树种功能基因的克隆研究出发，就现有鹅掌楸属树种的分子生物学研究进展进行了总结和介绍，并就当前亟须解决的问题进行了讨论，以期为加快分子生物学技术在鹅掌楸属研究中的应用提供参考。

鹅掌楸属（*Liriodendron*）树种现仅存两个种，即鹅掌楸［*Liriodendron chinense*（Hemsl.）Sarg.］和北美鹅掌楸（*Liriodendron tulipifera* L.），分别分布在我国长江流域及越南北部和美国东部至加拿大东南部，是典型的东亚—北美间断分布“种对”（Parks *et al*，1990）。鹅掌楸属树种被认为是被子植物中最原始的类群，是珍稀的第三纪孑遗树种，对研究有花植物的起源、分布和系统发育有重要价值；同时，鹅掌楸属树种也是优良的用材和园林绿化树种。因此，基于其在植物分类中的特殊地位，开展鹅掌楸属树种的分子生物学研究，不仅对古植物学、植物系统学和植物地理学等进化研究方面具有极高的科学价值，还在用材和观赏品种的遗传改良方面具有重要的经济和生态价值。

鹅掌楸属树种的研究时间相对较短，引起人们关注最早始于1963年时已故林木育种学家叶培忠教授种间杂交试验的成功（南京林产工业学院林学系育种组，1973），热点的兴起为20世纪90年代至今的二十余年。鉴于鹅掌楸属树种的生长和分布情况，国内学者主要开展鹅掌楸及杂交鹅掌楸的研究，包括种质资源、系统进化和杂交育种等方面，国外学者的研究对象基本为北美鹅掌楸。该属的分子生物学研究时间更短，最早的报道见于1990年美国Parks和wendel等人对北美鹅掌楸的转基因研究（Parks&wendel，1992），国内的研究从21世纪初才开始。学者们力求利用现代先进的生物技术加快鹅掌楸属的研究进程，取得了诸多有益的成果和突破，但受到林木自身特性和资源洲际隔离的影响，总体上进展相对滞后，其更多的价值还有待挖掘。

第一节 ｜ 鹅掌楸属树种功能基因克隆

一、鹅掌楸属树种RNA的提取

提取高质量的RNA是进行Northern分析、反转录PCR（RT-PCR）、cDNA文库构建、体外翻译以及基因同源克隆等分子生物学研究的必要前提，是研究基因表达的重要环节。常用的提取植物RNA的方法有异硫氰酸胍法、酚-SDS法、CTAB-LiCl法、Trizol法及各种试剂盒等。虽然这些方法在很多植物上都有成功的报道，但由于不同植物及相同植物的不同组织间在物质组成上千差万别，因此一种方法仅适用于某种或某类材料，对于特殊的植物材料，理想的RNA提取方法是在探索中逐渐完善的。鹅掌楸属树种等木本植物的根具有厚实和坚硬的细胞壁，含有较多的单宁、萜烯、色素、多酚化合物、醌等次生代谢产物，以及蛋白质和多糖等有机分子，这些物质特别是多糖类物质使初始匀浆液黏稠，而且富含多糖的RNA难溶于水，严重影响后续总RNA提取，给木本植物根系分子生物学研究带来困难。所以寻找一种适用于木本植物根系组织RNA提取的方案，有效抑制次生代谢物的干扰（特别是多糖、蛋白多糖的干扰），简化操作步骤并获得高质量、高浓度的总RNA是本研究的主要目标。

为了摸索出提取树木根系总RNA的最佳方案，本课题组利用Trizol改良法进行了杂交鹅掌楸不定根总RNA的提取。提取的总RNA用QIAGEN的RNeasy Mini Kit纯化。提取之前，提取RNA的所有器具均经过DEPC处理待用，配置溶液也使用RNase-free ddH_2O。尽量避免所用的器具和试剂被RNase污染。具体操作步骤如下。

（1）吸取5mL Trizol裂解液于10mL离心管中，将适量（约0.5g）经液氮研磨精细的植物材料加入其中，涡旋并充分匀浆；匀浆化后，在2～8℃的条件下以12000×g的离心力离心10min，移除匀浆中不溶解的物质，将上层水样匀浆液在15～30℃的条件下孵育5min以使核蛋白体完全分解。

（2）缓缓加入无水乙醇至最终浓度10%，小心混匀，在2～8℃的条件下以12000×g的离心力离心10min，取上清液。

（3）加1mL氯仿，盖紧样品管盖，用手用力摇晃试管15s并将其在30℃下孵育2～3min。

（4）在2～8℃下以12000×g的离心力高速冷冻离心15min。离心后混合物分成三层：下层红色的苯酚-氯仿层、中间层、上层无色的水样层。RNA无一例外地存在于水样层当中。水样层的容量大约为所加TRIZOL容量的60%。取上清水样于新离心管。

（5）加入2.5mL异丙醇，再加入1.25mL的高盐溶液（0.8mol/L柠檬酸钠和1.2mol/L NaCl）。将终溶液混匀，将混合的样品在15～30℃条件下孵育10min。

（6）在2～8℃下12000×g的离心力高速冷冻离心10min。RNA沉淀在离心前通常不可见，形成一薄片胶状沉淀附着于试管壁和管底。

（7）移去上层悬液。加入5mL 75%的乙醇洗涤RNA沉淀一次，旋涡振荡混合样品并在2～8℃下以不超过7500×g的离心力高速冷冻离心5min。

（8）重复步骤（7）。弃上清液。简单干燥RNA沉淀（空气干燥或真空干燥5～10min）。不要在真空管里离心干燥RNA。尤为重要的是，不能让RNA

沉淀完全干燥，那样会极大地降低它的可溶性。

（9）用移液管尖分几次移取无RNA酶的DEPC水溶解RNA，并在55～60℃下孵育10min；RNA还能被100%的甲酰胺（除去离子）再溶解并保存在−70℃备用。

图9−1表明，改良Trizol法通过在离心后的匀浆上清液中加入低浓度的无水乙醇以及结合后续的高盐溶液，能有效去除多糖，提取的RNA中28S rRNA亮度约为18S rRNA的两倍，OD260/OD280值介于1.7～2.1之间，林木树种根系组织RNA获得率均大于150μg/g，而且整个提取时间只要2～3h。结果表明改良Trizol法方便、快捷、高效，完全适用于林木树种根系组织RNA的提取。本书先用Trizol一步法提取杂交鹅掌楸和杨树等树种根系组织，结果显示初级匀浆液中多糖含量太高，当加入酚、氯仿等有机溶剂后，多糖形成凝胶状微粒分散于缓冲液中，最终通过异丙醇和RNA共沉淀下来，既严重影响后续步骤的实施，又导致提取的RNA浓度非常低。因此用传统的Trizol法无法提取出高纯度、高获得率的RNA。所以在改良的Trizol法中首先在初步匀浆时加入了离心步骤，移除匀浆中不溶解的物质，这些物质包含了大量的组织杂质、细胞外膜、多糖，以及高分子量DNA，而上层的超浮游物含有RNA；并且在酚/氯仿抽提之前在匀浆液中加入低浓度（10%～30%体积）的无水乙醇使多糖类物质沉淀下来，而RNA仍保留于溶液中。用此方法提取杨树、柳树、柽柳等根系组织以及杂交鹅掌楸不定根发育4个阶段材料时，都可以获得纯度高、获得率高、完整性好的RNA，整个提取时间只要2～3h，方便、快捷又有效，说明改良Trizol法可用于木本植物根系组织RNA的快速提取。此方法的建立为木本植物根系分子生物学

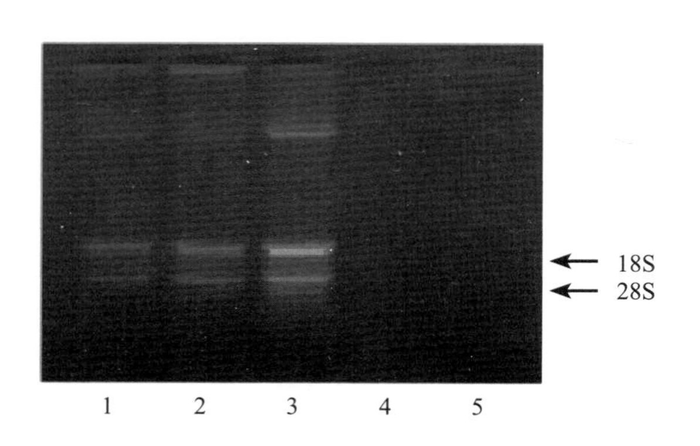

图9−1　利用5种方法提取杂交鹅掌楸总RNA的电泳图

1. 天根RNA提取试剂盒；2. 改良CTAB法；3. Trizol改良法；4. 异硫氰酸胍法；5. Trizol法

研究奠定了良好的技术基础，同时也对其他富含多糖的植物材料的RNA提取具有很好的借鉴意义。

二、杂交鹅掌楸不定根cDNA文库构建

杂交鹅掌楸生长迅速，主干通直，树形优美，叶形奇特，花色艳丽（刘洪谔等，1991；王章荣，1997；叶金山等，1998）；材质轻软细密，纹理直，韧性强（季孔庶等，2005）；还表现出抗烟尘、病虫害极少、较强的耐旱及抗寒性等生理特性（田如兵等，2003；叶金山等，1998），在园林绿化和用材林培育上具有广阔的应用前景。然而，杂交鹅掌楸自身繁殖能力差，自然结实率仅为1%左右，插条生根困难（季孔庶，2005），严重制约了该树种的应用。20世纪90年代以来，为解决繁殖问题，学者们从扦插、嫁接、组织培养、体胚发生等无性繁殖途径做了大量研究工作，取得了一批有益的成果，但问题仍未得到真正解决。有专家指出，选育高繁殖系数扦插母株是解决杂交鹅掌楸无性繁殖难题的有效途径之一（季孔庶等，2001）。但是常规育种技术工作量巨大，而且很难实现既要生根率高、生长又快，又要材质好的选育目标，因此，利用分子生物学技术从基因水平探索其生根机理并选育高生根率优良转基因品种应该是解决这一难题的根本途径。

目前，对杂交鹅掌楸生根的研究主要在遗传变异和扦插生根过程中内源激素变化等方面，对其分子机理研究还是空白。本课题组从2002年起，以鹅掌楸为母本、北美鹅掌楸为父本进行杂交，从杂种F_1代实生苗中选择100株生长较好的单株参与扦插试验。筛选获得3个高生根率良种无性系，生根率超过80%（余发新等，2010）。

利用高生根率杂交鹅掌楸无性系为材料，本课题组首次构建了杂交鹅掌楸不定根均一化cDNA文库，对杂交鹅掌楸生根的相关基因进行了筛选与鉴定（余发新，2011），利用Gateway®技术，首先得到了一个较高质量的未剪切cDNA初级文库。库容为7.34×10^6 fu/mL，具备较高的库容，文库具有完整性及代表性，基本上能够满足筛选低拷贝基因的要求；重组率大于90%，

插入片段集中在0.8～3.5kb，平均插入片段＞1.5kb，因未用核酸内切酶剪切，所以未产生常规文库构建中基因被酶切成小片段导致低拷贝基因丢失的问题，得到的重组质粒含有很多全长cDNA便于后续的基因克隆。文库均一化后其库容为3.72×10^5fu/mL，文库的重组率为95%，克隆插入片段大小均在850～3500bp之间，平均插入片段1.3kb左右；虽然相对于固定的基因组DNA亲和体系仍不足以完全饱和杂交，但从qPCR的结果显示看家基因经过均一化处理后在文库中拷贝数下降为$\frac{1}{35}\sim\frac{1}{85}$，表明均一化效果显著，可以大大地节约测序成本。本研究构建的高质量均一化未剪切cDNA文库，为不定根发育相关基因的克隆和表达谱分析等后续研究提供了一个良好的技术平台。

三、杂交鹅掌楸不定根EST序列分析

利用获得杂交鹅掌楸不定根有效EST序列5176条，通过Phrap软件进行聚类分析和拼接，共获得2921个unigenes，包括2055个contigs，866个独立的singletons。EST数据首先用Phred（Q20标准）去除序列两端的低质量序列，然后用Cross-match屏蔽载体序列，选取屏蔽载体后有效长度大于100bp的序列作为有效序列，采用Phrap进行拼接。共获得有效长度大于100bp的序列有5176条。空载序列和低质量序列76条，占总EST序列的1.45%。有效序列长度为102～2349bp，平均长度为1001bp，EST序列的长度主要集中在800～1200bp之间，也表明本研究所测定的EST序列具有较高质量。这些序列是了解杂交鹅掌楸基因序列特征的基础。另外，利用获得的大量序列数据进行杂交鹅掌楸基因组GC含量分析以了解杂交鹅掌楸的基因组特性。对克隆测序获得的5176条高质量序列分析的结果表明，杂交鹅掌楸基因GC含量为46.74%，而水稻和拟南芥基因表达序列GC含量分别为53.40%和40.70%，说明杂交鹅掌楸在表达序列GC含量方面介于两亲本之间。

通过基因表达频率与基因表达丰度分析表明（表9-1），1780个contigs只含一条EST序列和其他序列有重叠，加上和其他序列没有重叠的866个singletons（共2646个），杂交鹅掌楸不定根中低丰度表达的基因占独立基因

总数的比例为90.58%，占有效ESTs序列的比例为51.12%；208个contigs由2条EST序列拼接而成，29个contigs由3条EST序列拼接而成，9个contigs由4条EST序列拼接而成，其中丰度表达的基因比例为8.42%，占有效ESTs序列的比例为10.42%；高丰度表达基因有29条（即29个contig由5条以上EST组成），占全部独立基因的1%，但却占有效ESTs序列的38.46%。可见，杂交鹅掌楸不定根形成的有关基因中，高丰度基因比较少，绝大多数为低丰度表达的基因。

表9-1 有效EST的表达频率分布

表达频率	1	2	3	4	5～16	24～48	50～119
独立基因数目	2646	208	29	9	13	6	4
测序的序列数EST	2646	416	87	36	109	231	318
占EST序列比例（%）	51.12	8.04	1.68	0.70	2.11	4.46	6.14
表达频率	130	173	204	250	284	292	
独立基因数目	1	1	1	1	1	1	
测序的序列数EST	130	173	204	250	284	292	
占EST序列比例（%）	2.51	3.34	3.94	4.80	5.49	5.64	

GO由三个相对独立的本体组成，包括生物学过程（biological process）、分子功能（molecular function）和细胞成分（cell component）。三个本体完整描述了基因产物的所有生物特征。根据SWISSPORT数据库注释的Accession，将unigenes以GO进行功能分类。将BlastX结果中具有已知功能或推测功能的2079个EST，按照GO的分子功能、生物过程和细胞组分三个不同分类角度分类。其中，1341个（45.9%）unigenes被归于分子功能，1196个（40.9%）归于细胞组分，而1223个（41.9%）预测与生物过程有关。大多数基因与结合功能（nucleotide binding、ATP binding、protein binding、DNA binding、metal ion binding、zinc ion binding）、氧化还原活性、激酶活性、转录因子活性、水解酶活性等分子功能有关，参与转录调控（regulation of transcription，DNA-dependant，regulation of transcription）、代谢、氨基酸磷酸化、蛋白质生

物合成、运输、信号转导相关（signal transduction）等生物学过程（图9-2）。

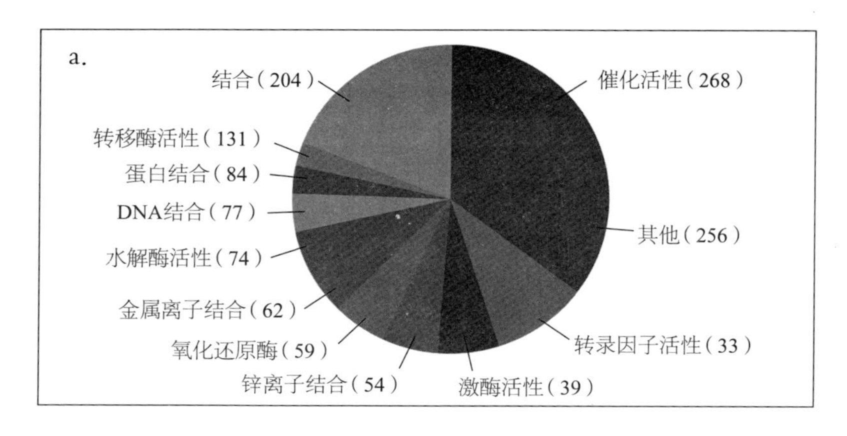

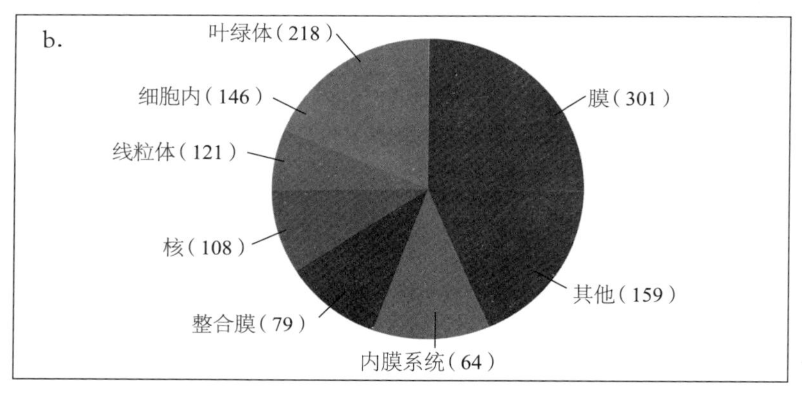

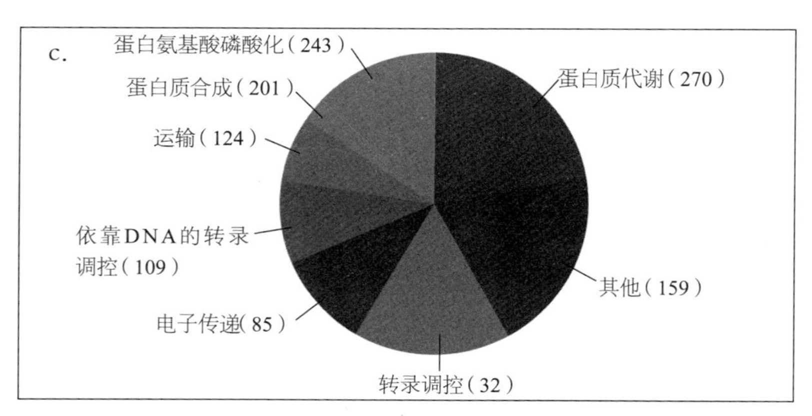

图9-2　杂交鹅掌楸不定根EST基因功能GO注释饼图

a. 分子功能；b. 细胞成分；c. 生物学过程

四、杂交鹅掌楸不定根基因功能分析

针对EST序列的生物学功能注释结果，筛选到一系列不定根发育的相关基因，如生长素信号转导、生长素相关泛素降解途径、细胞周期和*SCR*、*SHR*、*NAC*等转录因子的相关基因，以及根毛发育的相关基因等。其中，有184条singletons以及284条contigs共468个基因与数据库进行相似性搜索后有同源序列，但其蛋白质功能不明，需进一步研究。还有115条singletons和259条contigs共374个基因在国际公用蛋白质和核酸数据库中没有注释信息，这些基因可能是杂交鹅掌楸不定根特异表达的新基因，所占比例为12.80%。从物种来源看，序列同源性最大的功能已知蛋白质共来自30多个物种，其中葡萄占的比例最大，其次依次是杨树、水稻、拟南芥、大豆。推测杂交鹅掌楸与葡萄、杨树同为双子叶植物，亲缘关系较近，而且葡萄因其重要的经济价值研究非常深入，以及与杨树、拟南芥等全基因组测序完成后开展了大量功能基因组研究有关。

本研究对杂交鹅掌楸生根相关基因筛选及其功能分析等进行了初步研究，为解决杂交鹅掌楸无性繁殖难题提供了思路和有效途径，同时，还为遗传背景相对缺乏的杂交鹅掌楸提供了必要的基础数据，研究成果对进一步开展杂交鹅掌楸生根的分子研究以及加快其推广应用进程具有重要的理论和现实意义。

五、不定根发育相关基因*FB1*克隆

利用RACE技术克隆获得了F-BOX家族成员生长素响应因子*FB1*的全长cDNA。杂种鹅掌楸*FB1*基因克隆序列长度为2177bp，GC含量为48.14%，利用NCBI上的ORF finder程序搜索，ORF编码区长1719bp，编码572个氨基酸，5’非编码区（UTR）长204bp，3’UTR长179bp。Protparam预测该蛋白分子量为66.44KD，理论等电点为8.73，此类蛋白为酸性蛋白，负电荷残基（Asp+Glu）总数为60个，正电荷残基（Arg+Lys）总数为72个，消光系数280nm/m.cm，N末端的氨基酸为Met，估计的半衰期为体外30h，蛋白不稳定

系数为42.59，蛋白归类为不稳定蛋白质，易降解。

NCBI Blastn分析结果表明，*FB1*基因与其他植物的生长素信号途径中的生长素响应因子F−Box家族基因具有高度的同源性，在核苷酸水平上与毛果杨的生长素信号的F−Box家族基因同源性最高，达73%；其次是拟南芥，其同源性达71%。但在蛋白质水平上，*FB1*与葡萄属植物的相应多肽同源性最高，达84%；其次才为毛果杨的TIR1蛋白和蓖麻的F−Box家族蛋白，同源性达78%。

进化树分析表明，该基因与Genebank中其他物种的生长素响应因子TIR1及其F−Box家族蛋白具有高度的相似性。选择与杂交鹅掌楸*FB1*蛋白相似性最高的14个物种相应多肽做多重比较，并用相邻连接法构建系统发育树（图9−3）。结果表明，15种物种的生长素响应途径中F−Box蛋白按亲缘关系分成三个大组，杂种鹅掌楸*FB1*与水稻、玉米、火炬松、棉花等的F−Box蛋白的亲缘关系最近，同属一个大组；与葡萄、柑橘、杨树、蓖麻的F−Box蛋白进化关系较近，组成第二组；与拟南芥、芸薹属植物的F−Box蛋白亲缘性较近，组成第三组。

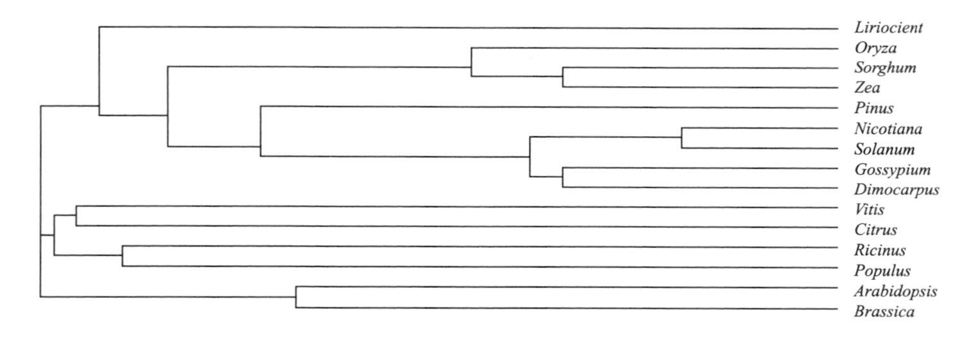

图9−3　不同物种生长素信号途径F−Box家族蛋白序列比对的系统进化树

XP_002274892.1（葡萄：*Vitis vinifera*）；XP_002512866.1（蓖麻：*Ricinus communis*）；XP_002300140.1（毛果杨：*Populus trichocarpa*）；ACL51018.1（柑橘：*Citrus trifoliate*）；NP_563915.1（拟南芥：*Arabidopsis thaliana*）；NP_001052659（水稻：*Oryza sativa*）；ABQ50554.1（芸薹：*Brassica rapa*）；XP_002447719.1（高粱：*Sorghum bicolor*）；ACV87279.1（火炬松：*Pinus taeda*）；NP_001136608.1（玉米：*Zea mays*）；ACT53268.1（烟草：*Nicotiana tabacum*）；ABG46343.1（陆地棉：*Gossypium hirsutum*）；ACX31301.2（龙眼：*Dimocarpus longan*）；ACU81102.1（番茄：*Solanum lycopersicum*）

六、杂交鹅掌楸EST候选序列的表达分析

在构建的杂种鹅掌楸不定根未剪切cDNA文库基础上，选取了7个与不定根发生发育相关的EST候选序列对杂种鹅掌楸不定根发生发育过程中同时期的不定根、茎、叶片等三个组织器官以及对应cDNA文库构建采样的不定根不同发育阶段进行了表达特性分析。包括3个生长素信号途径相关的候选EST序列，即Contig89序列注释的*AUX1*，E11−K04302389−K2389注释的*ARF1*，Contig669注释的*NAC1*和3个与根毛发育相关的ESTs序列，即Contig1663注释的*RHD1*（Root Hair Defective 1），Contig535注释的*IRE*（Incomplete Root hair Elongation），H11−K04304600−K4600注释的*RHL1*（Root Hairless 1）以及生长素受体基因*FB1*。

利用实时定量RT−PCR分析了7个基因在根、茎、叶等不同组织器官以及不定根发生发育的不同时期的时空表达特性（图9−4）。结果表明，7个EST候选序列在根、茎、叶等三个组织器官中都有表达，但表达水平存在差异。*AUX1*基因整体表达水平都较低，而且在不定根中表达水平最低，而在茎端表达水平稍高。而*NAC1*基因在不定根中高水平表达，在叶片中表达不明显。*RHD1*基因在叶片中有较强表达，而在茎端和不定根中表达稍低。*IRE*在不定根中也有很强的表达，在叶片和茎端表达水平较一致。*ARF*基因在三个组织器官中表达水平都较高，而在茎端和不定根中表达量比叶片中表达水平高7～8倍。*RHL1*基因表达水平中等，在不定根和叶片中表达水平相当，低于茎端表达水平。本研究克隆的*LHFB1*基因作为生长素响应因子，在不定根中的表达水平最高，在叶片和茎端的表达水平不明显。同时，*AUX1*基因在四个阶段的表达水平逐渐升高。*NAC1*基因在Ⅱ期表达比Ⅰ期有所降低，但总体而言是呈上升趋势。*RHD1*基因在Ⅰ、Ⅱ、Ⅳ期表达水平相近，但Ⅲ期表达非常低。*IRE*基因与*AUX3*一样，在四个阶段的表达水平逐渐升高。*ARF1*基因的表达趋势与*NAC1*表达趋势一致，总体表达水平呈正增长趋势，但Ⅱ期表达比Ⅰ期有所降低。*RHL1*基因表达水平在Ⅱ期最低，其他时期表达水平相近。克隆的*FB1*基因的表达呈现先升后降最后再升的趋势，反映了其表达模式的复杂性。

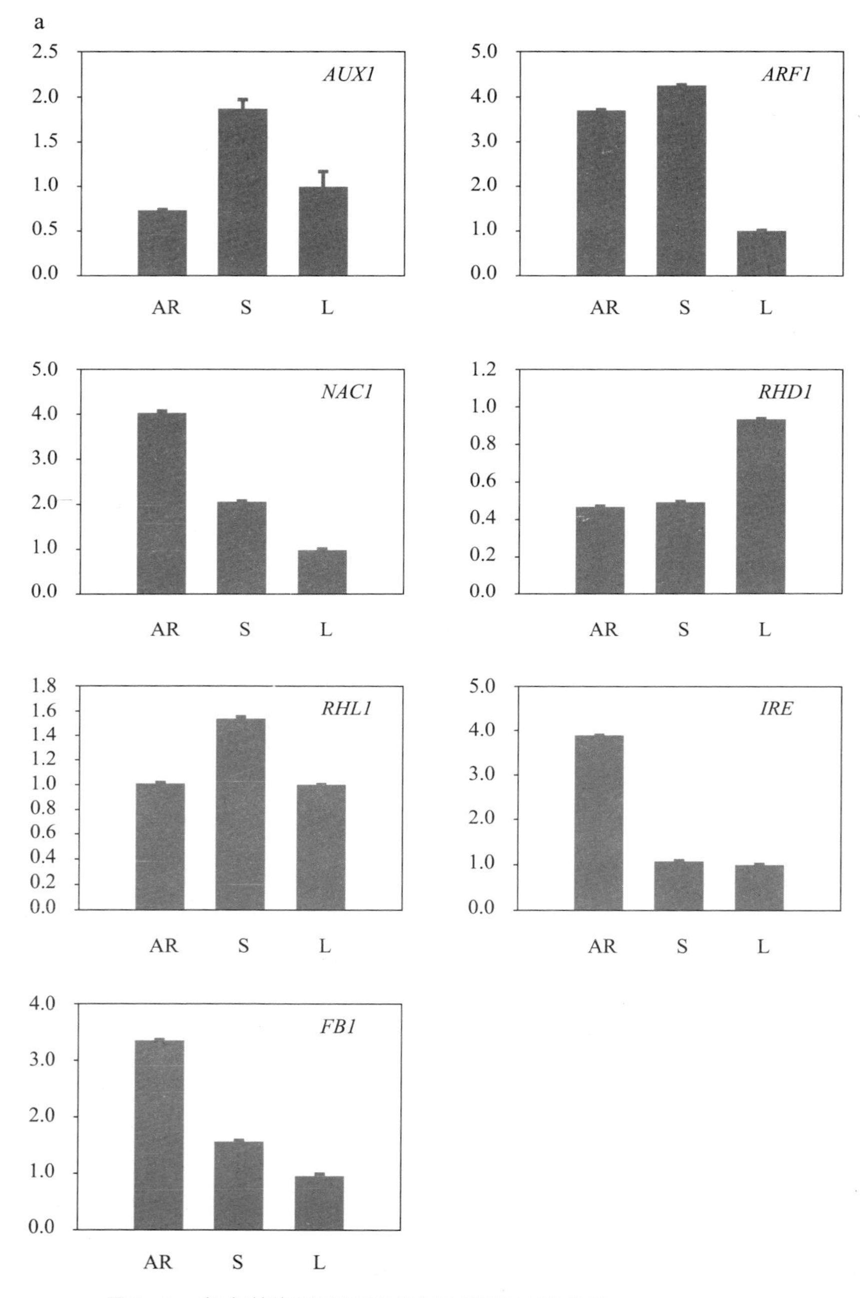

图9-4　杂交鹅掌楸EST候选基因的表达谱分析

a．7个候选基因在不定根（AR）、茎（S）和叶子（L）中的表达；

b．7个候选基因在不定根4个不同发育阶段（Ⅰ，Ⅱ，Ⅲ，Ⅳ）的表达

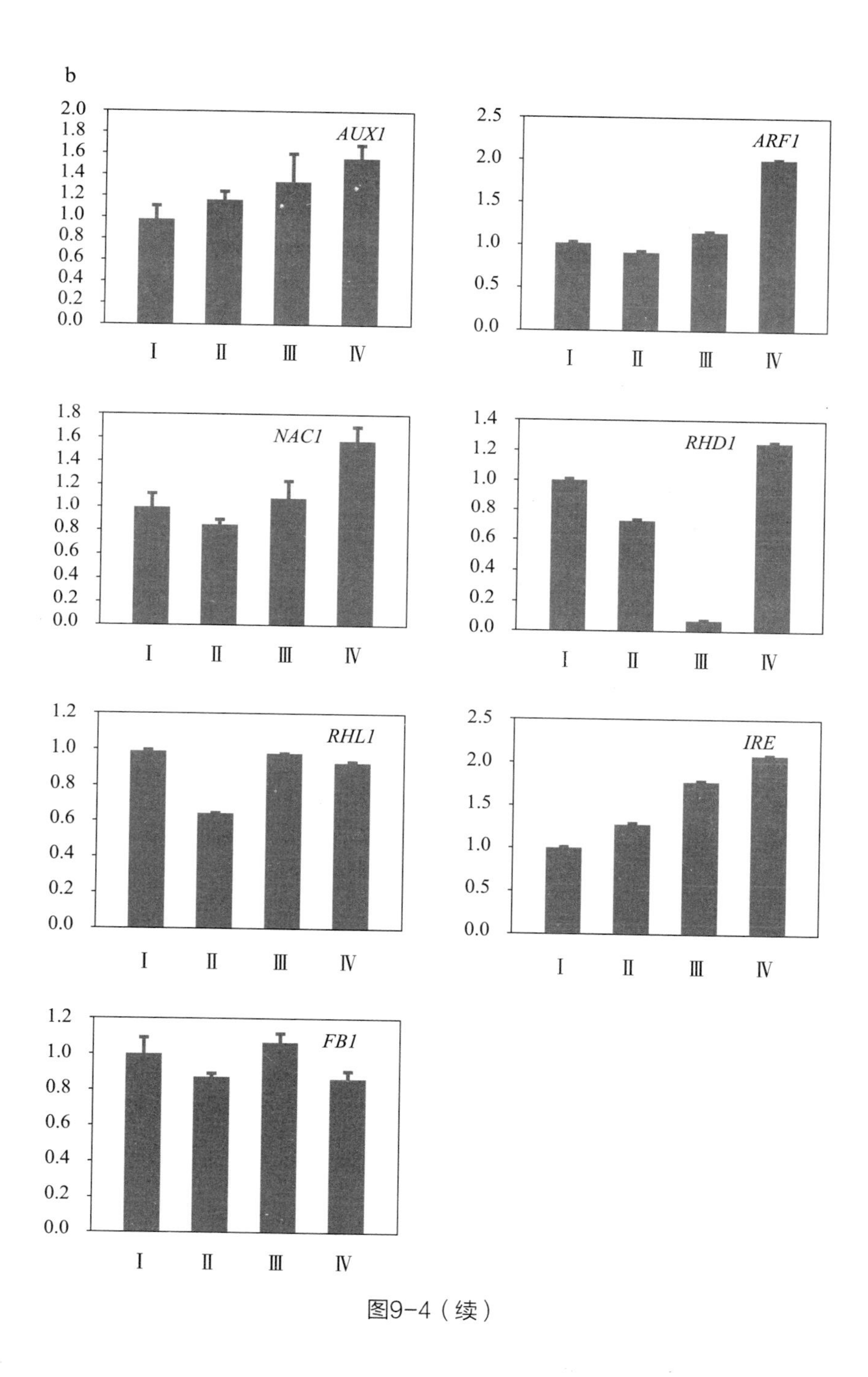

图9-4（续）

七、杂交鹅掌楸EST-SSR标记的开发

Morgante等人（2002）研究指出植物基因组中SSR出现的频率与该物种基因组大小和重复DNA序列所占的比例成负相关，而与基因组中转录部分的比例、低拷贝序列出现的频率成显著正相关。利用杂交鹅掌楸不定根文库中测序的2921条unigenes中2～6核苷酸重复类型的精确型SSR进行检索，要求候选SSR长度不少于18bp（6核苷酸重复类型的SSR最少4次重复），共在166条EST发现181个SSR，占全部EST的5.68%，这个结果与胥猛在北美鹅掌楸EST中检索的SSR比例5.6%相近（胥猛等，2008），高于水稻（4.7%）、小麦（3.2%）、玉米（1.5%）等基因组中所含的SSR频率（Kantety *et al*，2002），表明在杂交鹅掌楸基因组中含有较丰富的SSR。检索的ESTs序列全长2924386bp，即平均每16.16kb出现1个SSR。在166条含有SSR的EST中，151条EST含有1个SSR，15条EST含有2个SSR。检索的EST-SSR类型非常丰富，从2核苷酸至6核苷酸重复都能发现，但频率各不相同。2核苷酸重复单元的SSR类型最多，有105个，占检索总数的58.01%；其次为3核苷酸（33.15%），6核苷酸（4.97%），4核苷酸和5核苷酸出现的频率最低，共计3.87%。可见，在杂交鹅掌楸杂交鹅掌楸EST-SSR中，2核苷酸和3核苷酸重复占主导地位，特别是2核苷酸重复占总SSR的一半以上，与北美鹅掌楸、石蒜等植物结果一致，但水稻、大豆、拟南芥、葡萄等大多数植物的EST-SSR都以3核苷酸重复为主（Scott *et al*，2000）。杂交鹅掌楸EST-SSR平均长度为25.22bp，但不同SSR的长度存在较大差异，最短为18bp，最长为64bp。

对开发的杂交鹅掌楸EST-SSR的重复基序类型统计分析表明，杂交鹅掌楸2核苷酸重复和3核苷酸重复基序类型的分布状态非常不均匀（表9-2）。在2核苷酸重复类型的EST-SSR中，含GA/TC基序的数量最多，共103个，占2核苷酸重复基序的98.10%，而没有一个CG/CG基序；在60个3核苷酸重复类型的EST-SSR中，所有的基序类型都出现了，但分布频率相差较大，AAG/CTT基序出现频率最高，共27个，占3核苷酸重复基序数的45.00%；其次为GCA/CGT（20.00%）和ATC/TAG（8.33%），其他重复基序则相对较少，其结果与胥猛等（2008）开发的北美鹅掌楸的EST-SSR的特征相似。而且，在2核苷酸重复基序类型中，GA基序的数量占绝对性优势，而CG基序未出现，还有大部分的4核苷酸、5核苷酸、6核苷酸重复基序类型在杂交鹅掌楸EST-SSR中未出现，表现出明显的偏移性，这与Jung和Kantety等对拟南芥、玉米、大豆等物种EST-SSR的研究结果相符，在这些植物中也未出现GC重复，只在小麦等几个少数物种中以很低的频率出现（Jung *et al*，2005；Kantety *et al*，2002）。由此推测，这种SSR碱基的偏移性似乎在植物中普遍存在，但因目前获得的EST极其有限，具体的结论和原因需要进一步研究。

表9-2　SSR-EST序列中不同基序类型的数量及频率

重复核苷酸数	重复单元	SSR数量	频率（%）
2核苷酸	GA/CT	103	98.10
	GT/CA	1	0.95
	AT/TA	1	0.95
3核苷酸	AAG/CTT	27	45.00
	GCA/CGT	12	20.00
	ATC/TAG	5	8.33
	TAA/ATT	3	5.00
	GAT/CTA	3	5.00
	CGG/GCC	3	5.00
	AGG/TCC	2	3.33
	GAC/CTG	2	3.33
	CAC/GTG	2	3.33
	ACA/TGT	1	1.67

八、北美鹅掌楸耐涝基因转录组测序

杂交鹅掌楸不耐渍涝，在地下水位高的土地栽植，根系容易腐烂，

严重影响其生长（潘向艳等，2007）。课题组观测到在排水条件不好的立地上，地面淹水超过24h即会导致杂交鹅掌楸苗期植株死亡。在南方季节性降水频发的现状下，杂交鹅掌楸不耐涝的特性限制了其广泛应用。

我国极少发现具有耐涝种质的鹅掌楸，但北美鹅掌楸在原产地季节性淹水地区有少量分布（Schultz *et al*，1975）。课题组通过国际科技合作项目（2005DFA30460），从密西西比河流域引进8个种源79个家系的北美鹅掌楸种子，育苗后进行淹水胁迫试验，筛选出Louis种源中2个耐涝家系Louis-1和Louis-2，在淹水胁迫32d后存活率达到75%（李彦强等，2011），并对存活植株进行了无性系化扩繁，获得了大批材料。北美鹅掌楸幼苗在淹水胁迫下存活植株的茎基和皮孔会发生明显变化，耐涝植株茎基膨大明显，且皮孔增多并突起，然而，其分子调控机理仍不清楚（李彦强等，2015）。

基于高通量测序技术的转录组测序（RNA-Seq）和数字基因表达谱（DGE）技术，课题组对北美鹅掌楸的耐涝基因进行了筛选。以Louis-2家系中1株存活单株扦插扩繁的无性系苗（记为Louis-2-1）为材料（李彦强等,2011），选取20～30cm高的扦插苗进行淹水处理。在淹水处理0h（对照）、1h、6h、12h、1d、2d、8d、16d、18d、20d、22d的扦插苗中进行取样。将0h（对照）和各处理时间段的总RNA等质量混合，将其反转成cDNA后在进行转录组测序。通过序列的从头组装，将获得的Unigenes以及NCBI数据库中24674个和本课题组获得5176条EST序列合并，作为参照序列。通过BlastX对获得的Unigenes进行功能注释。将各处理的总RNA分别进行mRNA分离纯化，通过数字基因表达谱（DGE）技术对北美鹅掌楸在淹水处理前后差异表达基因进行筛选，鉴定获得候选耐涝基因。

利用获得的差异表达基因GO/KEGG富集分析结果，结合生理生化研究结果和根茎表型变化特征，比较北美鹅掌楸淹水胁迫下不同处理时间的基因表达水平，筛选获得北美鹅掌楸候选耐涝相关基因，并用RT-PCR进行验证。对北美鹅掌楸淹水胁迫下代谢及信号传导通路分析及候选耐涝基因的克隆及淹水响应的分子机理研究仍在进行中。本研究为发掘调控北美鹅掌楸淹水响应的耐涝关键基因，阐明其淹水响应的分子机理，及鹅掌楸属树种和其他树种的抗性改良提供理论和实践基础。

九、鹅掌楸全基因组测序

鹅掌楸和北美鹅掌楸均为2倍体植物（2n=38），Liang等利用流式细胞仪技术预估北美鹅掌楸的基因组大小为1.8G（Liang *et al*，2007）。目前，对鹅掌楸以及杂交鹅掌楸的基因组研究还少有报道，仅完成了北美鹅掌楸的叶绿体和线粒体基因组测序（Cai *et al*，2006；Richardson *et al*，2013），鹅掌楸属树种的全基因组测序仍未完成。

本课题组以来自不同种源的13个鹅掌楸和4个北美鹅掌楸为材料，通过EcoR I酶切，采用pair end测序方法，进行RAD−seq分析。结果表明RAD−Tag在96.04%～98.71%之间，捕获率较高，基因组GC含量在39.93%～41.42%之间。选取样品DED00005进行聚类组装，组装获得序列总长为99M，样本的比对率在45.67%～72.79%之间，对组装基因组（排除N区）的平均覆盖深度在5.50×～8.12×之间，1×覆盖度（至少有一个碱基的覆盖）在45.49%以上。对17个植物共同比对区域杂合SNP数目进行了比较，结果显示样品DED00016相对杂合率最高，其余16个样品相对杂合率较为相近，样品DED00005的最低。

以样品DED00005的DNA为材料，通过Covaris超声波破碎仪随机打断成长度为230bp的片段，经末端修复、加A尾、加测序接头、纯化、PCR扩增等步骤制备文库。构建好的文库通过Illumina Hiseq进行PE测序。测序共得到原始数据 121.02G，通过去除需要过滤掉含有接头序列的reads、低质量碱基和未测出的碱基（以N表示），最后获得有效数据 120.17G。测序数据质量检查显示Q20≥90%，Q30≥85%，测序错误率小于0.05%。采用kmer 17进行分析，预估基因组大小为1572.70Mbp，杂合率为0.93%，重复序列比例为58.58%；采用kmer 41进行组装，contig N50为297bp，总长为l550482352bp，scaffold

N50为449bp，总长为1545164004bp。基因组测序序列（survey）分析结果暗示，鹅掌楸植物族基因组属于高杂合高重复基因组。

十、木质素代谢相关基因

木质素对植物生长发育具有重要的作用，但是它的存在却制约着造纸工业、绿色能源产业和畜牧业的发展（付伟等，2004）。肉桂醇乙醇脱氢酶（CAD，Cinnamyl Alcohol Dehydrogenase）是木质素合成特异途径中的关键酶，催化了木质素单体合成的最后一步。Xu等（2013）通过同源克隆的方法，从北美鹅掌楸中克隆得到7个*CAD*同系物。系统进化分析表只有*LtuCAD1*与控制木质素合成的基因bona fide *CAD*聚为一类。表达谱分析表明*LtuCAD1*基因在木质部中表达量最高。蛋白亚定位分析表明LtuCAD1主要分布在拟南芥的微管组织中。通过对茎的横切面进行GUS染色表明，其特异性的分布在木质部和韧皮部。在拟南芥*cad4 cad5*双突变体中过表达*LtuCAD1*基因，转基因植株增加的木质素含量、降低S/G木质素比例，首次表明北美鹅掌楸*LtuCAD1*基因参与木质素的形成。漆酶（Laccases）参与木质素合成和降解，是一种结合多个铜离子的蛋白质，属于铜蓝氧化酶（Blue Copper Oxidases）。LaFayette等以北美鹅掌楸的木质部为材料，经克隆测序得到四个密切相关的编码漆酶同功酶基因。这些基因的蛋白序列具有很高的相似性（79%~91%），其离子结合结构域与其他铜蓝氧化酶具有显著相似性。Northern blot分析表明这些漆酶基因在木质部组织中表达不一致（LaFayette *et al*，1999）。最近，对细菌、酵母和哺乳动物的类漆酶多铜氧化酶（LMCO，Laccase-Like Multicopper Oxidase）研究工作表明，金属氧化酶活性可能是它们行使基本生理功能所必需的。Hoopes等（2004）将从北美鹅掌楸中克隆得到的*Ltlacc2.2*基因在烟草中进行表达，发现转基因烟草细胞同时具有铁氧化酶活性。这是第一次研究表明植物漆酶与铁氧化酶活性相关，暗示这种植物漆酶家族的一些成员除可能具有化酵素活性外，还具有其他功能。就某些植物LMCO的铁氧化酶活性而言，LMCO在植物维管组织中的高水平表达可能反映了组织中高效铁吸收泵和正常发育过程中进行木质化的需要，这种机制能够最大程度减少木质素沉积过程以及过氧化物酶调节的木质素单体所产生的活性氧自由基的伤害。

十一、体细胞胚胎发生相关基因

目前，杂交鹅掌楸体细胞胚胎发生技术已比较成熟（陈金慧等，2003）。然而，关于杂交鹅掌楸体胚发生的分子机理的研究仍少见报道。魏丕伟（2009）以杂交鹅掌楸的胚性愈伤组织为材料，成功分离克隆了多个杂交鹅掌楸的体细胞胚胎发生标记基因，包括在真核生物中保守的CBF转录复合物HAP3亚基 *LhLEC1-like*基因、B3转录因子*LhFUSCA3*基因、同源异形框基因（*LhWOX1*、*LhWOX4*、*LhKN1*和*LhKN2*基因）等共6个转录因子，以及体细胞胚胎发生类受体蛋白激酶基因*LhSERK1*和*LhSERK2*、在植物受精中介导雌雄配子结合的信号受体*LhFER1*和*LhFER2*基因、杂交鹅掌楸的泛素基因的5个成员*LhUBI1-5*基因和扩展蛋白基因*LhEXP1*。表达谱分析表明，*LhL1L*基因在幼嫩的叶柄和胚性愈伤组织中具有强烈的表达，幼嫩叶柄中能够被*LhL1L*标记的细胞可能是种子萌发后残存的预备胚性细胞。随着叶柄发育成熟，会出现胚性丧失现象。*LhFUS3*基因在不同营养器官中被强烈地抑制表达，但在胚性愈伤组织中被诱导高水平地表达，因此*LhFUS3*基因具有较好的胚胎发育特异性。*LhWOX1*主要在幼嫩叶柄中高水平中表达，因此*LhWOX1*与*LhL1L*基因可能在调控器官幼嫩程度和叶柄发育中具有协同作用。*LhKN1*基因主要在茎端分生组织和茎部具有高水平表达，这支持了STM-like基因在调控SAM和茎维管束形成层分化中具有相似的机制这一说法。*LhKN1*基因在NEC I、NEC II和EC中的表达量依次升高，这说明*LhKN1*基因对于维持植物干细胞状态及其发育上的多潜能具有重要意义。*LhKN2*与*LhWOX4*对维持快速增殖的脱分化细胞具有相似的功能。杂交鹅掌楸体胚发生标志基因的克隆和表达分析，为揭示“已分化体细胞—脱分化细胞—胚性细胞”中细胞改变发育命运的分子机理奠定了进一步深入研究的基础。然而，这些基因的功能仍有待下一步研究（魏丕伟，2009）。

十二、其他基因

*GIGANTEA*在控制植物昼夜节律和光周期开花中起着重要的作用。*GIGANTEA*基因在许多物种中被进行了研究，但在基部被子植物中的研究仍未见报道。Liang等通过对长122kb的BAC进行测序，获得了北美鹅掌楸*GIGANTEA*基因序列，将北美鹅掌楸和被子植物其他进化分支的*GIGANTEA*基因结构进行了比较。研究发现北美鹅掌楸这段基因组序列上的基因及其结构与真双子叶植物相似，但不同于水稻和高粱，暗示*GIGANTEA*是一个祖先基因，在单子叶植物和双子叶植物分化之后发生分离，且更接近双子叶植物（Liang *et al*，2010）。

*Chs*与*Adh*基因分别是植物类黄酮代谢和短链醇代谢过程中的重要基因，对植物的生长、花色、抗性等有重要影响。二者同时也常用于研究属、种水平系统进化的低拷贝基因。罗群凤以北美鹅掌楸花芽为材料，运用RACE技术克隆获得了北美鹅掌楸*Chs*基因家族*Chs1*、*Chs2*及*Adh*基因的全长序列。*Chs1*基因cDNA全长875bp，编码233个氨基酸；*Chs2*基因cDNA全长1457bp，编码394个氨基酸；*Adh*基因cDNA全长1163bp，编码268个氨基酸。*Chs1*基因只在北美鹅掌楸中表达，而*Chs2*基因则在鹅掌楸中表达，在杂交鹅掌楸中二者均有表达（罗群凤，2013）。

第二节 分子标记在鹅掌楸属研究中的应用

分子标记是一类以DNA多态性为基础的遗传标记，是DNA水平遗传变异的直接反映。目前，国内外学者利用分子标记对鹅掌楸属树种的遗传图谱及指纹图谱构建、遗传多样性、系统地理学、生殖生物学、杂种优势及亲本选配等方面进行了研究。

南京林业大学林木遗传育种实验室利用鹅掌楸属种间杂交组合的作图群体，首次构建了分子标记遗传图谱。李兴鹏以鹅掌楸属种间正交组合

（S×BM）F_1群体为材料，利用35对EST-SSR与42对SRAP标记，构建得到了鹅掌楸遗传连锁图谱。图谱总图距820.2cM，包含44个连锁群，平均连锁群图距为45.6cM，标记间平均图距为14.4cM，但有26个连锁群仅含有1个标记（李兴鹏，2007）。随后，杨建以鹅掌楸属种间反交组合（BM×S）F_1代群体为材料，利用29对SSR标记和55对SRAP标记进行鹅掌楸遗传图谱构建。图谱总图距为1410.7cM，包含20个连锁群，连锁群平均长度为70.5cM，标记间平均间距为16.8cM（杨建，2009）。然而，由于两个图谱所采用的标记数目太少，两个标记之间距离大于20cM的很多，构建的连锁群和鹅掌楸的19条染色体不能一一对应，图谱质量不高，尚需进一步加密和完善。

李周岐等（2001c）利用RAPD分子标记首次构建得到了杂交鹅掌楸无性系指纹图谱，聚类分析的结果表明其在一定程度上反映了无性系间的亲缘关系，说明了RAPD标记在基因型鉴定上的高效性。王龙强（2010）利用16对EST-SSR标记组合构建了330个杂交鹅掌楸无性系的指纹图谱，其中13个无性系仅用1对标记就能够与其他无性系完全区分。谭飞燕（2013）单独利用1对ISSR标记UBC826能区分出41个鹅掌楸无性系，UBC807和UBC826标记组合能区分出全部53个无性系。目前，鹅掌楸属树种无性系指纹图谱可利用的分子标记仍偏少，标准指纹图谱、检测标准和规范仍需进一步完善。

遗传多样性的研究对于了解种源的适应性、物种起源、基因资源分布、种质资源的利用和保护等具有重要的理论和实际意义（葛颂，1997）。研究表明，鹅掌楸属树种具有丰富的遗传多样性，鹅掌楸的遗传变异主要来自种源间，西部种群遗传多样性明显地高于东部；北美鹅掌楸的遗传多样性水平高于鹅掌楸（惠利省，2010；李建民等，2002；李康琴，2013；石晓蒙，2013；赵亚琦等，2014）。鹅掌楸核心居群具有较高的遗传多样性和较低的遗传分化，而边缘居群的遗传多样性较低（杨爱红，2014）。但与其他物种相比，鹅掌楸的遗传多样性稍低，这表明鹅掌楸种群仍处于“濒危”生境中，急需开展鹅掌楸种质资源保护（惠利省，2010）。利用SSR分子标记，李博等发现鹅掌楸亲本群体遗传多样性高于子代群体，表明鹅掌楸群体间遗传分化有增大的趋势（李博，2013；李康琴，2013；张红莲，2009）。然

而，陈龙的研究结果表明子代群体遗传多样性略大于亲本天然群体，推测在自然状况下，鹅掌楸具有遗传多样性自我保持的机制（陈龙，2008）。两者结论不同，可能与两者所用的群体种源以及来源不同有关，而且相对于天然群体，人工群体的自我保护机制要低，其子代的遗传多样性很可能会低于亲本。当然，关于鹅掌楸遗传多样性的动态变化趋势尚需进一步研究证实（张红莲，2009）。

系统地理学主要探讨动植物地理分布格局的形成、进化过程以及种群遗传结构等方面的内容（Avise，2000）。李康琴利用核基因组ITS序列变异信息的研究结果认为，鹅掌楸属树种早期分东亚和北美两支，随后在这两个大陆上各自分布扩散，独立进化，且在冰期后均经历过群体扩张（李康琴，2013）。Sewell等利用北美鹅掌楸叶绿体基因组（cpDNA）上的RFLP标记认为，北美鹅掌楸在更新世冰期时期分别在两个相互隔离的避难所躲避，分别位于阿巴拉契亚山脉南部和佛罗里达州中部地区（Sewll *et al*，1996）。惠利省结合cpDNA上的RFLP标记和SSR标记的研究认为，东亚东、西部的鹅掌楸可能起源于不同的避难所。东部区域的避难所可能为武夷山脉南麓，西部区域的避难所可能为云贵高原和四川南部。冰期后，东、西部避难所鹅掌楸可能向北方的不同方向扩散，并交汇于重庆、贵州、湖南、湖北交界处（惠利省，2010）。李康琴利用2个叶绿体基因（*psb*A-*trn*H、*trn*T-*trn*L）的序列变异信息的研究结果也认为，福建武夷山南麓和贵州习水大娄山北坡很有可能分别为鹅掌楸东、西部群体的第四纪冰期避难所（李康琴，2013）。杨爱红基于cpDNA SSR标记的研究表明，云贵高原、大巴山区、天目山、武夷山、大别山及罗霄山脉北部地区均为鹅掌楸的主要冰期避难地，但在末次大冰期不存在明显南迁，且冰后期无显著扩张（杨爱红，2014）。

在自由授粉状态下，鹅掌楸属树种具有自交、种内交配和种间交配等多种交配方式，但以异交为主，且种内交配比例大于种间交配（孙亚光，2007）。在人工授粉状态下，种间杂交授粉的污染率极低（李周岐等，2001d）。进一步研究表明，自由授粉状态下，鹅掌楸属树种母本和北美鹅掌楸父本存在明显的性选择倾向，而鹅掌楸父本的性选择倾向则不明显（孙亚光，2007）。冯源恒等则认为鹅掌楸繁殖性能主要受母本效应影响，父本效应可以忽略（冯源恒等，2011）。但张红莲认为群体中占优势的种在繁殖下一代过程中具有较大的繁殖适合度，也即优势种存在更强的基因渐渗趋势（张红莲，2009）。与北美鹅掌楸天然自交完全不亲和相比，鹅掌楸存在一定的自交率，且在鹅掌楸居群中引入适当的传粉者，可显著提高花粉流的散布范围和传送效率。推测鹅掌楸在种群规模小且距离分散的特殊环境下，为提高种群的短期适合度，可能在一定程度上提高了自交亲合性（黄双全等，1998；孙亚光，2007）。但与种内和种间杂交子代相比，无论是生长量还是存活率，鹅掌楸属树种均存在明显的自交衰退（潘文婷等，2014）。

杂交鹅掌楸及其回交子代和F_2代均表现出明显的杂种优势，而且家系间在性状表现上变异很大（李周岐等，2001e）。国内学者对鹅掌楸属亲本遗传距离与杂种优势的初步研究结果表明：用亲本间遗传距离进行杂种优势和亲本选配预测是可行的，但并非所有的种间杂种子代都表现出杂种优势（王晓阳等，2011），亲本间遗传距离与子代生长量呈二次曲线相关（李周岐，2000），在一定遗传距离范围内，种内交配的配合力随亲本遗传距离的增大而增加，而种间交配恰好相反（冯源恒，2011）。在进行杂交育种亲本选配时，亲本对之间最适的遗传距离应为1.0左右（姚俊修，2013）。同时，应尽可能选择遗传组成高度纯合的个体作为杂交亲本（朱其卫等，2010）。这在一定程度上印证了杂种优势的基因网络假说，亲缘关系太远则导致遗传体制不相容增加，难以产生杂种优势，若亲缘关系太近则不具有互补性，无法彼此促进和调整，也不会存在杂种优势（刘乐承，2007）。

第三节 | 转录组学

国际花卉基因组计划（The Floral Genome Project）于2005年首次构建了北美鹅掌楸花组织器官的cDNA文库（Albert *et al*，2005）。Liang等利用获得的EST序列，建立了一个高质量的北美鹅掌楸BAC文库（Liang *et al*，

2007）。随后，国外学者对北美鹅掌楸果实、顶芽、叶、形成层、木质部、根、种子等组织器官的转录组进行了研究。Liang等以减数分裂前和减数分裂中的花芽为材料，构建了北美鹅掌楸的非均一化cDNA文库，测序获得了9531条高质量EST序列，拼接后得到6520条unigenes，包括1269条contigs和5251条singletons。然而，只有318条unigenes与拟南芥和水稻中已知的调控花发育基因具有相似性，这些基因调控了花的器官形成和发育、细胞和组织分化以及细胞周期调控等多个方面。除此之外，他们还发现了许多参与调控细胞壁形成的同源基因，这为一些重要经济树种木质素合成的比较研究提供了参考。值得注意的是，有1089条unigenes与公用数据库中的已知序列不具有任何相似性，包括拟南芥、水稻和杨树等整个基因组序列，暗示其中一些新基因可能是基部被子植物所特有（Liang *et al*，2008）。为了加速北美鹅掌楸基因组研究，Liang等又利用Sanger和454 FLX GS测序方法构建了北美鹅掌楸10个组织器官（如减数分裂前的花芽、减数分裂期的花芽、开放花、发育中的果实、顶芽、叶、形成层、木质部、根、种子）的cDNA文库，获得137923条unigenes，包括132905条contigs和4599条singletons。筛选出大量与花发生发育以及木材发育相关的基因（Liang *et al*，2011）。Jin等以2年生北美鹅掌楸弯曲45° 6h的茎为材料，构建了次生木质部cDNA文库，对应伸张木形成早期的细胞壁合成和次生木质部修饰相关基因进行了研究。共获得5982个高质量EST序列，拼接出1733个unigenes，包含822个contigs和911个singletons。这些基因调控了次生木质部发育的许多方面，包括初级和次级代谢、生长激素、转录因子、细胞壁形成和修饰、胁迫反应等等。在机械压力下，木质部特异基因咖啡酸O-甲基转移酶（Caffeate O-Methyltransferase）、大部分生长素和油菜素内酯相关基因的表达量显著下调（Jin *et al*，2011）。

近年来，随着高通量测序技术的快速发展以及测序成本的不断降低，如转录组测序（RNA-Seq）技术的出现，不仅使得在基因组信息未知的非模式植物中进行低廉、高效、大规模的发掘基因成为可能（Wang *et al*，2009），而且还能进行突变基因位点的识别，确定基因的表达水平和选择性剪接对于突变表型的影响。该技术已经在拟南芥（Bhargava *et al*，2013；Loraine *et al*，2013）、水稻（Magbanua *et al*，2014；Xu *et al*，2013）、玉米（Kakumanu *et al*，2012；Liu *et al*，2015）、杨树（Zhang *et al*，2014）、桉树（Mizrachi *et al*，2010）中得到了广泛应用。利用RNA−Seq技术，国内学者获得了大量鹅掌楸花和叶子的unigenes（Yang *et al*，2014），并首次对鹅掌楸属树种的miRNA进行了研究（Li *et al*，2012；Wang *et al*，2012），这些转录组数据不仅为鹅掌楸属树种基因克隆与功能研究、分子标记辅助选择育种和表达谱分析奠定了基础，也为今后基因组注释提供了参考序列。

Yang等利用高通量测序技术首次对鹅掌楸的花和叶子的转录组进行了测序，并对类胡萝卜素合成相关基因进行了分析。拼接后获得87841条unigenes，65535条unigenes获得注释。其中，3386个基因在花和叶子中的表达具有显著差异；2969个基因在花中表达上调；417个基因表达下调。代谢途径分析表明25条unigenes与类胡萝卜素合成相关，其中7个基因在两个组织中表达差异显著（Yang *et al*，2014）。

植物的microRNA（miRNA）通过调控转录和转录后基因的表达来影响植物的生长发育，如花器官形成和胚胎发育等。Wang等通过高通量测序技术首次对鹅掌楸各个发育阶段花的miRNA进行了研究。分析发现，其中496个属于已知的97个miRNA家族，2个为新发现miRNA，其中1个以前认为是裸子植物特有的，且大部分miRNA表达与生殖生长显著相关（Wang *et al*，2012）。Li等通过Solexa测序和基因芯片技术，对杂交鹅掌楸体细胞胚胎发生过程中的miRNA进行了分析，共获得7421623条序列。通过深度测序和生物信息学分析，从33个miRNA家族发现83个保守miRNA，而其中273个miRNA为鹅掌楸属所特有。基因芯片的结果证明这些miRNA大多在杂交鹅掌楸的胚胎中表达，除此之外，还发现了149个与其他29个miRNA家族同源的miRNA。这些结果表明miRNA可能在杂交鹅掌楸的体细胞胚胎发生整个过程中起着重要的作用（Li *et al*，2012）。这些结果不仅填补了基部被子植物miRNA研究的空缺，有助于我们更深入理解miRNA的进化过程，而且也有利于深入研究鹅掌楸有性生殖和体胚发生的调控机制。

第四节 蛋白质组学

北美鹅掌楸在原产地的自然结籽率仅为10%，而引种到南京明孝陵的一株结籽率还不到1%。鹅掌楸的自然结籽率一般在15%以下，一些较大的种群（特别是西部亚区的种群）达18.9%（方炎明等，1994；黄双全等，1998；尤录祥等，1995）。影响鹅掌楸属树种结实率的原因复杂而多样，已有的研究结果表明鹅掌楸属树种在有性生殖过程中的一些步骤出现障碍，因此，对于鹅掌楸属树种有性生殖过程中发生的生物学事件的深入系统研究有助于进一步揭示鹅掌楸属树种低结实率的原因。为了探明这种现象的起源，Li等以鹅掌楸授粉后不同时间点的雌蕊为材料，通过形态和蛋白组分析，对鹅掌楸授粉过程中的雌蕊进行了研究。形态分析表明，尽管花粉在体外生长良好，但比在雌蕊或含有雌蕊提取物的培养基中慢得多。蛋白质组学分析表明，有493种蛋白质在授粉后改变了表达。其中，通过差异蛋白质组学质谱定量技术和双向凝胶电泳技术，分别鉴定到51和468个蛋白质的表达量在授粉前后发生变化。通过对这些差异表达的蛋白质进行功能分类发现，共有66个蛋白质参与有性生殖生物学过程。结合雌雄蕊发育和花粉萌发等的形态学观察结果，进一步分析发现以蛋白质二硫键异构酶A6（disulfide-isomerase A6）和胚胎发育缺陷（embryo-defective）蛋白质为代表的差异表达的蛋白质与鹅掌楸的低结实率现象高度相关，推测这些参与有性生殖过程的蛋白质的差异表达影响了鹅掌楸的受精过程。该研究结果为进一步揭示鹅掌楸低结实率的分子机制提供了重要的理论基础（Li *et al*，2014）。

第五节 遗传转化体系的构建

自1983年比利时根特大学Montagu实验室、孟山都公司Fraley领导的研究小组、华盛顿大学Chilton的研究室首次将外源基因转入烟草、胡萝卜至今，植物的遗传转化技术已经得到飞速发展。建立高效稳定的组织培养体系是开展鹅掌楸分子育种和功能基因组学研究的基础。

Wilde等首次通过基因枪的方法成功地将*GUS*（β-glucuronidase）和*NPT II*（neomycin phosphotransferase）基因转入北美鹅掌楸胚性悬浮培养的单细胞，首次获得了北美鹅掌楸的转基因再生植株，并通过免疫吸附沉淀和组织化学染色法进行了验证（Wilde *et al*，1992）。Rugh等通过基因枪的方法将汞离子还原酶*merA*基因导入到北美鹅掌楸的原胚团中，转化植株能将剧毒的二价汞离子还原成毒性较低的汞原子，从而提高了北美鹅掌楸的抗逆性能（Rugh *et al*，1998）。吕伟光首次通过PEG介导方法将报告基因*GFP*成功转入鹅掌楸和北美鹅掌楸的原生质体中，使细胞在荧光显微镜下，表现出了绿色荧光（吕伟光，2010）。

国内的学者对影响鹅掌楸遗传转化效率的因素进行了初步研究。陈志等利用杂交鹅掌楸胚性愈伤和体细胞胚为受体材料，对乙酰丁香酮、菌液浓度、浸染时间对杂交鹅掌楸转化效率的影响进行了探讨。试验结果表明，在预培养阶段，乙酰丁香酮的使用有利于转化效率的提高，最佳条件时浓度100mg/L，预培养4d。而在共培养阶段，乙酰丁香酮的使用和延长共培养时间并不能显著提高杂交鹅掌楸的遗传转化效率。同时，在侵染时，不同菌液浓度和不同侵染时间对转化结果的影响也无显著的差异（陈志等，2007）。董琛等研究了不同的共孵育时间和温度等条件下，杂交鹅掌楸的胚性悬浮细胞与经不同表面化学修饰的CdSe/ZnS纳米颗粒之间相互作用过程的细胞生物学特征，以及CdSe/ZnS量子点的细胞毒性。结果表明带正电荷的CdSe/ZnS纳米颗粒可以通过细胞的液相胞吞作用进入杂交鹅掌楸细胞内，且不影响细胞的活性；而表面带负电荷的CdSe/ZnS纳米颗粒则主要聚集在细胞外壁附近。在培养溶液中添加20%（质量比）聚乙二醇，可进一步提高鹅掌楸细胞胞吞CdSe/ZnS纳米颗粒的量和减轻CdSe/ZnS纳米颗粒的细胞毒性。因此，以表面携带正电荷的CdSe/ZnS量子点纳米材料的基因载体，可广泛应用于未来的鹅掌楸转基因研究中（董琛等，2011）。

然而，目前对于鹅掌楸体细胞胚胎发生的认识水平还远远不够，体胚发

生能力等各项指标远不及未成熟合子胚所得的结果（陈金慧等，2012）。利用成熟器官进行体细胞胚胎发生还需要进一步的探索（崔燕华，2010）。对于愈伤组织诱导所需的激素水平等还未完全清楚，很难得到一个适用于全部基因型的全能配方。此外，由于鹅掌楸组织培养植株难生根，其生根技术未完全解决，今后应加强对这些技术的研究，从而为鹅掌楸新品种的选育及功能基因组学研究提供技术支持。

综上所述，随着分子生物学实验技术的不断进步，鹅掌楸属的分子生物学研究取得了众多有益的成果和突破。然而，由于鹅掌楸属树种自身特性和地理分布的限制，加上其分子生物学研究团队力量薄弱，资金投入不足等原因，分子生物技术在鹅掌楸属树种中的应用仍存在诸多难点。相对于杨树等模式树种，全基因组的破译和高效稳定的遗传转化体系的建立成为鹅掌楸属树种分子生物学研究能否深入展开的两个关键因素。鉴于此，在今后的研究中以下几个方面亟须加强。①全基因组的破译。根据我们的研究，鹅掌楸属树种全基因组较大（约为1.6G），且为高杂合高重复（未发表），未来解决问题的关键在于有效的测序材料选择和高效组装软件的开发，为鹅掌楸属树种功能基因组学研究和其生物学基础阐释奠定基础。②高效稳定的遗传转化体系的构建。鹅掌楸属树种组培体系中最大的难题在于组培苗褐化严重、生根困难。通过在培养基中添加活性炭等外源物质和改变外部光照等条件的进一步优化，获得高效稳定的组培体系是可能的，同时通过提高基因转化效率，建立成熟完善的遗传转化体系，为充分利用获得的EST序列，解析相关基因的功能奠定技术基础。③濒危机理的研究。利用分子标记和蛋白组学，国内学者对鹅掌楸的遗传多样性和濒危机理进行了探讨，但尚未涉及基因的表达调控（Li *et al*，2014；孙亚光，2007）。利用表观遗传学如全基因组甲基化测序（WGBS/MeDIP-Seq/RRBS），结合转录组图谱分析，开展鹅掌楸属树种生物学性状基因表达调控机制的研究，特别是鹅掌楸濒危机理的探讨，为改善鹅掌楸濒危环境提供现实理论基础。④高密度遗传图谱的构建。目前，鹅掌楸属树种的遗传图谱分子标记过少（李兴鹏，2007；杨建，2009），可利用的信息不多，重要性状相关功能基因挖掘仍未见报道。利用简化基因组测序（RAD/GBS）技术，开发全基因组SNP分子标记，进行超高密度遗传图谱构建、群体遗传和群体GWAS分析等，推动基因分型技术和全基因组关联研究，挖掘与诸多重要性状相关的功能基因，为鹅掌楸属的分子育种奠定基础。⑤特异种质的筛选和机理研究。鹅掌楸属树种无性繁殖困难（余发新，2011）、自然结籽率低下（方炎明等，1994；尤录祥等，1995）、水淹条件下极易死亡（李彦强，2015）。扩大种质资源收集，重点开展不同特性的育种材料筛选，如高生根率、高发芽率以及抗逆性强（耐涝、耐旱）等特异种质，结合高通量测序技术，通过直接比较突变体和野生型基因组鉴定突变位点，进行相关领域的分子机理研究，为鹅掌楸属树种的品种改良提供科学依据。⑥蛋白组学及分子传导途径研究。通过蛋白乙酰化、糖基化等高通量测序技术，开展鹅掌楸重要功能蛋白的结构与功能、蛋白质的翻译后修饰调控机制（磷酸化和脱磷酸化等）、功能蛋白的互作网络、重要蛋白质的亚细胞分布及其调控等研究，是鹅掌楸属树种分子生物学进一步深入研究的重要内容。

第十章

鹅掌楸属树种研究展望与推广前景

本章提要

全面开展鹅掌楸属的研究不过20余年，虽然已经取得了诸多成果，但还有许多关键问题未能得到解决，譬如在选择杂交亲本时如何考虑其遗传距离的远近、如何培育扦插高生根率品种和抗逆性品种、如何提高自然条件下有效胚种子的比例、如何实现高效定向培育、如何加快现代生物技术在鹅掌楸属研究中的应用等，这些都值得有识之士重视和思考。江西是林业大省，自然条件优越，适合鹅掌楸属树种生长。本章提出了鹅掌楸属急需加强研究的重点领域，并结合江西现有森林资源状况和未来林业发展目标以及鹅掌楸的生长表现分析了鹅掌楸在江西的应用潜力。

鹅掌楸属树种为优良的用材兼园林绿化树种，经过前后50多年的研究，特别是近20余年的研究，在种质资源、杂交育种、繁殖、造林和加工利用以及杂种优势的生理学、遗传学基础和分子生物学等方面取得了许多有益的成果。明确了鹅掌楸和北美鹅掌楸种质资源状况、遗传多样性水平、2个种之间的杂交可配性、去雄不套袋授粉技术、可用交配类型、杂种的适应性、木材的加工性能等；开展了扦插生根、胚胎学、实验胚胎学、杂种优势的生理

学和遗传学基础、扩大杂交组合、小规模区域试验、木材性状和加工利用试验，以及分子标记、生根和抗逆性的分子机理等研究；突破了扦插、体胚发生、基于分子标记的杂种识别和亲本选配等关键技术。但在生殖生物学、杂交种子园、早期选择、杂种优势的分子机理、适应性和抗逆性机理、组织培养和遗传转化体系、分子标记辅助选育、遗传连锁图谱、基因组学、蛋白质组学、定向培育、最佳亲本选配、木材加工利用等方面许多研究结果还不明确，制约鹅掌楸属树种研究和产业发展的一些关键技术还有待深入研究。此外，江西有着优越的自然条件，但森林总体质量不高，地产低效林改造等多项造林工程正在布局实施，且是一项长期任务，因此，推广鹅掌楸造林正当其时，前景广阔。

第一节 研究展望

一、扩大亲本遗传基础

目前我国推广的杂交鹅掌楸亲本来源有限、遗传基础狭窄、适应性不广。鹅掌楸杂交育种应该充分利用该属树种丰富的变异，开展种源间、家系间多组合杂交育种，扩大亲本遗传基础，创造更加丰富的变异和更大的杂种优势。近年来，在广泛收集国内外种质资源的基础上，南京林业大学组配了大量的交配组合，获得了多个交配组合的子代（李火根等，2009），并陆续在长江中下游各省开展了子代测定。我们认为，在选配多组合亲本时，以下两方面的研究需要进一步加强，结论需要更加明确。

（一）扩大亲本材料收集

鹅掌楸在中国的濒危现状和“一带五岛”的分布模式已成共识（郝日明等，1995），学者们也提出了相应的原地保存和异地保存策略，但我们在收集种源材料的过程中发现，实际保存中普遍存在着不足：一是原地保存中，基本上只做到了保护现有大树不被破坏，对林下杂灌和枯枝落叶极少清理，不利于天然更新，也很少将林下天然幼苗移栽，以扩大居群范围和植株数量；二是异地保存（一般都与种源试验相结合）中种子或接穗材料的采集由于受到树高和山地环境的限制，没有全面代表群体的性状特征，取材的往往是树体相对较细或分枝较低的植株，而表型粗大通直的优良个体由于采集困难，反而被缺失了，对种源试验来说是不小的缺陷。

北美鹅掌楸的分布范围很广，南北跨越10多个纬度，地形也较为复杂，分布区的气候差异也较大。在低海拔及排水较好的沿海平原地带，北美鹅掌楸与落羽杉（*Taxodium distichum*）、红枫（*Acer rubrum*）等耐水湿树种共生（王章荣等，2005）。尽管我国几十年来先后多次从美国引进北美鹅掌楸种源材料，但迄今为止已开花并能用于杂交亲本的植株还较少，更加缺少一些生长于低海拔、耐水湿或者具有其他抗逆性的材料。为扩大杂交鹅掌楸的遗传基础，选育具有更多优良性状的杂种后代，应加强这方面的引种和杂交试验。

（二）亲缘关系与杂种优势

亲缘关系与杂种优势有着必然的联系，李周岐（2000）就鹅掌楸属树种遗传距离与杂种优势的关系做了有益的探索，认为亲本遗传距离与子代苗高和地径表现为二次曲线相关，复相关系数r分别为0.8235（$P<0.01$）和0.5090（$P<0.05$），即在一定范围内，随着亲本间遗传距离的增大，其子代苗高地径生长量提高，当亲本间遗传距离过大时其子代的生长量又会降低，当亲本遗传距离在0.23左右时能获得最大的杂种优势。但该结果有待进一步观测和完善，主要问题表现在：一是两个亲本种样株数量较少，种源不详，且参加生长测试的植株缺少以北美鹅掌楸作为亲本的杂交子代（以北美鹅掌楸为亲本的全部杂交组合出苗数少），因此，试验结果中缺少但重要的北美鹅掌楸与其他两个种的遗传距离与子代生长量的关系；二是子代苗龄太短，为当年播种移栽苗，移栽后的生长期不足半年，其结果不能完全代表测试株的生长性状好坏，一般林木苗期生长量最少应有一个完整的生长年，最好是2～3年的生长期。因此，考察鹅掌

楸属树种遗传距离与子代生长量的关系应该进一步扩大实验亲本样株的数量，保证每个亲本都有子代参与田间栽培试验，同时观测生长量需要一个较长的生长期，最好能连续观测。

王晓阳（2011）以12个鹅掌楸种间杂交组合子代及其亲本半同胞子代为材料，利用SSR分子标记检测鹅掌楸交配亲本的遗传距离、杂交组合子代的杂合度与生长量杂种优势的相关性，发现各交配组合亲本间存在较大的遗传差异，各杂交组合子代具有较高的杂合度；但杂种子代苗期生长的杂种优势表现与亲本遗传距离及子代杂合度之间相关系数无显著差异，表明亲本遗传距离和杂交子代杂合度并非鹅掌楸杂种优势形成的主要原因。姚俊修等（2013）利用30个SSR标记研究鹅掌楸交配亲本遗传距离和杂种优势相关性，也发现子代杂种优势4个度量指标与亲本遗传距离即子代杂合度存在相关性，但都未达到显著水平。

二、加快杂交种子园建设

鹅掌楸属树种结实量大，实生育苗是生产上最好的繁殖方式。尽管无性繁殖技术已有较好的进展，但扦插繁殖对设施、环境的要求高，体胚再生技术有基因狭窄的缺陷，因此，无性繁殖技术目前主要用于科学研究和小规模育苗。从长远看，杂交种子园是鹅掌楸属生产用种的基本来源。杂交种子园包括种内杂交种子园和种间杂交种子园。

（一）种内杂交种子园

从多个天然群体中选择优良单株采集穗条嫁接育苗，建立种内杂交种子园，采穗不便时也可采种育苗。但要注意的是鹅掌楸分布范围广、群体间的差异大，种子园设计时要认真考虑相邻居群的生物学特性和可配性，尤其是开花时间要尽量一致，以提高授粉率。母株尽可能来自多个居群，同时考虑其亲缘关系。栽植初始密度建议2m×3m，便于早期管理，后期可通过疏伐降低植株密度。

（二）种间杂交种子园

杂交鹅掌楸市场需求量大，苗木短缺，主要是因为目前的杂种苗多靠人工授粉及扦插繁殖获得，可提供的苗木数量少，限制了其大规模推广应用。从长远来看，生产用苗主要通过实生繁殖，建立杂交种子园是根本途径。根据培育目标，应选择具有优良性状的北美鹅掌楸和鹅掌楸穗条嫁接育苗，按要求建立种间杂交种子园。杂交种子园除了要求合理的交配设计外，更要考察其开花时间的同步性，同样也需要来源多样化。

三、定向选育

鹅掌楸属育种尤其是杂交鹅掌楸的育种，目前主要集中在交配系统和丰富杂交组合方面，针对该属树种的特性开展定向选育的研究还刚刚起步，但这无疑相当重要，定向选育可考虑高生根率品种选育、耐水耐旱等抗性品种选育、冠型选育以及优良材性品种选育等。

（一）扦插高生根率无性系选育

本课题组经过近十年的研究，通过杂交、多次扦插试验和造林试验选育了3个高生根率无性系良种，即杂交鹅掌楸优无1、2、3号（图7–2），3个良种表现出速生和扦插成活率高的特点，平均生根率80%以上，胸径年均生长量2.3cm，树高年均生长量1.58m。但该无性系来源于同一个杂交组合，大面积造林遗传基础狭窄，有病虫害等风险隐患。下一步可从两方面进一步开展选育：一是利用这3个无性系开展多组合杂交育种，以期将高生根率性状固定并遗传给子代；二是继续开展多组合杂交，通过扦插和造林试验选育更多高生根率优良无性系。同时，本课题组已经从转录组角度发掘并克隆多个生根相关基因，其功能验证正在进行中，待鹅掌楸遗传转化体系稳定建立，则有可能培育出高生根率的转基因品系。

（二）抗性品种选育

鹅掌楸的抗性主要考虑其耐涝、耐旱、耐污染以及抗病虫害等，目前国内外这方面的研究很少。本课题组筛选出耐涝北美鹅掌楸家系Louis-1和Louis-2，其中淹水胁迫（淹水至茎基部）32d时，存活率保持75%（李彦强等，2011）。这一结果为选育耐涝杂交鹅掌楸提供了宝贵的材料基础。下一步将加快无性系化，先培育出一定数量的耐涝北美鹅掌楸无性系，开花后开展种间杂交，以选育耐涝杂交鹅掌楸，但需要较长时间。目前我们正在开展耐涝基因的发掘，已获得了大量淹水相关的基因序列，相关研究有待进一步深入。

关于耐旱、耐污染及抗病虫害等品种选育目前未见报道，但杂交鹅掌楸较亲本耐旱，我们的观测结果表明，在2003年江西特大旱灾时，同一立地条件下，鹅掌楸幼树死亡率达30%，而杂交鹅掌楸苗虽然生长速度明显下降，但植株死亡极少，死亡率仅2%，说明开展耐旱的杂交鹅掌楸选育有较好潜力。鹅掌楸和杂交鹅掌楸均有耐铜、镉、铅和铝等金属污染的研究报道（叶金山等，2002；赵志新等，2009），但未形成耐性品种。鹅掌楸属目前病虫害较少，主要是鹅掌楸巨刺叶蜂（*Megabeleses liriodendrovorax* Xiao）、大背天蛾（*Meganoton analis* Felder）和白粉病、炭疽病、溃疡病等。生产上只有极少数植株发现病虫危害，无整片林分受害的报道，但大规模种植后，病虫害的风险是存在的，选育抗病虫害品种应该及早开展，防患于未然。

（三）冠型选育

树木的冠型（这里主要指冠幅的大小）存在一定的变异，如欧美杨无性系就存在窄冠和宽冠等类型，冠型的选育由其用途决定，一般园林绿化要求冠幅大，即宽冠型类；而培育工业用材林在不降低单株生长量的情况下则要求窄冠型，以增加造林密度，提高单位面积产量。鹅掌楸属树种为用材和绿化兼用树种，选育不同的冠型品种将有利于提高其利用效率，但鹅掌楸属这方面的研究还没有开始，本课题组研究了杂交鹅掌楸冠型估算模型（李彦强，2014），可供今后研究参考。

（四）优良材性品种选育

鹅掌楸属树种作为用材树种，材性是其利用价值的决定性指标。从已有的研究来看，鹅掌楸属树种属于中密度长纤维树种，木材加工性能好。但由于地理分布范围广，生境差异大，居群间、居群内以及杂种的不同杂交组合间均存在着丰富的变异，包括材性变异，因此，作为用材林的树种，极有必要开展其材性研究，尤其是选育适合不同用途的、具有相应材性优势（特征）的品种，主要考虑纤维性状、密度性状和切削、胶粘等加工性状。培育纤维材主要考察其纤维性状，包括纤维长度、长宽比、纤维丝角等，培育板材主要考察其密度和加工性状，包括基本密度和气干密度，以及木材切削、干燥、胶粘、改性等，这方面的研究目前开展不多，有待加强。

此外，鹅掌楸属树种普遍存在发芽率低的情况，一般在3%左右，场圃发芽率更低，造成苗木短缺尤其是优质苗短缺。种子发芽率低与花粉活力、种群大小、传粉环境、种子处理等多方面因素有关，生产上可以通过扩大林分面积、改善传粉环境、层积处理等措施来提高种子发芽率，但能否从遗传上提高鹅掌楸自然授粉状态下有效胚种子的比例，还需要深入研究。我们的试验表明，鹅掌楸场圃发芽率普遍较低，对17个种源的场圃发芽率观测显示，最高为贵州荔波6.48%，最低为重庆南川只有0.27%，种源间的变异系数达0.70；而种源内家系间差异更大，变异系数最大的为云南麻栗坡达到2.60，最小的为贵州荔波0.05，而家系最高发芽率为云南金平达到16.2%，最小的为0。这些种源间、种源内有些外界环境条件差别不大，但种子发芽率差别却很大，这为选育自然状态下有效胚种子比例较高的遗传型提供了启示。

四、早期选择技术

林木培育周期长，早期选择技术可大幅度缩短选育周期。就鹅掌楸属而言，早期确认杂种优势的大小尤为重要。现有研究表明，分子标记、遗传距离、生理生化指标、亲本地理差异等均有可能用于鹅掌楸属杂种优势的预测，但至今还没有形成完善可靠的具体指标，现有的研究结果也不完全一致，有的甚至相反。如利用激素预测杂种优势，李周岐等（2000）研

究表明，杂交鹅掌楸顶芽下第一节间中$GA_{1/3}$和iPA含量大量增加，但含量的排序与苗高生长量的排序无一致性，不能以此作为杂种优势预测的依据。本课题组研究表明，ZR和IAA可作为杂交鹅掌楸树高和胸径生长量早期选择的首选指标；GA与树高生长显著相关，但与胸径生长相关不显著，可作为辅助指标（余发新等，2010）。但这一结果来自于较小范围的取样植株（共40株），且没有用另外的材料来对这些指标作进一步验证。此外，关于亲本的遗传距离与杂种优势的关系，学者们的研究结论并不一致，甚至相反。李周岐等认为亲本遗传距离与子代苗高和地径均表现为二次曲线相关，达显著程度，并提出当亲本间的遗传距离在0.23左右时，苗高和地径性状均能获得最大程度的杂种优势，可以作为鹅掌楸杂交亲本选配的依据。而王晓阳和姚俊修等研究表明，杂交鹅掌楸生长量与亲本遗传距离存在相关性，但都未达到显著水平。因此，这方面的研究还有待进一步深入，可利用传统的早晚期相关技术，结合激素等生理指标和现代分子生物学技术，对生长量、材性、抗性等开展早期选择研究，以缩短鹅掌楸属选育周期，加快育种进程。

五、遗传体系构建与基因组研究

鹅掌楸属的分子生物学研究已经取得了可喜的成果，但没有突破性进展，其关键原因还是在于未能完成全基因组测序和高效遗传转化体系的构建。鹅掌楸属树种全基因组的破译不仅有助于了解鹅掌楸属树种的物种分类和起源进化，同时挖掘重要应用价值基因也更为选育高生根率、耐涝耐旱等抗性品种、高发芽率品种育、冠型选育以及优良材质品种奠定坚实基础，推动鹅掌楸属树种基因组学研究进入一个新时代。

相对于杨树和桉树等树种，鹅掌楸属树种的研究投入和团队都过少。本课题组利用高通量测序技术对鹅掌楸全基因组进行了初步组装和分析，预估其基因组大小为1.6G，重复序列比例为58.58%，杂合率为0.93%，属于高重复高杂合基因组。全基因组的破译仍需要依靠大量的资金投入以及配套软件的开发。就鹅掌楸属树种遗传转化体系而言，依靠高效通用的组织培养配方，建立稳定的植株再生体系和高效的转化效率将是关键。因此，就目前状况而言，选择适宜的试验手段和试验材料对于促进鹅掌楸属树种的分子生物学研究将起到事半功倍的作用。建议一方面进一步加强鹅掌楸居群内优良单株和北美鹅掌楸特殊种源的收集，为分子生物学研究和品种选育提供材料基础；同时，充分利用现有高生根杂交鹅掌楸和耐涝北美鹅掌楸等特殊材料，加速其相关领域的分子机理研究；最后，加快建立稳定的遗传转化体系，充分利用获得的EST序列，对其功能进行深入研究。

第二节 | 推广前景

一、江西省自然地理条件

江西省位于中国东南部，长江中下游南岸，古称“吴头楚尾，粤户闽庭”，东邻浙江、福建，南连广东，西靠湖南，北邻湖北、安徽而共接长江，为长江三角洲、珠江三角洲和闽南三角地区的腹地。地理坐标介于北纬24°29′14″～30°04′41″，东经113°34′36″～180°28′58″之间，南北长约620km，东西宽约490km，面积16.6947万km^2，占全国土地总面积的1.74%，为中等面积的省份。

（一）地貌

江西东、西、南三面环山。东部及东北部有怀玉山和武夷山脉；西部及西北部有幕阜山、九岭山、武功山、罗霄山脉；南部及西南部有万洋山、诸广山、大庾岭、九连山脉。高度一般为海拔1000～1500m，最高峰为武夷山的主峰——黄岗山，海拔2157.7m。中部丘陵、盆地相间；北部平原坦荡，江湖交织，有我国第一大淡水湖——鄱阳湖及湖区平原。全省地势由东、南、西三面逐渐向鄱阳湖倾斜，构成一个向北开口的巨大盆地。地貌类型以

山地、丘陵为主，兼有平原、岗地，山地面积占全省土地总面积的36%，丘陵占42%，岗地、平原、水面占22%。根据山脉的空间分布和地势起伏特征，可分为3个主要的地形地貌区。

1. 边缘山地

遍布省境周围，除南部山地走向较零乱外，其余多受华夏系构造控制，呈北东—南西或北北东—南南西走向，山脊线与构造大体吻合，一般背斜成山，向斜为谷。除北部的瑞昌至彭泽为长江南岸平地外，其余均为山地，面积约6.01万km^2。山体多由变质岩和花岗岩组成。平均海拔1000～1500m，构成省际天然界限和分水岭。主要山脉有：东北的怀玉山、东南的武夷山，南部的大庾岭和九连山，西边的罗霄山脉，西北的幕阜山，九岭山和庐山。由于山区居民点稀少，交通不便，人为活动影响相对较小，森林植被良好。

2. 中南部丘陵

丘陵区地形较复杂，低山、丘陵、岗地与盆地交错分布，面积7.01万km^2，海拔一般为200～600m。由于红色岩层遍布，故有“红色丘陵”之称。山体呈条带状、馒头状或缓坡状的垄岗，地表植被较为发育，局部地区因水土流失严重，植被稀少。冲沟发育，水系密度大，地势较为低缓。丘陵中较大的盆地有吉泰盆地、赣州盆地、信丰盆地、兴国盆地、瑞金盆地和南丰盆地等。盆地海拔为200～500m，盆地边缘往往都有断层存在，多为断陷盆地。盆地内自然条件较好，宜于农、林、牧、渔各业生产，是省内最重要的粮油林果生产区。由于人为活动频繁，导致原生植被破坏严重，生态环境恶化。

3. 鄱阳湖平原

鄱阳湖平原位于江西省北部，为长江、鄱阳湖水系（赣、抚、信、饶、修）等江河水冲积、淤积而成的湖滨平原，面积约2万km^2。其地表广泛分布着红色风化物、第四纪红土和近代河湖沉积物，海拔一般为20～50m。其范围北起长江，南达樟树、临川，东起乐平、万年，西至安义、高安。地表平坦，河网密布，多开辟为大片水田和旱地，有不同规模的库、塘、城镇居民区分布。其中旱地多为坡耕地，在滨湖、河岸地带，因水侵和风蚀作用常形成大面积的流动、半流动沙丘等风蚀地貌。

（二）气候

江西省地处中亚热带湿润季风气候区。全省气候深受地理位置及复杂的地貌形态的影响和制约。全省气温适中，日照充足，雨量充沛、无霜期长、冷冻期短，形成春多雨、夏炎热（盛行偏东南风）、秋干燥（偏北风多）、冬阴冷（盛行北风及偏北风）的特点。全省年均总辐射量4057～4794MJ/m，年均日照时数1473.3～2077.5h，年均气温16.2～19.7℃，年均降水量为1341.4～1939.4mm，无霜期241～304d，水热同期，是我国发展用材林、经济林、果林的重要基地。由于纬度地带性的分异，使热量由南向北递减，又由于水平地带性（主要是纬向，次为经向）和地貌垂直地带性三向地带性的综合作用，使江西水热条件产生错综复杂的变化。年均温平原高于山区，湿度山区高于平原；蒸发量平原湖滨区高于山区，降雨量山区多于平原盆地，东部多于西部。全省武夷山区、怀玉山区、九岭山区为热量较少，雨量最多区；幕阜山区、井冈山区为热量较少，雨量较多区；赣南山区为热量丰富，雨量较多区；赣南盆地丘陵为热量丰富、雨量较少，常遭伏旱、水土流失区；吉泰、赣抚、鄱阳湖平原为热量较多，雨量较少，伏旱较重区；赣中丘陵山区（宜黄、乐安一带）为热量、雨量较多区。这些气候特征，深刻影响着江西森林的分布、生长和林业生产的布局。

（三）土壤

根据全国第二次土壤普查结果，按照土壤形成条件、成土过程的特点以及土壤属性，全省土壤分为13个土类23个亚类92个土属251个土种。其中红壤分布最广，占全省总面积的70.69%（江西是我国红壤分布的主要省份之一）。水稻土次之，占全省总面积的20.35%。

红壤为江西省分布最广、面积最大的地带性土壤，是全省最重要的土壤资源。红壤广泛分布于全省海拔800m以下的低山、丘陵和岗地，成土母质是

各类岩石的风化物，土层厚黏，有效土层在50cm以上。表层为非水稳性粒状构造，底层为块状、碎块状构造。反应呈酸性，有机质、全氮含量较低，速效性磷、钾较缺乏，热量较高。红壤的生物合成与分解过程较迅速，适宜种植多种亚热带植物。根据红壤的发育程度和主要性状，大致可划分为红壤、棕红壤、黄红壤和红壤性土4个亚类。红壤亚类面积最大，约769.83万hm^2，占红壤土类面积的73.1%。红壤以赣州地区面积最大，其次是吉安、抚州、上饶等地区。黄壤面积约41.3027万hm^2，约占江西省土壤总面积的2.77%，主要分布于中山山地中上部，海拔800～1200m，土体厚度不一，自然肥力一般较高。山地黄棕壤主要分布于海拔1000～1400m以上的山地，自然肥力高，现有植被一般为常绿与落叶混交林，生长茂密，覆盖度大。山地草甸土主要分布于海拔1400～1700m的高山顶部，面积很小。由于水分充足、阴凉湿润，有利于有机质的积累，土壤潜在肥力高。潮土的成土母质为河湖沉积物。主要分布在鄱阳湖沿岸、长江和五大河流的河谷平原。由于水流的分选作用，一般距河流越近，质地越粗；距河流越远，质地越细。又由于每次水流大小不同，剖面层理性明显，常出现上、中、下不同的质地层次，对土壤肥力性状影响较大。潮土土层深厚，土体浅棕灰至暗棕灰色，质地沙壤至轻黏土，土壤物理性质一般较好，疏松多孔，通气透水。是全省棉花、甘蔗、麻类的重要种植土壤。石灰土是在石灰岩母质上发育的一类岩性土。零星见于彭泽、德安、宜春、万载、分宜、萍乡、新余、瑞金、会昌、南康、全南、龙南、崇义等县市的石灰岩山地丘陵区。一般土层浅薄，大多具有石灰性反应。根据肥力和颜色又可分为黑色石灰土、棕色石灰土和红色石灰土等。水稻土由各类自然土壤水耕熟化而成，为全省主要的耕作土壤。广泛分布于省内山地、丘陵、谷地和河湖平原阶地，面积为303.26万hm^2，占江西省耕地总面积的80%以上。根据水型特征，水稻土又可分为淹育性水稻土、潴育性水稻土、潜育性水稻土3个亚类。紫色土是在紫色砂页岩风化物上发育的一类岩性土，主要分布在赣州、抚州和上饶市的丘陵地带，其他丘陵区也有小面积零星分布。常与丘陵红壤交替分布组成复区。紫色土磷和钾的含量较为丰富，适种性广，为南丰蜜橘以及烟草等经济作物的重要适种土壤。

（四）植被

江西复杂的气候和地貌条件孕育了极为丰富的植被资源和生物物种，形成了多种类型的森林植被和复杂的结构，在全国植被区划中被划为中亚热带常绿阔叶林带，又细分为两个亚地带，即南部亚地带和北部亚地带，5个林区及11个亚区。由于长期的人为干扰，原始植被存留不多，仅分布在偏僻的山区，地带性植被为常绿阔叶林。基本植被类型有：针叶林，分为低山丘陵和山地针叶林，建群种主要是马尾松和杉木，山地针叶林主要有台湾松、柳杉和南方铁杉林；常绿阔叶林，主要建群种为苦储、米储、甜储、木荷、青冈栎等；竹林，多分布在低山、丘陵；针阔混交林，主要有杉竹混交林、杉木、马尾松与阔叶树混交林；常绿与落叶阔叶混交林；落叶阔叶林；山地矮林；还有灌丛、山地草甸、沙地植被等类型。全省森林覆盖率达到52.4%。江西的森林主要分布在山区、高丘区，其分布和林木生长受地形地貌、气候和土壤的影响非常大。

二、江西省森林资源状况

2015年，江西省森林覆盖率接近64%，森林总面积为1018.02万hm^2，其中，针叶林540.24万hm^2，占53.06%；阔叶林139.59万hm^2，占13.71%，其余为杂灌林，面积338.19万hm^2，占33.23%。人工针叶林和人工阔叶林面积分别为237.13万hm^2和26.01万hm^2。现有宜林地7.82万hm^2。全省森林活立木蓄积量4.7亿m^3，平均每公顷蓄积量46.17m^3，不足全国平均水平的60%。可见，江西森林总体上质量不高，针叶林比重过高，阔叶林的比重太低。

三、江西省鹅掌楸属树种发展潜力

（一）鹅掌楸属树种生长表现优良

鹅掌楸属树种在江西山地、丘陵、岗地和平原排水良好立地均有良好的生长表现，片林年均胸径生长量一般可达2.0cm以上，大的可达3.0cm以上，

年均树高生长量一般可达1.5m以上，大的可达2.0m以上。庭院绿化和行道树年均胸径生长量一般可达2.5cm以上，大的可达3.0cm以上，年均树高生长量一般在1.5m左右。

（二）人工造林发展空间大

江西省森林针阔比例不协调，森林质量总体不高，急需加大阔叶树造林力度。据江西省林业“十三五”初步规划显示，未来五年江西森林覆盖率将稳定在64%以上，活立木总蓄积量超过5.5亿m^3，实施退耕还林、地产低效林改造、木材战略储备基地、珍贵阔叶树培育等工程造林超过200万hm^2，其中阔叶林近100万hm^2。如果按阔叶林中10%的面积用于营造鹅掌楸或杂交鹅掌楸，栽植密度按1000株/hm^2计算，则未来五年内可营造鹅掌楸林近10万hm^2，需要造林苗超过1亿株。随着人们对鹅掌楸属树种价值认识的不断提高、相关技术的进步和江西木材产业的快速发展，鹅掌楸属树种尤其是杂交鹅掌楸有着越来越广阔的发展前景。

参考文献

边黎明，施季森，李火根，等. 2010. 利用嫁接技术保存鹅掌楸属种质资源的试验［J］. 林业科技开发，24（3）：116–118.

卜基保. 2010. 优良生态树种杂交鹅掌楸不同栽植密度的研究［J］. 安徽农业大学学报，37（3）：523–525.

蔡伟建，郭鑫，高捍东，等. 2011. 鹅掌楸属植物人工林培育研究进展［J］. 福建林业科技，38（2）：164–170.

蔡晓明，施季森. 2008. 北美悬铃木无性系生根特性遗传变异研究［J］. 林业科技开发，22（4）：12–17.

曹兵，高捍东. 2003. 希蒙得木的扦插繁殖技术［J］. 南京林业大学学报：自然科学版，27（4）：62–66.

曹朝银，郑志霞，孟海进. 2006. 杂交鹅掌楸春夏两季扦插特征比较［J］. 河北林业科技，3：9–10.

曹福亮，汪贵斌，郁万文. 2014. 银杏果用林定向培育技术体系集成［J］. 中南林业科技大学学报，34（12）：1–6，15.

曹福亮，汪贵斌，郁万文. 2014. 银杏叶用林定向培育技术体系的集成［J］. 南京林业大学学报：自然科学版，（6）：146–152.

曹慧，兰彦平，王孝威，等. 2001. 果树水分胁迫研究进展［J］. 果树学报，18（2）：110–114.

曾瑞生. 2011. 鹅掌楸裸根大苗移植技术初报［J］. 内蒙古林业调查设计，34（1）：35–37.

陈碧华. 2012. 杂交鹅掌楸组织培养技术研究［J］. 湖北林业科技，175：10–13.

陈存及，范辉华，潘标志，等. 2003. 生态示范林营造效果初探［J］. 福建林业科技，30（2）：28–30.

陈凤和. 2008. 杉木与杂交鹅掌楸混交比例效果研究［J］. 安徽农学通报，14（19）：152–154.

陈桂芳，蔡孔瑜，李在军，等. 2008. 淹水对中华蚊母树生长及生理的影响［J］. 西南林学院学报，28（5）：42-44.

陈辉，阮宏华，胡海波，等. 2003. 鹅掌楸光合性能的测定与分析［J］. 南京林业大学学报：自然科学版，27（1）：72-74.

陈金慧，施季森，诸葛强，等. 2003. 杂交鹅掌楸体细胞胚胎发生研究［J］. 林业科学，39（4）：49-54.

陈金慧，施季森，诸葛强. 2002. 杂交鹅掌楸的不定芽诱导及植物再生［J］. 植物生理学通讯，38（5）：459.

陈金慧，施季森. 2002. 鹅掌楸组培苗的生根及移植技术［J］. 林业科技开发，16（5）：21-22.

陈金慧，张艳娟，李婷婷，等. 2012，杂交鹅掌楸体胚发生过程的起源及发育过程［J］. 南京林业大学学报：自然科学版，36：16-20.

陈金慧. 2003. 杂交鹅掌楸体细胞胚胎发生研究［D］. 南京：南京林业大学，博士学位论文.

陈龙. 2008. 利用SSR分子标记研究鹅掌楸天然群体遗传结构［D］. 南京：南京林业大学，硕士学位论文.

陈启富. 2010. 杂交鹅掌楸迹地造林试验［J］. 安徽林业，（2）：37-38.

陈万利，曾庆文. 1998. 木兰科植物的嫁接繁殖［J］. 热带亚热带植物学报，6（1）：68-74.

陈学泽，谢耀坚，彭重华. 1997. 城市植物叶片金属元素含量与大气污染的关系［J］. 城市环境与城市生态，10（1）：45-47.

陈玉梅，王思麒，罗言云. 2010. 基于抗重金属铅、镉污染的城市道路绿化植物配置研究［J］. 北方园艺，（8）：92-95.

陈志，陈金慧，边黎明，等. 2007. 杂交鹅掌楸胚性细胞悬浮系的建立［J］. 分子植物育种，5（1）：137-140.

陈志，陈金慧，李婷婷，等. 2007，杂交鹅掌楸转双价抗病基因影响因子研究［J］. 分子植物育种，5：588-592.

成俊卿. 1985. 木材学［M］. 北京：中国林业出版社.

仇建习，汤孟平，沈利芬，等. 2014. 近自然毛竹林空间结构动态变化［J］. 生态学报，34（6）：1444-1450.

褚怀亮，郑炳松. 2008. 植物嫁接成活机理研究进展［J］. 安徽农业科学，36（13）：5405-5407，5409.

崔凯荣，裴新梧，秦琳，等. 1998. ABA对构杞体细胞胚发生的调节作用［J］. 实验生物学报，31（2）：195-201.

崔克明. 1991. 植物生长调节剂在控制形成层活动中的作用 [J]. 植物学通报, 8 (1): 22-29.

崔燕华. 2010. 杂交鹅掌楸营养器官体细胞胚胎发生研究 [D]. 南京: 南京林业大学, 硕士学位论文.

丁平海, 郗荣庭. 1991. 核桃枝接愈合过程的解剖学观察 [J]. 林业科学, 27 (4): 457-460.

董必慧, 刘芳芳, 邱煜茗, 等. 2012. 鹅掌楸扦插繁殖方法初探 [J]. 江苏农科科学, 40 (2): 118-120.

董琛, 施季森, 陆叶, 等. 2011, 聚乙二醇介导鹅掌楸悬浮细胞与CdSe/ZnS量子点纳米颗粒共孵育的互作特征 [J]. 中国科学: 生命科学, 41: 494-501.

杜国坚, 黄天平, 张庆荣, 等. 1995. 杉木混交林土壤微生物及生化特征和肥力 [J]. 浙江农林大学学报, (4): 347-352.

樊汝汶, 叶建国, 尹增芳, 等. 1992. 鹅掌楸种子和胚胎发育的研究 [J]. 植物学报, 34 (6): 437-442.

樊汝汶, 尹增芳, 尤录祥. 1990. 鹅掌楸花芽分化的细胞形态学观察 [J]. 南京林业大学学报, 14 (2): 26-32.

方禄明. 2009. 体细胞胚胎发生杂交鹅掌楸造林密度试验 [J]. 林业科技开发, 23 (3): 99-101.

方升佐, 蔡顺章, 于洪林. 1997. 杨树生长的边行优势及其在胶合板材培育中的应用 [J]. 南京林业大学学报: 自然科学版, 21 (2): 13-17.

方升佐, 黄宝龙, 徐锡增. 2005. 高效杨树人工林复合经营体系的构建与应用 [J]. 西南林学院学报, 25 (4): 36-41.

方升佐, 田野. 2012. 人工林生态系统生物多样性与生产力的关系 [J]. 南京林业大学学报: 自然科学版, 36 (4): 1-6.

方升佐, 徐锡增, 吕士行, 等. 1998. 中短轮伐期杨树纸浆林LAI及生物生产力的研究 [J]. 应用生态学报, 9 (3): 225-230.

方升佐, 徐锡增, 吕士行, 等. 2000. 杨树萌芽更新及持续生产力 [J]. 南京林业大学学报: 自然科学版, 24 (4): 43-48.

方升佐, 徐锡增, 吕士行. 2004. 杨树定向培育 [M]. 合肥: 安徽科学技术出版社.

方升佐, 杨文忠, 洑香香. 2004. 杨树微纤丝角的变异及其与木材性质的相关关系 [J]. 东北林业大学学报, 32 (4): 261-267, 335.

方升佐. 2008. 中国杨树人工林培育技术研究进展 [J]. 应用生态学报, 19 (10): 2308-2316.

方炎明, 尤录祥, 樊汝汶. 1994. 鹅掌楸天然群体与人工群体的生育力 [J]. 植物资源

与环境，3（3）：9−13.
方炎明，张晓平，王中生. 2004. 鹅掌楸生殖生态研究：生殖分配与生活史对策［J］. 南京林业大学学报（自然科学版），28（3）：71−74.
方炎明，章中正，王文军. 1996. 浙江龙王山和九龙山鹅掌楸群落研究［J］. 浙江农林大学学报，13（3），286−292.
方炎明. 1994. 鹅掌楸的地理分布与空间格局［J］. 南京林业大学学报：自然科学版，（2）：13−18.
冯玉龙，姜淑梅. 2002. 长白落叶松几种酶活力及在种源早期选择中的应用［J］. 林业科学，38（2）：15−20.
冯玉龙，王文章. 2000. 长白落叶松无性系选择生理指标的研究［J］. 林业科学,（专刊）：80−85.
冯源恒，李火根，王龙强，等. 2011. 鹅掌楸属树种繁殖性能的遗传分析［J］. 林业科学，47（9）：43−49.
冯源恒，李火根，杨建，等. 2010. 两种鹅掌楸繁殖成效的比较［J］. 热带亚热带植物学报，18（1）：9−14.
洑香香，叶建国，尹增芳. 1998. 外源激素对杂交鹅掌楸生根能力的影响［J］. 林业科技开发，（1）：46−47.
付伟，廖祥儒，王俊峰，等. 2004，植物体内的木质素［J］. 生物学通报，39：12−14.
傅立国. 1992. 中国植物红皮书：稀有濒危植物［M］. 北京：科学出版社.
葛颂. 1997，遗传多样性. 保护生物学［M］，杭州：浙江科学技术出版社.
龚宁，沈国军，王冲，等. 2014. 6种常用绿化树种在杭甬高速通道的造林效果分析［J］. 浙江林业科技，34（5）：65−67.
关义新，戴俊英，林艳. 1995. 水分胁迫下植物叶片光合的气孔和非气孔限制［J］. 植物生理学通讯，31（4）：293−297.
管守忠. 2010. 丹桂扦插繁殖技术研究［J］. 福建林业科技，37（2）：107−109.
郭蔼光，张慧，王保莉，等. 1994. 干旱胁迫对小麦叶片核糖核苷酸酶活力及合成的影响［J］. 核农学报，8（2）：75−79.
郭传友，黄坚钦，方炎明，等. 2004. 植物嫁接机理研究综述［J］. 江西农业大学学报，26（1）：144−148.
郭继善. 1995. 关于杂交鹅掌楸的扦插繁殖［J］. 林业科技开发，（2）：2−3.
郭治友. 2003. 都匀市螺丝壳水源林保护区现存珍稀濒危植物鹅掌楸天然分布［J］. 黔南民族师范学院学报，（3）：34−36.
郭治友，肖国学，龙应霞，等. 2008. 珍稀植物鹅掌楸组织培养与离体快繁技术［J］. 林业实用技术，4（20）：42−43.

郭治友，肖国学，赵洪，等. 2008. 都匀市螺丝壳鹅掌楸种群生态学研究［J］. 安徽农业科学，36（23），9970-9972.

郝日明，贺善安，汤诗杰，等. 1995. 鹅掌楸在中国的自然分布及其特点［J］. 植物资源与环境学报，4（1）：1-6.

何贵平，陈益泰，胡炳堂，等. 2001. 杉木与鹅掌楸、檫树混交林及其纯林生物量和土壤肥力研究［J］. 林业科学研究，14（5）：540-547.

何友均，梁星云，覃林，等. 2013. 南亚热带人工针叶纯林近自然改造早期对群落特征和土壤性质的影响［J］. 生态学报，33（8）：2484-2495.

何智英. 1995. 杉木幼林地水土流失及其防治的研究：I. 营林措施对杉木幼林地水土流失的影［J］. 水土保持学报，9（2）：64-69.

贺善安，郝日明，汤诗杰. 1996. 鹅掌楸致濒的生态因素研究［J］. 植物资源与环境学报，5（1）：1-8.

贺善安，郝日明. 1999. 鹅掌楸自然种群动态及其致危生境的研究［J］. 植物生态学报，23（1）：87-95.

胡伟华，谢青，常德龙，等. 2005. 杂交鹅掌楸抽提物的抗虫性［J］. 东北林业大学学报，33（5）：113-114.

黄宝龙，黄文丁. 1991. 林农复合经营生态体系的研究［J］. 生态学杂志，10（3）：27-32.

黄昌春. 2008. 福建沙县26年生杂交鹅掌楸人工林生物量与生产力研究［J］. 福建林业科技，35（3）：10-13.

黄坚钦，章滨森，陆建伟，等. 2001. 山核桃嫁接愈合过程的解剖学观察［J］. 浙江林学院学报，18（2）：111-114.

黄坚钦，周坚，樊汝汶. 1995. 鹅掌楸双受精和胚胎发生的细胞形态学观察［J］. 植物学通报，12（3）：45-47.

黄坚钦. 1998. 鹅掌楸结籽率低的胚胎学原因探讨［J］. 浙江农林大学学报，（3）：269-273.

黄坚钦. 2001. 植物细胞的分化与脱分化［J］. 浙江农林大学学报，18（1）：89-92.

黄利斌，施士争，祝良林. 2008. 杂交鹅掌楸无性系造林试验初报［J］. 江苏林业科技，35（6）：1-4.

黄敏仁，陈道明. 1979. 杂交马褂木的同工酶分析［J］. 南京林业大学学报，Z1：156-158.

黄双全，郭友好，陈家宽，等. 1998. 用RAPD方法初探鹅掌楸的花粉流［J］. 科学通报，43：1517-1519.

黄双全，郭友好，陈家宽. 1998. 渐危植物鹅掌楸的授粉率及花粉管生长［J］. 植物分类学报，36（4）：310-316.

黄双全，郭友好，潘明清，等. 1999. 鹅掌楸的花部综合特征与虫媒传粉［J］. 植物学报，41（3）：241-248.

黄双全，郭友好，吴艳，等. 1998. 鹅掌楸的花部数量变异与结实率［J］. 植物学报，40（1）：22-27.

黄双全，郭友好. 2000a. 传粉生物学的研究进展［J］. 科学通报，45：225-237.

黄双全，郭友好. 2000b. 鹅掌楸的传粉环境与性配置［J］. 生态学报，20（1）：49-52.

黄韬，钟秋平，彭小燕. 2000. 鹅掌楸人工林生物量及生产力的研究［J］. 江西林业科技，（5）：4-9.

黄颜梅，何兴炳，胡焱彬，等. 2005. 杂交鹅掌楸扦插育苗技术的研究［J］. 四川林业科技，26（3）：84-87.

黄勇来. 2006. 枫香与不同树种混交林的生长及生物生产力研究［J］. 西南林学院学报，26（2）：15-18.

惠利省. 2010. 马褂木遗传多样性及系统地理学研究［D］. 南京：南京林业大学，博士学位论文.

季孔庶，孙志勇. 2008. 杂种鹅掌楸不同无性系对水分胁迫的响应［C］. 第六届全国林木遗传育种大会论文集：74-75.

季孔庶，王章荣，陈天华，等. 2002. 马尾松种源与内源生根抑制物的相关性［J］. 南京林业大学学报：自然科学版，26（2）：24-28.

季孔庶，王章荣，温小荣. 2005. 杂交鹅掌楸生长表现及其木材胶合板性能［J］. 南京林业大学学报：自然科学版，29（1）：71-74.

季孔庶，王章荣. 2001. 鹅掌楸属植物研究进展及其繁殖策略［J］. 世界林业研究，14（1）：8-14.

季孔庶，王章荣. 2005，杂交鹅掌楸生长表现及其木材胶合板性能［J］. 南京林业大学学报：自然科学版，29：71-74.

季孔庶，杨秀艳，杨德超，等. 2002. 鹅掌楸属树种物候观测和杂种家系苗光合日变化［J］. 南京林业大学学报：自然科学版，26（6）：28-32.

季孔庶. 2005. 杂交鹅掌楸的无性繁殖［J］. 南京林业大学学报（自然科学版），29（1）：83-87.

贾黎明，杨丽，李延安. 2009. 二色胡枝子扦插繁殖育苗技术研究［J］. 西北林学院学报，24（3）：68-70.

姜磊，杨秀艳. 2005. 生理生化指标在林木育种中的应用［J］. 河北林果研究，20（3）：76-79.

蒋高明. 1995. 承德市油松针叶硫及重金属含量动态及其与大气SO_2之间的关系［J］. 生态学报，15（4）：407-412.

蒋旭东. 2002. 具有发展前景的绿化观赏树种—杂交鹅掌楸［J］. 农业知识，(9)：43.
蒋泽平，梁珍海，李劲，等. 2004. 杂交鹅掌楸的离体培养和植物再生研究［J］. 江苏林业科技，3 (6)：5–7.
焦江洪，禹明甫，李鸿雁，等. 2005. 杂交鹅掌楸嫁接试验初报［J］. 信阳农业高等专科学校学报，15 (4)：67–68.
金国庆，秦国峰，储德裕，等. 2006. 杂交鹅掌楸扦插繁殖技术的研究［J］. 林业科学研究，19 (3)：370–375.
金芝兰. 1980. 番茄和马铃薯嫁接愈合的研究［J］. 园艺学报，(3)：37–42.
雷泽勇，孟鹏，周凤艳. 2007. 樟子松嫩枝扦插技术［J］. 东北林业大学学报，35 (11)：5–6，8.
李斌，顾万春，夏良放，等. 2001. 鹅掌楸种源材性遗传变异与选择［J］. 林业科学，37 (2)：42–50.
李斌，顾万春，夏良放，等. 2001. 鹅掌楸种源遗传变异和选择评价［J］. 林业科学研究，14 (3)：237–244.
李博. 2013. 鹅掌楸群体空间遗传结构研究［D］. 南京：南京林业大学，博士学位论文.
李德玉，龙作义，李雪，等. 2009. 不同嫁接时间对红松果林优质壮苗培育质量的影响［J］. 林业勘察设计，152 (4)：68–69.
李芳兰，包维楷. 2005. 植物叶片形态解剖结构对环境变化的响应与适应［J］. 植物学通报，22 (S)：118–127.
李海玲，陈乐蓓，方升佐，等. 2009. 不同杨–农间作模式碳储量及分布的比较［J］. 林业科学，45 (11)：9–14.
李火根，施季森. 2009. 杂交鹅掌楸良种选育与种苗繁育［J］. 林业科技开发，23 (3)：1–5.
李火根，陈龙，梁呈元，等. 2005. 鹅掌楸属树种种源试验研究［J］. 林业科技开发，19 (5)：13–16.
李纪元，田敏，李辛雷，等. 2006. 成熟龄杂交鹅掌楸再生体系的建立［J］. 浙江林学院学报，23 (5)：512–515.
李继华. 1987. 扦插的原理与应用［M］. 上海：上海科学技术出版社.
李建民，封剑文，谢芳，等. 2000. 鹅掌楸人工林的丰产特性［J］. 林业科学研究，13 (6)：622–627.
李建民，谢芳，封剑文，等. 2001. 北美鹅掌楸种源在福建省生长和材性的表现［J］. 南京林业大学学报：自然科学版，25 (4)：26–30.
李建民，周志春，吴开云，等. 2002. RAPD标记研究马褂木地理种群的遗传分化［J］. 林业科学，38：61–66.

李锦树，王洪春，王文英，等. 1983. 干旱对玉米叶片细胞透性及膜脂的影响［J］. 植物生理学报，9（3）：223–229.

李骏慧，顾敏明，孟培雯，等. 2014. 人工杨树林大气环境智能监测及数据分析［J］. 电子测量技术，37（4）：117–120.

李康琴. 2013. 鹅掌楸属群体遗传结构及分子系统地理学研究［D］. 南京：南京林业大学，博士学位论文.

李文清，鲁仪增，仝伯强，等. 2010. 不同种源北美鹅掌楸实生苗在山东区域内抗寒适应性评价［J］. 山东农业大学学报：自然科学版，41（4）：527–530.

李文训，张玉祥，吴艳，等. 1994. 杂交鹅掌楸北移的可行性及技术策略［J］. 河南林业科技，（3）：25–27.

李文勇，顾宝元，何树松，等. 2010. 红瑞木扦插繁殖技术研究［J］. 中国林副特产，（6）：21–23.

李晓铁. 1992. 猫儿山林区鹅掌楸生态环境调查研究［J］. 广西林业科技，21（2）：62–65.

李兴鹏. 2007. 鹅掌楸分子标记开发及遗传连锁框架图谱构建［D］. 南京：南京林业大学，硕士学位论文.

李雪萍，边黎明，陈金慧，等. 2013. 整地方式对杂交鹅掌楸体胚苗及其亲本幼林生长的影响［J］. 林业科技开发，26（6）：59–61.

李雪萍，赵胜杰，边黎明，等. 2013. 杂交鹅掌楸体胚苗及亲本种造林比较试验［J］. 江苏林业科技，39（6）：5–7.

李艳波，作物杂种优势机理和优势预测的研究进展［J］. 吉林师范大学学报，2004，5（2）：83–86.

李彦强，高柱，孙小艳，等. 2014. 基于SketchUp的亚美鹅掌楸树干模拟及材积估算［J］. 林业科技开发，28（5）：101–104.

李彦强，高柱，孙小艳，等. 2015. 淹水胁迫下北美鹅掌楸幼苗形态和生长的响应［J］. 西南林业大学学报，35：8–13.

李彦强，高柱，周华，等. 2011. 北美鹅掌楸家系幼苗耐盐性的比较［J］. 林业科技开发，25（6）：28–31.

李彦强，刘腾云，周华，等. 2014. 基于SketchUp的杂交鹅掌楸年轮形态模拟技术［J］. 江西科学，32（1）：32–34.

李彦强，朱祺，孙小艳，等. 2015. 基于SketchUp模拟亚美鹅掌楸树冠及参数估算［J］. 黑龙江农业科学，（5）：134–137.

李艳梅，王克勤，刘芝芹，等. 2006. 云南干热河谷不同坡面整地方式对土壤水分环境的影响［J］. 水土保持学报，20（1）：15–19.

李义良，赵奋成，吴惠姗，等. 2012. 湿加松亲本间遗传距离与杂种优势的相关性分析［J］. 林业科学研究，25（2）：138-143.
李亦凡，曹福亮. 2004. 不同处理对银杏雄株扦插生根的影响［J］. 南京林业大学学报：自然科学版，28（2）：77-79.
李志先，李秋荔，蒋钢，等. 2012. 杂交鹅掌楸施肥效益研究［J］. 广东农业科学，39（8）：77-79.
李周岐，2000. 鹅掌楸属种间杂种优势的研究［O］. 南京：南京林业大学. 博士学位论文.
李周岐，王章荣. 2000a. 鹅掌楸属种间杂种技术［J］. 南京林业大学学报：自然科学版，24（4）：21-25.
李周岐，王章荣. 2000b. 中国马褂木的研究现状［J］. 林业科技开发14（6）：3-6.
李周岐，王章荣. 2001a，鹅掌楸属种间杂种可配性与杂种优势的早期表现［J］. 南京林业大学学报：自然科学版，25（2）：34-38.
李周岐，王章荣. 2001b. 鹅掌楸属种间杂种苗期生长性状的亲本配合力分析［J］. 西北林学院学报：16（3）：7-10.
李周岐，王章荣. 2001c，杂种马褂木无性系随机扩增多态DNA指纹图谱的构建［J］. 东北林业大学学报，29：5-8.
李周岐，王章荣. 2001d. 用RAPO标记检测鹅掌楸属种间杂交的花粉污染［J］. 植物学报，43：1271-1274.
李周岐，王章荣. 2001e. 鹅掌楸属种间杂种苗期生长性状的遗传变异与优良遗传型选择［J］. 西北林学院学报，16（2）：5-9.
李周岐，王章荣. 2002. 用RAPD标记进行鹅掌楸杂种识别和亲本选配［J］. 林业科学，38（5）：169-174.
梁凤. 2008. 杂交鹅掌楸嫁接苗培育及造林技术［J］. 安徽林业，（3）：31-31.
江西森林编委会，1986. 江西森林［M］. 北京：中国林业出版社；南昌：江西科技出版社.
刘丹，顾万春，杨传平. 2006. 鹅掌楸属遗传多样性分析评价［J］. 植物遗传资源学报，7（2）：188-191.
刘光正，曹展波，肖水清，等. 2000. 江西9个优良阔叶树种栽培试验［J］. 林业科技开发，（4）：38-40.
刘洪谔，沈湘林，曾玉亮. 1991. 中国鹅掌楸 美国鹅掌楸及其杂种在形态和生长性状上的遗传变异［J］. 浙江林业科技，11：18-22.
刘化桐. 2004. 鹅掌楸的人工栽培技术［J］. 林业科技开发，18（6）：77-77.
刘静. 2011. 鹅掌楸属植物组织培养研究进展［J］. 南方农业学报，42（9）：1045-1048.

刘克潮，邹应仔．1993．草甘膦化学除莠代替人工造林清山效果好［J］．江西林业科技，（6）：2-2.

刘乐承，董德坤，曹家树．2007．作物杂种优势机理研究进展［J］．湖北农业科学，46（4）：645-650.

刘西俊，周丕振，王淑燕，等．1989．鹅掌楸生理特性及适应性的研究［J］．西北植物学报，9（3）：183-190.

刘洋，史薪钰，李保国，等．2014．片麻岩山地整地前后土壤特性比较研究［J］．北方园艺，（21）：165-167.

刘玉新，王章荣，黄淑婧，等．2014．杂交鹅掌楸形态特征识别要点［J］．湖北林业科技，43（3）：74，78.

刘泽彬，程瑞梅，肖文发，等．2014．模拟水淹对中华蚊母树生长及光合特性的影响［J］．林业科学，50（9）：73-81.

卢善发，宋绝茹．1999．激素水平与试管苗离体茎段嫁接休维管束桥分化的关系［J］．科学通报，44（13）：1422-1425.

鲁敏，李英杰．2003．绿化树种对大气金属污染物吸滞能力［J］．城市环境与城市生态，16（1）：51-52.

陆元昌，栾慎强，张守攻，等．2010．从法正林转向近自然林：德国多功能森林经营在国家，区域和经营单位层面的实践［J］．世界林业研究，22（1）：1-11.

陆元昌，张守攻，雷相东，等．2009．人工林近自然化改造的理论基础和实施技术［J］．世界林业研究，21（1）：20-27.

罗群凤．2013．鹅掌楸属基因进化差异研究—基于*Chs*、*Adh*序列证据［D］．南京：南京林业大学，硕士学位论文.

罗应华，孙冬婧，林建勇，等．2013．马尾松人工林近自然化改造对植物自然更新及物种多样性的影响［J］．生态学报，33（19）：6154-6162.

吕伟光．2010．鹅掌楸属内种间体细胞原生质体融合研究［D］．南京：南京林业大学，硕士学位论文.

吕先忠，楼炉焕，李根有．2000．杭州市行道树现状调查及布局设想［J］．浙江农林大学学报，17（3）：309-314.

马玲，刘彦伟，衡保清．2014．杂交鹅掌楸全光喷雾扦插试验［J］．陕西林业科技，（2）：31-34.

马永春，佘诚棋，张瑶，等．2012．修枝起始年龄和季节对I-69杨修枝口愈合的影响［J］．林业科技开发，26（2）：72-74.

马跃良，贾桂梅，王云鹏，等．2001．广州市区植物叶片重金属元素含量及其大气污染评［J］．城市环境与城市生态，14（6）：28-30.

南京林产工业学院林学系育种组. 1973，亚美杂种马褂木的育成［J］. 林业科技通讯，12：10-11.

潘文婷，姚俊修，李火根. 2014. 鹅掌楸属树种自交衰退的SSR分析［J］. 林业科学，50（4）：32-38.

潘向艳，季孔庶，方彦. 2007. 淹水胁迫下杂交鹅掌楸无性系几种酶活性的变化［J］. 西北林学院学报，22（3）：43-46.

潘向艳，季孔庶，方彦. 2008. 淹水胁迫下杂交鹅掌楸无性系叶片内源激素含量的变化［J］. 南京林业大学学报：自然科学版，32（1）：29-32.

潘晓华，王永锐. 1998. 水稻库/源比对叶片光合作用、同化物运输和分配及叶片衰老的影响［J］. 作物学报，24（6）：821-827.

彭舜磊，王得祥，赵辉，等. 2008. 我国人工林现状与近自然经营途径探讨［J］. 西北林学院学报，23（2）：184-188.

秦慧贞，李碧媛. 1996. 鹅掌楸雌配子体败育对生殖的影响［J］. 植物资源与环境，5（3）：1-5.

秦永胜，余新晓. 1998. 密云水库上游水源保护林试验示范区土壤水分动态研究［J］. 北京林业大学学报，20（6）：65-70.

丘醒球，余债珠. 1995. 桉树插条生根解剖研究［J］. 林业科学研究，8（2）：170-176.

任百林，徐锡增，方升佐. 2014. 杨树人工林生长与收获系统模型构建［J］. 南京林业大学学报：自然科学版，38（5）：1-5.

任乃林，陈炜彬，黄俊生，等. 2004. 用植物叶片中重金属元素含量指示大气污染的研究［J］. 广东微量元素科学，11（10）：41-45.

阮宏华，姜志林. 1999. 城郊公路两侧主要森林类型铅含量及分布规律［J］. 应用生态学报，10（3）：362-364.

邵青还. 2004. 对近自然林业理论的诠释和对我国林业建设的几项建议［J］. 世界林业研究，16（6）：1-5.

沈海龙. 2009. 树木组织培养微枝试管外生根育苗技术［M］. 北京：中国林业出版社.

沈植国. 2002. 珍稀的园林绿化树种—鹅掌楸［J］. 中国林副特产，(ll)：40.

施季森，陈金慧，诸葛强，等. 杂交鹅掌楸体细胞胚胎发生与植株再生技术［P］. 中国，02112948.7，2002-4-29.

施季森. 2000. 迎接21世纪现代林木生物技术育种的挑战［J］. 南京林业大学学报，24（1）：1-6.

石晓蒙. 2013. 马褂木遗传多样性研究［D］. 南宁：广西大学，硕士学位论文.

石杨文，杨萍，陈波涛，等. 2005. 黎平县鹅掌楸人工林的生长状况调查［J］. 贵州林

业科技，33（3）：20-23.

孙静双，赵晓东，臧占稳，等．2007．杂种马褂木在北京地区的生长与适应表现［J］．河北林业科技，29（4）：18-19.

孙时轩主编．2000．造林学（第2版）［M］．北京：中国林业出版社.

孙亚光，李火根．2008．利用SSR分子标记检测鹅掌楸雄性繁殖适合度与性选择［J］．分子植物育种，6（1）：79-84.

孙亚光．2007．利用SSR分子标记检测鹅掌楸属树种交配格局与基因流［D］．南京：南京林业大学，硕士学位论文.

孙志勇，王维，季孔庶．2009．6个杂交鹅掌楸无性系的抗旱性比较［J］．南京林业大学学报：自然科学版，33（2）：39-42.

孙志勇．2007．杂交鹅掌楸不同无性系对水分胁迫的响应［D］．南京：南京林业大学，硕士学位论文.

谭飞燕，蒋华，黄寿先，等．2013．鹅掌楸无性系嫁接繁殖性状变异［J］．广东农业科学，（5）：45-47.

谭飞燕．2013．中国马褂木无性系多性状变异研究及ISSR指纹图谱的构建［D］．南宁：广西大学，硕士学位论文.

谭淑端，朱明勇，张克荣，等．2009．植物对水淹胁迫的响应与适应［J］．生态学杂志，28（9）：1871-1877.

唐罗忠，黄宝龙，生原喜久雄，等．2008．高水位条件下池杉根系的生态适应机制和膝根的呼吸特性［J］．植物生态学报，6：1258-1267.

田敏，李纪元，范正琪．2005．杂交鹅掌楸离体培养中器官发生的研究［J］．林业科学研究，18（5）：546-550.

田如兵，丁平，王振广，等．2003．杂交鹅掌楸寒害调查［J］．山东林业科技，6：25-26.

汪建亚，宋开秀，王健等．2012．鹅掌楸属杂交育种研究初报［J］．湖北林业科技，5：1-6.

汪洁．2013．鹅掌楸EST-SSR引物大规模开发及应用［D］．南京：南京林业大学，硕士学位论文.

王爱霞，张敏，黄利斌，等．2009．南京市14种绿化树种对空气中重金属的累计能力［J］．植物研究，29（3）：368-374.

王成，郄光发，杨颖，等．2007．高速路林带对车辆尾气重金属污染的屏障作用［J］．林业科学，3（43）：1-7.

王闯，郝云红，李中勇，等．2010．杂交鹅掌楸组培快繁研究［J］．湖北农业科学，49（11）：2654-2656.

王翠香，房义福，吴晓星，等．2007．21种园林植物对环境重金属污染物吸收能力的分析［J］. 防护林科技（增刊），1-2，9.
王广林，张金池，庄家尧，等. 2011. 31种园林植物对重金属的富集研究［J］. 皖西学院学报，25（5）：83-87.
王海英，纪全武，敖曼. 2009. 相关因素对龙爪槐嫁接成活率的影响［J］. 内蒙古农业科技，（5）：71-72.
王建龙，文湘华. 2001. 现代环境生物技术［M］. 北京：清华大学出版社.
王玲，刘明国，董胜君. 2010. 北美香柏硬枝扦插繁殖技术研究［J］. 北方园艺，（24）：100-102.
王龙强. 2010. 杂交鹅掌楸优良遗传型选择及无性系指纹图谱构建［D］. 南京：南京林业大学，硕士学位论文.
王明贵，彭武顺. 1988. 石灰岩山地鹅掌楸造林技术研究［J］. 湖南林业科技，（2）：33-36.
王明庥，黄敏仁，诸葛强，等. 1998. 黑杨派新无性系研究Ⅱ. 生根性状的遗传变异［J］. 南京林业大学学报，（1）：1-11.
王齐瑞，杨海青，赵辉，等. 2007. 杂交鹅掌楸嫩枝全光照喷雾扦插技术初探［J］. 河南林业科技，27（4）：4-6.
王齐瑞，赵金锁，杨海青. 2005. 杂交鹅掌楸嫁接繁育技术初探［J］. 浙江林业科技，25（1）：46-49.
王淑英，石雪晖，谷继成，等. 1998. 葡萄不同砧木嫁接亲和力的鉴定［J］. 落叶果树，（3）：6-7.
王松. 2007. 优良观赏树种杂交鹅掌楸的嫁接试验研究［J］. 现代农业科技，23：26.
王万里，章秀英，林芝萍. 1986. 水分胁迫对高粱等作物叶片中核糖核苷酸酶活力的影响［J］. 植物生理学报，12：16-25.
王万里. 1981. 植物对水分胁迫的响应［J］. 植物生理学通讯，（5）：55-64.
王晓阳，李火根. 2011. 鹅掌楸苗期生长杂种优势的分析［J］. 林业科学，47（4）：57-62.
王谢，李贤伟，范川，等. 2013. 林分改造初期整地行为对土壤有机碳、氮和微生物量碳氮及土壤碳库管理指数的影响［J］. 水土保持学报，27（6）：193-198.
王影，黄敏仁，陈道明，等. 1995. 小叶杨原生质体培养植株再生及其同工酶的变化［J］. 林业科学，31（4）：310-318，385.
王章荣，高捍东. 2015. 亚美鹅掌楸在我国丘陵山区的造林示范与推广［J］. 林业科技开发，29（5）：1-4.
王章荣. 1997. 中国马褂木遗传资源的保存与杂交育种前景［J］. 林业科技通讯，9：8-10.

王章荣. 2003. 鹅掌楸属（*Liriodendron*）杂交育种回顾与展望［J］. 南京林业大学学报：自然科学版，27（3）：76-78.

王章荣，等. 2005. 鹅掌楸属树种杂交育种与利用［M］. 北京：中国林业出版社.

王章荣. 2008. 鹅掌楸属杂交育种成就与育种策略［J］. 林业科技开发，（5）：1-8.

王志明，余梅林，刘智，等. 1995. 鹅掌楸生长发育特性及配套技术［J］. 浙江农林大学学报，（2）：149-155.

韦仲新，吴征镒. 1993. 鹅掌楸属花粉的超微结构研究及系统学意义［J］. 植物分类与资源学报，15（02）：163-166.

魏海英，方炎明，尹增芳，等. 2004. 大羽藓（*Thuidium cymbifolium*）对Pb、Cd污染的指示与累积作用研究［J］. 植物研究，24（1）：41-44.

魏丕伟. 2009. 杂交鹅掌楸体细胞胚胎发生标志基因的克隆及表达分析［D］. 南京：南京林业大学. 博士学位论文.

魏树强，高捍东，王章荣，等. 2009. 杂交鹅掌楸插穗提取物对白菜种子萌发的影响［J］. 江苏林业科技，36（3）：9-12.

魏树强. 2009. 杂交鹅掌楸扦插繁殖技术与生根机理研究［D］. 南京：南京林业大学. 硕士学位论文.

温志军，周志方，王江美，等. 2005. 杂交鹅掌楸全光照喷雾嫩枝扦插试验［J］. 林业科技开发，19（4）：75-76.

吴淑芳，张留伟，蔡伟健，等. 2011. 杂交鹅掌楸材性、纤维特性及制浆性能研究［J］. 纤维素科学与技术，19（4）：28-33.

吴兴德. 2006. 杉木鹅掌楸不同混交比例土壤团粒结构的分形特征研究［J］. 福建林业科技，33（2）：105-108，114.

吴运辉，石立昌. 1998. 鹅掌楸不同造林密度试验初报［J］. 林业科技开发，（6）：19-20.

吴展波，刘胜祥，郑炜. 2007. 湖北二仙岩鹅掌楸群落初步研究［J］. 长江大学学报（自然版）农学卷，4（1）：64-67.

吴征镒. 2011. 中国种子植物区系地理［M］. 中国种子植物区系地理. 北京：科学出版社.

武慧贞. 1990. 杂交鹅掌楸的引种试验［J］. 湖北林业科技，（3）：16-18.

郗荣庭. 1995. 果树栽培学总论［M］. 北京：中国农业出版社.

夏良放，余良富. 2000. 鹅掌楸、桤木幼抚技术［J］. 江西林业科技，（4）：6-8.

夏士文，李静，张浩. 2000. 豫南山区杉木主伐后栽阔萌杉经营模式研究初报［J］. 河南林业科技，（4）：11-12.

向其柏，王章荣. 2012. 杂交鹅掌楸的新名称——亚美鹅掌楸［J］. 南京林业大学学报：自然科学版，36（2）：1-2.

肖乾坤，张川红，郑勇奇. 2010. 影响花楸树嫩枝扦插成活率关键因素分析［J］. 河北农业大学学报，33（3）：67−71.
谢慧玲，陈爱萍，张凤英，等，2011. 紫苏对不同浓度镉胁迫的影响［J］. 中国生态农业学报，19（3）：672−675.
胥猛，李火根. 2008，鹅掌楸EST_SSR引物开发及通用性分析［J］. 分子植物育种，6：615−618.
徐程扬，张忠辉，李绍臣，等. 1998. 核桃楸枝条、插穗中生根抑制物质的含量［J］. 吉林林学院学报，14（4）：212−215.
徐凤霞，陈忠毅，张奠湘. 2000. 木兰科的分支分析［J］. 热带亚热带植物学报，8（3）：207−214.
徐进，李帅，李火根等. 2008. 鹅掌楸属植物生长旺盛期叶芽基因差异表达与杂种优势关系的分析［J］. 分子植物育种，6（6）：1111−1116.
徐进，王章荣. 2001. 杂交鹅掌楸及其亲本花部形态和花粉活力的遗传变异［J］. 植物资源与环境学报，10（2）：31−34.
徐荣旗. 1997. 不同优势陆地棉杂种及其双亲幼芽内源激素含量的比较［J］. 作物学报，23（3）：380−382.
许新桥. 2006. 近自然林业理论概述［J］. 世界林业研究，19（1）：10−13.
薛皎亮，刘红霞，谢映平. 2000. 城市空气中铅在国槐树体内的积累［J］. 中国环境科学，20（6）：536−539.
颜立红，左海松，殷元良，等. 2002. 李建文杂交鹅掌楸丘陵区栽培试验研究［J］. 湖南林业科技，29（4）：18−19.
杨爱红，张金菊，田华，等. 2014. 鹅掌楸贵州烂木山居群的微卫星遗传多样性及空间遗传结构［J］. 生物多样性，22（3）：375−384.
杨爱红. 2014. 孑遗植物鹅掌楸的居群遗传结构与谱系地理格局研究［D］. 武汉：中国科学院研究生院（武汉植物园），博士学位论文.
杨东婷，杨国旭，董伟，等. 2014. 鹅掌楸属植物化学成分及其生物活性研究进展［J］. 天然产物研究与开发（3）：454−462.
杨建. 2009. 鹅掌楸分子标记遗传图谱构建［D］. 南京：南京林业大学，硕士学位论文.
杨俊明，沈熙环. 2002. 华北落叶松扦插生根能力的遗传变异及选择［J］. 北京林业大学学报，（24）：6−11.
杨康辉. 2013. 福建邵武引种杂交鹅掌楸幼林初步研究［J］. 林业勘察设计，（2）：100−105.
杨敏生，裴保华，于冬梅. 1997. 水分胁迫对毛白杨杂种无性系苗木维持膨压和渗透调节能力的影响［J］. 生态学报，17（4）：30−36.
杨瑞. 2007. 葡萄砧穗组合筛选及嫁接早期亲和力研究［D］. 兰州：甘肃农业大学，硕

士学位论文.
杨世勇，王方，谢建春. 2004. 重金属对植物的毒害及植物的耐性机制［J］. 安徽师范大学学报，27（1）：71-74.
杨秀艳，季孔庶. 2004. 林木育种中的早期选择［J］. 世界林业研究，17（2）：6-8.
杨秀艳，季孔庶. 2005a. 杂交鹅掌楸苗期超氧化物歧化酶和过氧化物酶的活力变异［J］. 浙江林学院学报，22（4）：385-389.
杨秀艳，季孔庶. 2005b. 杂交鹅掌楸苗期光合特性的研究［J］. 西北林学院学报，20（2）：39-43.
杨玉盛，何宗明，马祥庆，等. 1997. 论炼山对杉木人工林生态系统影响的利弊及对策［J］. 自然资源学报，12（2）：153-159.
杨志成. 1994. 杂交鹅掌楸扦插试验初报［J］. 林业科学研究，7（6）：697-700.
姚俊修. 2010. 鹅掌楸近交子代群体的遗传分析［D］. 南京：南京林业大学，硕士学位论文.
姚俊修. 2013. 鹅掌楸杂种优势分子机理研究［D］. 南京：南京林业大学，博士学位论文.
叶金山，季孔庶，王章荣. 1998. 杂交鹅掌楸无性系插条生根能力的遗传变异［J］. 南京林业大学学报：自然科学版，22（2）：71-74.
叶金山，陆完辉. 1992. 水分胁迫使刺槐实生苗核糖核酸酶活力增加原因的探讨［J］. 林业科学研究，5（4）：459-464.
叶金山，王章荣. 1998. 鹅掌楸属种间F_1杂种与亲本的叶下表皮微形态研究［J］. 林业科学，34（3）：47-50.
叶金山，王章荣. 2002a. 水分胁迫对杂交鹅掌楸与双亲重要生理性状的影响［J］. 林业科学，38（3）：20-26.
叶金山，王章荣. 2002b. 杂交鹅掌楸杂种优势的遗传分析［J］. 林业科学，38（4）：67-71.
叶金山，周守标，王章荣. 1997. 杂交鹅掌楸叶解剖结构特征的识别［J］. 植物资源与环境学报，（4）：58-60.
叶金山. 1998. 鹅掌楸杂种优势的生理遗传基础［D］. 南京：南京林业大学，博士学位论文.
衣英华，樊大勇，谢宗强. 2006. 模拟淹水对枫杨和栓皮栎气体交换、叶绿素荧光和水势的影响［J］. 植物生态学报，30（6）：960-968.
尹增芳，樊汝汶. 1995. 鹅掌楸与北美鹅掌楸种间杂交的胚胎学研究［J］. 林业科学研究，8（6）：605-610.
尹增芳，方炎明，洑香香，等. 1998. 杂交鹅掌楸插穗生根过程的解剖学观察［J］. 南京林业大学学报，22（1）：27–30.
尤录祥，樊汝汶，邹觉新. 1995. 人工辅助授粉对鹅掌楸结籽率的影响［J］. 江苏林业科技，22（3）：12–14.
尤录祥. 1993. 美鹅掌楸混合芽的发生和分化［J］. 南京林业大学学报，17（1）：9–53.
尤录祥. 1995. 人工辅助授粉对鹅掌楸结子率的影响［J］. 江苏林业科技，22（3）：12–14.
於朝广，殷云龙. 2004. 杂交鹅掌楸嫁接育苗技术［J］. 江苏林业科技，31（1）：30–31.
于成景，方升佐，罗诚彬. 2007. 杨树人工林林麦间作研究初报［J］. 林业科技开发，21（2）：47–51.
余发新，潘惠新，朱祺，等. 2005. 杂交鹅掌楸扦插繁殖技术研究—Ⅰ穗条产量与促根剂配方试验［J］. 江西科学，23（6）：714–717.
余发新，刘腾云，朱祺，等. 2006. 杂交鹅掌楸扦插繁殖技术研究—Ⅱ插穗粗细及环境条件与生根的关系［J］. 江西科学，24（1）：21–25.
余发新，周华，孙小艳，等. 2010. 杂种马褂木几种生理生化指标的变化规律及其早期选择［J］. 江西农业大学学报，32（4）：729–734.
余发新，孙小艳，柱高，刘腾云. 2010，杂种马褂木无性系生根遗传变异的研究［J］. 江西农业大学学报，32：90–95.
余发新. 2010. 杂交鹅掌楸生根性状遗传变异及相关基因筛选［D］. 南京：南京林业大学，博士学位论文.
俞良亮，乔瑞芳，季孔庶. 2007. 不同外源激素对杂交鹅掌楸扦插生根过程中内源激素的影响［J］. 东北林业大学学报，35（9）：24–26.
俞良亮. 2005. 鹅掌楸扦插繁殖与植物生长物质的关系及苗期生长研究［D］. 南京：南京林业大学，硕士学位论文.
俞良亮. 2007. 不同外源激素对杂交鹅掌楸扦插生根过程中内源激素变化的影响［J］. 东北林业大学学报，35（9）：24–26.
袁金伟，孙笃玲. 2004. 杂交鹅掌楸嫁接技术［J］. 林业科技开发，18（3）：66–67.
翟中和，王喜忠，丁明孝. 2000. 细胞生物学［M］. 北京：高等教育出版社.
张爱民. 1994. 植物育种亲本选配的理论和方法［M］. 北京：农业出版社.
张大勇. 2004. 植物生活史进化与繁殖生态学［M］. 北京：科学出版社.
张富云，赵燕. 2006. 鹅掌楸扦插试验研究［J］. 云南农业大学学报，21（1）：127–129.
张红莲，李火根，胥猛，等. 2010. 鹅掌楸属种及杂种的SSR分子鉴定［J］. 林业科学，46（1）：36–39.
张红莲. 2009. 利用SSR分子标记探测鹅掌楸种间渐渗杂交［D］. 南京：南京林业大学，硕士学位论文.
张利红，李培军，李雪梅，等. 2005. 镉胁迫对小麦幼苗生长及生理特性的影响［J］. 生

态学杂志，24（4）：458−460.

张绮纹，张望东．1994．群众杨悬浮细胞系的建立和耐盐体细胞变异体的初步筛选［J］．林业科学，（5）：412−418，481.

张往祥，李群，曹福亮．2002．杂交鹅掌楸叶片发育过程中资源利用效率的变化格局［J］．植物资源与环境学报，11（4）：9−14.

张武兆，马山林，邢纪达，等．1997．杂交鹅掌楸不同家系生长动态及杂种优势对比试验［J］．林业科技开发，（2）：32−33.

张晓飞，李火根，尤录祥，等．2011．鹅掌楸不同交配组合子代苗期生长变异及遗传稳定性分析［J］．浙江农林大学学报，28（1）：103−108.

张晓平，方炎明，陈永江．2006．淹涝胁迫对鹅掌楸属植物叶片部分生理指标的影响［J］．植物资源与环境学报，15（1）：41−44.

张晓平，方炎明，黄绍辉．2004．杂交鹅掌楸扦插生根过程中内源激素的变化［J］．南京林业大学学报：自然科学版，28（3）：79−82.

张晓平，方炎明．2003．杂交鹅掌楸不同季节扦插特征比较［J］．浙江林学院学报，20（3）：249−253.

张晓平，方炎明．2003．杂交鹅掌楸插穗不定根发生与发育的解剖学观察［J］．植物资源与环境学报，12（1）：10−15.

张学龙，车克钧．1998．祁连山寺隆林区土壤水分动态研究［J］．西北林学院学报，13（1）：1−9.

张一，储德裕，金国庆等．2010．马尾松亲本遗传距离与子代生长性状相关性分析［J］．林业科学研究，11（2）：215−220.

张远兵，刘爱荣，蔡为青，等．2003．几种不同基质对三角梅扦插生长的影响［J］．中国林副特产，64（1）：34−36.

张运根．2009．生根粉两种浓度对杂交鹅掌楸扦插苗根系生长的影响［J］．林业勘察设计，（2）：122−124.

赵书喜．1989a．杂交鹅掌楸的引种与杂种优势利用［J］．湖南林业科技，（2）：20−21.

赵书喜．1989b．杂交鹅掌楸引种栽培试验［J］．内蒙古林业科技（8）：16−18.

赵亚琦，成铁龙，施季森，等．2014．鹅掌楸属SRAP分子标记体系优化及遗传多样性分［J］．林业科学，50（7）：37−43.

赵志新，乔瑞芳，季孔庶．2007．杂交鹅掌楸不同无性系对Pb胁迫的生理响应及抗性比［J］．植物资源与环境学报，16（4）：7−12.

赵志新，乔瑞芳，季孔庶．2009．镉胁迫对不同家系杂交鹅掌楸生长及抗性的影响［J］．浙江农林大学学报，26（5）：667−673.

郑健，郑勇奇，吴超．2009．花楸树嫩枝扦插繁殖技术研究［J］．林业科学研究，22（1）：

91−97.

郑育桃，祝必琴，焦鸿渤，等. 2012. 江西省造林树种燃烧性研究［J］. 江西农业大学学报，34（1）：93−98.

周坚，樊汝汶. 1994. 鹅掌楸属2种植物花粉品质和花粉管生长的研究［J］. 林业科学，30（5）：405−411.

周坚，樊汝汶. 1999. 鹅掌楸传粉生物学研究［J］. 植物学通报，16（1）：75−79.

周俊彦. 1981. 植物体细胞在组织培养中产生的胚状体I植物体细胞的胚状体发生［J］. 植物生理学报，7（4）：389−397.

周善森，何金根，雷小平. 2012. 菇耳林循环利用营造培育方式的研究［J］. 食用菌，（4）：73−74.

周庭波. 1982. 自花授粉植物杂种优势数学模型的探讨［J］. 遗传学报，9（4）：289−297.

朱耿平，刘国卿，卜文俊，等. 2013. 生态位模型的基本原理及其在生物多样性保护中的应用［J］. 生物多样性，21（3）：90−98.

朱林海，何丙辉. 2010. 重庆地区马尾松嫩枝扦插技术研究［J］. 西南大学学报（自然科学版），32（2）：33−37.

朱其卫，李火根. 2010，鹅掌楸不同交配组合子代遗传多样性分析［J］. 遗传，32：183−188.

朱晓琴，贺善安，姚青菊，等. 1997. 鹅掌楸居群遗传结构及其保护对策［J］. 植物资源与环境，6（4）：7−14.

朱晓琴，马建霞，姚青菊，等. 1995. 鹅掌楸（*Liriodendron chinese*）遗传多样性的等位酶论证［J］. 植物资源与环境，4（3）：9−14.

Aguilar R, Quesada M, Ashworth L, et al. 2008. Genetic consequences of habitat fragmentation in plant populations: susceptible signals in plant traits and methodological approache［J］. Molecular Ecology, 17(24): 5177−5188.

Albasel N, Cottenie A. 1985. Heavy metal constraction near major highways, industrial and urban area in Beigian Grassland Water［J］. Air, Soil Pollution, 24: 103−109.

Albert VA, Soltis DE, Carlson JE, *et al*. 2005, Floral gene resources from basal angiosperms for comparative genomics research［J］. BMC Plant Biol, 5: 5.

Angiosperm Phylogeny Group. 2009. An update of the Angiosperm Phylogeny Group classification for the orders and families of flowering plants: APG III［J］. Botanical Journal of the Linnean Society, 161(2): 105−121.

Avise J. 2000. Phylogeography: the history and formation of species［M］. Mass, Cambridge: Harvard University Press.

Baker HG. 1983. An outline of the history of anthecology, or pollination biology［M］. In: Real

L ed.Pollination Biology. Florida: Academic Press: 7–30.

Bazzaz FA, Ackerly DD, Reekie EG. 2000. Reproductive allocation in plants. Pages 1–30 in M. Fenner, editor. Seeds: The ecology of regeneration in plant communities [M]. New York: CABI Publishing.

Benavides MP, Gallego SM, Tomaro ML. 2005. Cadmium toxicity in plants [J]. Plant Physiol, 17(1): 21–34.

Bennett KD, Provan J. 2008. What do we mean by ‘refugia’? [J]. Quaternary Science Reviews, 27(27): 2449–2455.

Bhargava A, Clabaugh I, To JP, *et al*. 2013. Identification of cytokinin–responsive genes using microarray meta–analysis and RNA–Seq in *Arabidopsis* [J]. Plant Physiol, 162: 272–294.

Boppenmaier J.1993.Genetic diversity for RFLPs in European maize inbreds (Ⅲ). Performance of crosses within versus between heterotic groups for grain traits [J]. Plant Breeding, 111: 217–226.

Boyer JS, Younis HM. 1983. In: Marcelle R et al(eds). Effects of Stress on Photosynthesis [M]. Martinus Nijhoff/Dr W. Junk Pub.

Brandle JR, Hinckley TM, Brown GN. 1977. The effects of dehydration–rehydration cycles on protein synthesis of Black locust seedlings [J]. Plant Physiol, 40: 1–5.

Cai Z, Penaflor C, Kuehl JV, *et al*. 2006. Complete plastid genome sequences of *Drimys*, *Liriodendron*, and *Piper*: implications for the phylogenetic relationships of magnoliids [J]. BMC Evolutionary Biology, 6(1): 1–20.

Charlesworth D, Charlesworth B. 1987. Inbreeding depression and its evolutionary consequences [J]. Annual review of ecology and systematics, 18: 237–268.

Clebsch EEC, Busing RT. 1989. Secondary succession, gap dynamics, and community structure in a southern Appalachian cove forest [J]. Ecology, 70(3): 728–735.

Clemens S. 2001. Molecular mechanisms of plant metal tolerance and homeostasis [J]. Planta, 212(4): 475–486.

Colmer TD, Cox M CH, Voesenek L. 2006. Root aeration in rice (*Oryza sativa*): Evaluation of oxygen, carbon dioxide and ethylene as possible regulators of root acclimatizations [J]. New Phytologist, 170: 767–777.

Curie C, Cassin G, Couch D, *et al*. 2009. Metal movement with the plant: contribution of nicotianamine and yellow stripe 1–like transporter [J]. Annals of Botany, 103(1): 1–11.

Davis, MB. 1983. Quaternary history of deciduous forests of eastern North America and Europe [J]. Annals of the Missouri Botanical Garden, 70(3): 550–563.

DeCraene LPR, Soltis PS, Soltis DE. 2003. Evolution of floral structures in basal angiosperms [J]. International Journal of Plant Sciences, 164(5): S329−363.

Delcourt HR, Delcourt PA. 2000. Eastern deciduous forests [M]. Cambridge (United Kingdom): Cambridge University Press.

Delcourt PA, Delcourt HR, Webb T. 1984. Atlas of mapped distribution of dominance and modern pollen percentages for important tree taxa of eastern North America [M]. Dallas: American Association of Stratigraphic Palyologists Foundation.

De−Lucas AI, Gonzalez−Martinez SC, Vendramin GG, *et al.* 2009. Spatial genetic structure in continuous and fragmented populations of *Pinus pinaster* Aiton [J]. Molecular Ecology, 18(22): 4564−4576.

Doust JL, Doust LL. 1988. Plant reproductine ecology [M]. New York: Oxford University Press, 179−195.

Durzan DJ, Gupta PK. 1987. Somatic embryogenesis and polyembryogenesis in Douglas fir cell suspension cultures [J]. Plant Science, 52: 229−235.

Elith J, Phillips SJ, Hastie T, *et al.* 2011. A statistical explanation of MaxEnt for ecologists [J]. Diversity and Distributions, 17(1): 43−57.

Eyre FH. 1980. Forest cover types of the United States and Canada [J], Washington, DC.

Faegri K, van der L Piji. 1979. The Principles of Pollination Ecology [M]. 3rd ed.Oxford: Pergamon, 1−204.

Fan RW, Zhou J, Huang JQ. 1995. The controlled pollination and seed setting rate of *Liriodendron chinense* (Hemsl.)Sarg [J]. Chinese Journal of Botany, 7: 24−29.

Fenster CB, Martén−Rodríguez S. 2007. Reproductive assurance and the evolution of pollination specialization [J]. International Journal of Plant Sciences, 168: 215−228.

Fetter KC. 2014. Migration, adaptation, and speciation−A post−glacial history of the population structure, phylogeography, and biodiversity of *Liriodendron tulipifera* L (Magnoliaceae) [D]. The University of North Carolina at Chapel Hill.

Florijin PJ, Nelcmans JA. Van Beusichem ML. 1991. Cadmium uptake by lettuce varities [J]. netherlands journal of agricultural science, 39: 103−114.

Florijin PJ, Van Beusichem ML. 1993. Uptake and distribution of cadmium in maise inbred lines [J]. Plant Soil, 150: 25−32.

Gao LM, Möller M, Zhang XM, *et al.* 2007. High variation and strong phylogeographic pattern among cpDNA haplotypes in *Taxus wallichiana* (Taxaceae) in China and North Vietnam [J]. Molecular Ecology, 16(22): 4684−4698.

Ghnaya T, Nouairi I, Slama I, *et al.* 2005. Cadmium effects on growth and mineral nutrition of

two halophytes: Sesuvium portulacastrum and Mesembryanthemum crystallinum [J] . Journal of Plant Physiology, 163(10): 133−140.

Goldman DA, Willson MF.1986. Sex allocation in functionally hermanphroditic plants: a review and critique [J] . Botanical Review, 52: 157−194.

Gong W, Chen C, Dobeš C, *et al.* 2008. Phylogeography of a living fossil: Pleistocene glaciations forced *Ginkgo biloba* L. (Ginkgoaceae) into two refuge areas in China with limited subsequent postglacial expansion [J] . Molecular Phylogenetics and Evolution, 48(3): 1094−1105.

Cress CE. 1966. Heterosis of the hybrid related to gene frequency differences between populations. Genetic, 53: 269−273.

Griffing B. 1956. Concept of general and specific combining ability in relation to diallel crossing systems [J] . Australian journal of biological sciences, 9: 463−493.

Gross MR. 1991. Salmon breeding behavior and life history evolution in changing environments [J] . Ecology, 72(4): 1180−1186.

Gupta SD, Ibaraki Y. 2005. Plant Tissue Culture Engineering [M] , Netherland: Kluwer Academic Press.

Guzzo F, Boldan B, Bracco F, *et al.* 1994. Pollen development in *Liriodendron tulipifera*: some unusual feature [J] . Canadian Journal of Botany, 72: 352−358.

Hampe A, Petit RJ. 2005. Conserving biodiversity under climate change: the rear edge matters [J] . Ecology Letters, 8(5): 461−467.

Hamrick J L, Godt MJW, Sherman−Broyles S L. 1992. Factors influencing levels of genetic diversity in woody plant species [J] . New Forests, 6(1−4): 95−124.

Hanson D M, James L F. 1969. Enzymes of nucleic acid metabolism from wheat seedlings I. Purification and general properties of associated deoxyribonuclease, ribonuclease, and 3′ −nucleotidase [J] . J Biological chemistry, 244: 2440−2449.

Harlow W M, Harrar E S. 1941. Textbook of Dendrology [M] . McGrau−Hill book Company,

Hartmann H T, Kester D E, Davies F E. 1989. Plant propagation: principles and practices [M] . 5thed USA: Prentice−Hall International, Inc.

Hazilazarou S P, Syros T D, Yupsanis T A, *et al.* 2006. Peroxidases, lignin and anatomy during invitroand ex vitro rooting of gardenia (*Gardenia jasminoides* Eiils) microshoots [J] . Journal of Plant Physiology, 163(8): 827−836.

Heinken T, Weber E. 2013. Consequences of habitat fragmentation for plant species: Do we know enough? [J] . Perspectives in Plant Ecology, Evolution and Systematics, 15(4): 205−216.

Heslop−Harrison J. 1975. Incompatibility and the pollen−stigma interaction [J] . Annal Review of Plant Physiology, 26: 403−425.

Hewitt G M. 2000. The genetic legacy of the Quaternary ice ages [J] . Nature, 405(6789): 907−913.

Hijmans R J, Cameron S E, Parra J L, *et al.* 2005. Very high resolution interpolated climate surfaces for global land areas [J] . International Journal of Climatology, 25(15): 1965−1978.

Hoopes J T, Dean J F. 2004. Ferroxidase activity in a laccase−like multicopper oxidase from *Liriodendron tulipifera* [J] . Plant Physiol Biochem, 42: 27−33.

Hsiao, TC. Plant response to water stress. Annual Review of Plant Physiology, 1973, 24: 519−570.

Huang S Q, Guo Y H. 2002. Variation of pollination and resource limitation in a low seed−set tree, *Liriodendron chinense* (Magnoliaceae) [J] . Botanical Journal of the Linnean Society, 140: 31−38.

Jackson M B. 1985. Ethylene and responses of plants to soil waterlogging and submergence [J]. Annual Review of Plant Physiology, 36: 145−174.

Jansen R K, Zhengqiu C, Raubeson L A, *et al.* 2007. Analysis of 81 genes from 64 plastid genomes resolves relationships in angiosperms and identifies genome−scale evolutionary patterns [J] . Proceedings of the National Academy of Sciences, 104(49): 19369−19374.

Jeffree C E, Yeoman M M. 1983. Development of intercellular connectionsbetween opposing cell in a graft union [J] .New Phytologist, 93: 491−509.

Jin H, Do J, Moon D, *et al.* 2011. EST analysis of functional genes associated with cell wall biosynthesis and modification in the secondary xylem of the yellow poplar (*Liriodendron tulipifera*) stem during early stage of tension wood formation [J] . Planta, 234: 959−977.

Jung S, Abbott A, Jesudurai C, *et al.* 2005. Frequency, type, distribution and annotation of simple sequence repeats in Rosaceae ESTs [J] . Functional & integrative genomics, 5: 136−143.

Kakkar R K, Rai V K. 1986. Changes in peroxidase and IAA oxidase activity of Phaseolus vulgaris hypocotyl cuttings during root initiation and emergence [J] . Indian journal of experimental biology, 24(6): 381−383.

Kakumanu A, Ambavaram M M, Klumas C, *et al.* 2012. Effects of drought on gene expression in maize reproductive and leaf meristem tissue revealed by RNA−Seq [J] . Plant Physiol, 160: 846−867.

Kantety RV, Rota M L, Matthews D E, *et al.* 2002. Data mining for simple sequence repeats in expressed sequence tags from barley, maize, rice, sorghum and wheat [J] . Plant Molecular Biology, 48: 501–510.

Kellison, Robert Clay. 1967. A geographic variation study of yellow–poplar (*Liriodendron tulipifera* L.) within North Carolina. State University School of Forestry [M] , Technical Report 33. Raleigh.

Keppel G, Van Niel K P, Wardell–Johnson GW, *et al.* 2012. Refugia: identifying and understanding safe havens for biodiversity under climate change [J] . Global Ecology and Biogeography, 21(4): 393–404.

Kessler B. 1961. Nucleic acids as factors in drought resistance of higher plants [J] . In Recent Advances in Batany, University of Toronto Press, 2: 1153–1159.

Kozlowski TT, Pallardy SG. 2002. Acclimation and adaptive responses of woody plants to environmental stresses [J] . Botanical Review, 68: 270–334.

Kozlowski TT. 1984. Flooding and Plant Growth [M] . Academic Press, Orlando.

LaFayette PR, Eriksson K–EL, Dean JFD. 1999. Characterization and heterologous expression of laccase cDNAs from xylem tissues of yellow–poplar (*Liriodendron tulipifera*) [J] . Plant Molecular Biology, 40: 23–35.

Lee M, Godshalk E B, Lamkey KR, *et al.* 1989. Association of restriction fragment length polymorphism among maize inbreds with agronomic performance of their crosses [J] . Crop Sci, 29(4): 1067–1071.

Li K Q, Chen L, Feng Y H, *et al.* 2014. High genetic diversity but limited gene flow among remnant and fragmented natural populations of *Liriodendron chinense* Sarg [J] . Biochemical Systematics and Ecology, 54: 230–236.

Li M, Wang K, Wang X, *et al.* 2014. Morphological and proteomic analysis reveal the role of pistil under pollination in *Liriodendron chinense* (Hemsl.) Sarg [J] . PLoS ONE, 9: e99970.

Li T Q, Yang X E, Lu L L, *et al.* 2009. Effects of zinc and cadmium interactions on root morphology and metal translocation in a hyper accumulating species under hydroponic conditions [J] . Journal of Hazardous Materials, 169: 734–741.

Li T, Chen J, Qiu S, *et al.* 2012. Deep sequencing and microarray hybridization identify conserved and species–specific microRNAs during somatic embryogenesis in hybrid yellow poplar [J] . PLoS ONE, 7: e43451.

Liang H, Ayyampalayam S, Wickett N, *et al.* 2011. Generation of a large–scale genomic resource for functional and comparative genomics in *Liriodendron tulipifera* [J] . Tree Genetics & Genomes, 7: 941–954.

Liang H, Barakat A, Schlarbaum S E, *et al*. 2010. Comparison of gene order of *GIGANTEA* loci in yellow-poplar, monocots, and eudicots [J]. Genome / National Research Council Canada = Genome / Conseil national de recherches Canada, 53: 533-544.

Liang H, Carlson J E, Leebens-Mack J H, *et al*. 2008. An EST database for *Liriodendron tulipifera* L. floral buds: the first EST resource for functional and comparative genomics in *Liriodendron* [J]. Tree Genetics & Genomes, 4: 419-433.

Liang H, Fang E G, Tomkins J P, *et al*. 2007. Development of a BAC library for yellow-poplar (*Liriodendron tulipifera*) and the identification of genes associated with flower development and lignin biosynthesis [J]. Tree Genetics & Genomes, 3: 215-225.

Little E L. 1971. Conifers and important hardwoods [M]. United States Department of Agriculture Forest Service Miscellaneous Publication 1146. Government Printing Office: Washington, DC.

Liu X, Xu X, Li B, *et al*. 2015. RNA-Seq transcriptome analysis of maize inbred carrying nicosulfuron-tolerant and nicosulfuron-susceptible alleles [J]. International journal of molecular sciences, 16: 5975-5989.

Loraine AE, McCormick S, Estrada A, *et al*. 2013. RNA-seq of Arabidopsis pollen uncovers novel transcription and alternative splicing [J]. Plant Physiol, 162: 1092-1109.

Lu L, Wortley A H, Li D Z, *et al*. 2015. Evolution of angiosperm pollen. 2. the basal angiosperms [J]. Annals of the Missouri Botanical Garden, 100(3): 227-269.

MacArthur RH, Wilson EO.1967.The theory of island biogeography [M].Princeton University Press, Princeton, NJ.

Magbanua ZV, II MA, Buza T, *et al*. 2014. Transcriptomic dissection of the rice – Burkholderia glumae interaction [J]. BMC genomics, 15: 755.

McCall C, Primack R B. 1992. Influence of lower characteristic, weather, time of day, and season on insect visitation rates in the plant communities [J].American Journal of Botany, 79: 434-442.

Melchinger A E. 1990. Genetic diversity for restriction fragment length polymorphism: relation to estimated genetic effects in maize inbreds [J].Crop Science, 30: 1033-1040.

Mendoza CG, Wanke S, Goetghebeur P, *et al*. 2013. Facilitating wide hybridization in Hydrangea s.l. cultivars: A phylogenetic and marker-assisted breeding approach [J]. Molecular Breeding, 32(1): 233-239.

Merkle SA, Hoey MT, Watsonpauley BA, *et al*. 1993. Propagation of *Liriodendron* hybrids via somatic embryogenesis [J]. Plant Cell Tissue and Organ Culture, 34(2): 191-198.

Millar C I, Libby W J. 1991. Genetics and conservation of rare plants [M]. Oxford: Oxford University Press.

Milne R I, Abbott RJ. 2002. The origin and evolution of tertiary relict floras [J] . Advances in Botanical Research, 38: 281–314.

Milne R I. 2006. Northern Hemisphere plant disjunctions: a window on tertiary land bridges and climate change [J] . Annals of Botany, 98(3): 465–472.

Mizrachi E, Hefer C A, Ranik M, *et al.* 2010. De novo assembled expressed gene catalog of a fast-growing Eucalyptus tree produced by Illumina mRNA–Seq [J] . BMC genomics, 11: 681.

Moor R. 1984. Ultastructual aspects of graft incompatibility between pear andquince in vitro [J]. Annals of botany, 53: 447–451.

Moore R, Wacker D B. 1981. Studies on vegetative compatibility–incompatibility in higher plants. I. a structural study of compatible autograft in Sedum telephiodes [J] . American Journal of Botany, 68(6): 820–830.

Morgante M, Hanafey M, Powell W. 2002. Microsatellites are preferentially associated with nonrepetitive DNA in plant genomes [J] . Nature Genetics, 30: 194–200.

Nghia N H. 2003. Conservation of forest genetic resources in Vietnam [J] . Paper submitted to the XII World Forestry Congress, Quebec City, Canada.

Nie Z L, Sun H, Beardsley P M, *et al.* 2006. Evolution of biogeographic disjunction between eastern Asia and eastern North America in *Phryma* (Phrymaceae) [J] . American Journal of Botany, 93(9): 1343–1356.

Nybom H. 2004. Comparison of different nuclear DNA markers for estimating intraspecific genetic diversity in plants [J] . Molecular Ecology, 13(5): 1143–1155.

Parks C R, Wendel J F, Sewell M M, *et al.* 1994. The significance of allozyme variation and introgression in the *Liriodendron tulipifera* Complex (Magnoliaceae) [J] . American Journal of Botany, 81(7): 878–889.

Parks C R, Wendel J F. 1990. Molecular divergence between Asian and North American species of *Liriodendron* (Magnoliaceae) with implications for interpretation of fossil floras [J] . American Journal of Botany, 77: 1243–1256.

Peterson AT. 2011. Ecological niche conservatism: a time–structured review of evidence [J] . Journal of Biogeography, 38(5): 817–827.

Pharis RP, Yeh FC, Dancik BP. 1991. Superior growth potential in trees: What is its basis, and can it be tested for at an earlyage [J] . Canadian Journal of Forest Research, 21: 368–372.

Phillips SJ, Anderson RP, Schapire RE. 2006. Maximum entropy modeling of species geographic distributions [J] . Ecological Modelling, 190(3): 231–259.

Pianka ER. 1970. On r– and k–selection [J] . American Naturalist, 104: 592–597.

Praglowski J. 1974. World Pollen and Scope Flora(Vol3) [M] . Stockholm: Almqvist &

Widsell.

Provan J, Maggs CA. 2012. Unique genetic variation at a species' rear edge is under threat from global climate change [J] . Proceedings of Biological Sciences, 279(1726): 39–47.

Qiu YL, Chase MW, Les DH, *et al.* 1993. Molecular phylogenetics of the Mganoliidae: Cladistic analysis of nucleotide sequences of the plastid gene *rbcL* [J] . Ann Miss Bot Garden, 80: 587–602.

Reed JC, Green DR. 2002. Remodeling for demolition: Changes in mitochondrial ultra structure during apoptosis [J] . Molecular Cell, 9: 1–9.

Reinert J. 1959. Uber die kontrolle der morphogense und die induktion von adventiv–embryonen an gewebekulturen aus karotten [J] . Planta, 53: 318–333.

Richardson AO, Rice DW, Young GJ, *et al.* 2013. The "fossilized" mitochondrial genome of *Liriodendron tulipifera* ancestral gene content and order, ancestral editing sites, and extraordinarily low mutation rate [J] . BMC Biology, 11: 17.

Roff DA. 2002. Life history evolution. Sinauer Associates, Sunderland, Massachusetts.

Roff DA.1992. The evolution of life histories: Theory and analysis [M] . Chapman and Hall, New York.

Rugh C, Senecoff J, Meagher R, *et al.* 1998. Development of transgenic yellow poplar for mercury phytoremediation [J] . Nature Biotechnology, 16: 925–928.

Sakio H, Yamamoto F. 2002. Ecology of Riparian Forests [M] . Tokyo: University of Tokyo Press.

Sala OE, Chapin FS, Armesto JJ, *et al.* 2000. Global biodiversity scenarios for the year 2100 [J]. Science, 287(5459): 1770–1774.

Santamour FS. 1972. Interspecific hybrids in *Liriodendron* and their chemical verification [J] . Forest Science, 18(3): 233–236.

Schrimpff E. 1984. Air pollution patterns in two cities of Colombia SA according to trace substance content of an epiphyte (*Tillandsia recurrate* L.) [J] . Water, Air and Soil Pollution, 21: 279–315.

Schultz RC, Kormanik PP. 1975. Response of a yellow–poplar swamp ecotype to soil moisture [A] . In Proceedings, Thirteenth Southern Forest Tree Improvement Conference [C] . Eastern Tree Seed Laboratory and USDA Forest Service, Macon, GA. p. 219–225. 33.

Scott KD, Eggler P, Seaton G, *et al.* 2000. Analysis of SSRs derived from grape ESTs [J] . Theoretical and Applied Genetics, 100: 723–726.

Sewell MM, Parks CR, Chase MW. 1996. Intraspecific Chloroplast DNA Variation and Biogeography of North American *Liriodendron* L. *(Magnoliaceae)* [J] . Evolution, 50(3):

1147−1154.

Silvertown JW. 1982. Introduction to Plant Population Ecology [M]. Longman Press.

Silvertown JW. 1987. 植物种群生态学导论 [M]. 祝宁，译. 哈尔滨：东北林业大学出版社.

Silvertown JW. Charles worth O. 2001. Introduction to plant population biology, Fourth edition. Oxford: Blackwell science.

Simon EW. 1974. Phospholipids and plant membrance permeability [J]. New Phytol, 73: 377−381.

Smith OS, Smith JC. 1990. Simiarities among a group of elite inbred as measured by pedigree Flgrain yield, grain yield heterosis and PFLPs [J]. Theoretical and Applied Genetics, 80: 833−840.

Soltis DE, Soltis PS, Chase MW, *et al*. 2005. Phylogeny, evolution, and classification of flowering plants [M]. Sinauer Associates: Sunderland, MA.

Sprague GF, Tatum L. 1942. General vs. specific combining ability in single crosses of corn [J]. Journal of the American Society of Agronomy, 34: 923−932.

Steinhubel G. 1962. The factors of inhibition in reproduction of *Liriodendron tulipifera* by seeds from Slovakia [J]. Biological Procedures, 7(5): 1−87.

Steward FC, Mapes MO, Smith J. 1958. Growth and organized development of cultured cells. I. growth and division of freely suspended cells [J]. American Journal of Botany, 45(9): 693−703.

Stoltz E. Ggreger M. 2002. Accunulation priperties of As, Cd, Cu, Pb and Zn bu four wetland pant species growing on submerged mine taiking [J]. Environmental and Experimental Botany, 47(3): 271−280.

Stuber CW. 1992. Biochemical and molecular markers in plant breeding [J]. Plant Breeding Revise, 9: 37−61.

Syros P, Yupsanis T, Zafiriadis H, *et al*. 2004. Acticity and isoforms of peroxidases, lignin and anatomy, during adventious rooting in cuttings of Ebenus cretica L [J]. Journal of Plant Physiology, 161(1): 69−77.

Taberlet P, Fumagalli L, Wust−Sauc AG, *et al*. 1998. Comparative phylogeography and postglacial colonization routes in Europe [J]. Molecular Ecology, 7(4): 453−464.

Tang CQ, Yang Y, Ohsawa M, *et al*. 2013. Survival of a tertiary relict species, *Liriodendron chinense* (Magnoliaceae), in southern China, with special reference to village fengshui forests [J]. American Journal of Botany, 100(10): 2112−2119.

Templeton AR. 1996. Biodiversity at the genetic level: experiences from disparate macroorganisms [M]. London: Chapman & Hall.

Thomas CD, Cameron A, Green RE, *et al.* 2004. Extinction risk from climate change [J]. Nature, 427(6970): 145–148.

Thomas H, Stoddart J L. 1980. Leaf senescence [J]. Plant Physiol, 31: 83–111.

Visser EW, Voesenek L, Vartapetian BB, *et al.* 2003. Flooding and plant growth: Preface [J] Annals of Botany, 91: 107–109.

Wang J, Gao P, Kang M, *et al.* 2009. Refugia within refugia: the case study of a canopy tree (*Eurycorymbus cavaleriei*) in subtropical China [J]. Journal of Biogeography, 36(11): 2156–2164.

Wang K, Li M, Gao F, *et al.* 2012. Identification of conserved and novel microRNAs from *Liriodendron chinense* floral tissues [J]. PLoS ONE, 7: e44696.

Wang Q. 1997. Contral of Longitudinal and cambial growth by gibberellings and indle–3–acetic acid in current–year shoots of Pinrs sylvesteis [J]. Tree Phsiology, 17(1): 715–721.

Wang R, Compton SG, Chen XY. 2011. Fragmentation can increase spatial genetic structure without decreasing pollen–mediated gene flow in a wind–pollinated tree [J]. Molecular Ecology, 20(21): 4421–4432.

Wang R, Compton SG, Shi YS, *et al.* 2012. Fragmentation reduces regional–scale spatial genetic structure in a wind–pollinated tree because genetic barriers are removed [J]. Ecology and Evolution, 2(9): 2250–2261.

Wang Z, Gerstein M, Snyder M. 2009. RNA–Seq: a revolutionary tool for transcriptomics [J]. Nature reviews Genetics, 10: 57–63.

Weakley AS. 2006. Flora of the Carolinas, Virginia, Georgia, and Surrounding Areas. Working Draft of 6 January, 2006. Univer–sity of North Carolina Herbarium, Chapel Hill.

Wen J. 1999. Evolution of eastern Asian and eastern North American disjunct distributions in flowering plants [J]. Annual Review of Ecology and Systematics, 30(1): 421–455.

Wens JN, Blake MD. 1985. Forest tree seed production [M]. Information Report PI–x–53, Petawawa National Forestry Institute, Canadian Forestry Service Agriculture Canada.

White PR. 1937. Seasonal fluctuations in growth rates of excised tomato root tips [J]. American Society of Plant Biologists, 12(1): 183–190.

Wilcox PL. 1996. Genetic dissection of fusiform rust resistance in loblolly pine [D]. PhD Thesis. North Carolina State University. USA.

Wilde HD, Meagher RB, Merkle SA. 1992. Expression of foreign genes in transgenic yellow–poplar plants [J]. Plant Physiol, 98: 114–120.

Willson, MF.1983. Plant reproductive ecology [M]. New York: Wiley.

Xiong LM, Schurnaker KS, Zhu JK. 2002. Cell signaling during cold, drought, and salt stress

[J] . The Plant Cell, 14: 165−183.

Xu M, Li H, Zhang B. 2006. Fifteen polymorphic simple sequence repeat markers from expressed sequence tags of *Liriodendron tulipifera* [J] . Molecular Ecology Notes, 6(3): 728−730.

Xu R, Zhang S, Huang J, *et al.* 2013. Genome−wide comparative in silico analysis of the RNA helicase gene family in Zea mays and Glycine max: a comparison with *Arabidopsis* and Oryza sativa [J] . PLoS ONE, 8: e78982.

Xu Y, Thammannagowda S, Thomas TP, *et al.* 2013. *LtuCAD1* Is a Cinnamyl Alcohol Dehydrogenase Ortholog Involved in Lignin Biosynthesis in *Liriodendron tulipifera* L., a Basal Angiosperm Timber Species [J] . Plant Molecular Biology Reporter, 31: 1089−1099.

Yamamoto F, Kozlowski TT. 1987. Effects of ethrel on growth and stem anatomy of Pinus halepensis seedlings [J] . International Association of Wood Anatomists, 8: 11−19.

Yamamoto F. 1992. Effects of depth of flooding on growth and anatomy of stems and knee roots of Taxodium distichum [J] . International Association of Wood Anatomists, 13: 93−104.

Yang AH, Zhang JJ, Tian H, *et al.* 2012. Characterization of 39 novel EST−SSR markers for *Liriodendron tulipifera* and cross−species amplification in *L. chinense* (Magnoliaceae) [J]. American Journal of Botany, 99(11): e460−e464.

Yang AH, Zhang JJ, Yao XH, *et al.* 2011. Chloroplast microsatellite markers in *Liriodendron tulipifera* (Magnoliaceae) and cross−species amplification in *L. chinense* [J] . American Journal of Botany, 98(5): e123−e126.

Yang Y, Xu M, Luo Q, *et al.* 2014. De novo transcriptome analysis of *Liriodendron chinense* petals and leaves by Illumina sequencing [J] . Gene, 534: 155−162.

Yao X, Zhang J, Ye Q, *et al.* 2008. Characterization of 14 novel microsatellite loci in the endangered *Liriodendron chinense* (Magnoliaceae) and cross−species amplification in closely related taxa [J] . Conservation Genetics, 9(2): 483−485.

Young A, Boyle T, Brown T. 1996. The population genetic consequences of habitat fragmentation for plants [J] . Trends in Ecology & Evolution, 11(10): 413−418.

Zhang W, Chu Y, Ding CZ, *et al.* 2014. Transcriptome sequencing of transgenic poplar (*Populus* × *euramericana* 'Guariento') expressing multiple resistance genes [J] . BMC genetics, 15 Suppl 1: S7.

Zhang XP, Fang YM, Ding YL, *et al.* 2003. Nutrient element contents of cutting seedlings of hybrid species(*Liriodendron chinense* × *tulipifera*) [J] . Journal of Forestry Research, 14(4): 307−310.

Zhen Y, Li CY, Chen JH, *et al.* 2015. Proteomics of embryogenic and non−embryogenic calli of a *Liriodendron* hybrid. Acta physiologiae plantarum, 37: 211.